高等职业教育建筑工程技术专业系列教材

建筑工程计量与计价实务

主　编　吴静茹

副主编　舒晓建　李素伟　董运祥

中国水利水电出版社

www.waterpub.com.cn

·北京·

内 容 提 要

本书以《房屋建筑与装饰工程工程量计算规范》（GB 50854—2013）、《建筑工程建筑面积计算规范》（GB/T 50353—2013）、《混凝土结构设计规范》（GB 50010—2010）等国家标准为依据，以造价师工作岗位为核心，突出工程量计算规则的理解与应用以及分部分项工程综合单价的计算。本书涉及建筑面积的计算，土方工程计量与计价，砌筑工程计量与计价，桩基础工程计量与计价，混凝土工程与钢筋混凝土工程计量与计价，楼地面及装饰工程计量与计价，屋面及防水、保温、防腐、隔热工程计量与计价，措施工程费计算等内容，同时对建筑工程工程量清单报价文件的编制过程进行了梳理。全书共 10 个单元，书中对每一单元的文本内容配备了相应的慕课资源及针对单元能力掌握的单元任务，以方便读者进行学习和自测。

本书可作为高等学校高职高专建筑工程类、建筑经济与管理类相关专业的工程计量与计价课程或建筑工程定额与预算课程的教材，也可以作为工程造价人员岗位培训教材，还可以供相关工程造价管理人员参考。

图书在版编目（CIP）数据

建筑工程计量与计价实务/吴静茹主编. —北京：
中国水利水电出版社，2020.8
高等职业教育建筑工程技术专业系列教材
ISBN 978-7-5170-8079-4

Ⅰ.①建… Ⅱ.①吴… Ⅲ.①建筑工程-计量-高等
职业教育-教材②建筑造价-高等职业教育-教材 Ⅳ.
①TU723.3

中国版本图书馆 CIP 数据核字（2019）第 224057 号

书　　名	建筑工程计量与计价实务 JIANZHU GONGCHENG JILIANG YU JIJIA SHIWU
作　　者	主　编　吴静茹 副主编　舒晓建　李素伟　董运祥
出版发行	中国水利水电出版社 （北京市海淀区玉渊潭南路 1 号 D 座　100038） 网址：www.waterpub.com.cn E-mail：sales@waterpub.com.cn 电话：（010）68367658（营销中心）
经　　售	北京科水图书销售中心（零售） 电话：（010）88383994、63202643、68545874 全国各地新华书店和相关出版物销售网点
排　　版	京华图文制作中心
印　　刷	三河市龙大印装有限公司
规　　格	185mm×260mm　16 开本　16 印张　399 千字
版　　次	2020 年 8 月第 1 版　2020 年 8 月第 1 次印刷
印　　数	0001—2000 册
定　　价	49.80 元

前　言

  建筑工程计量与计价是正确确定单位工程造价的重要工作。建筑工程计量与计价的准确与否，对正确确定建设单位工程造价等起着举足轻重的作用。在高职院校建筑方面专业的教学结构中，建筑工程计量与计价处于极其重要的地位。

  近年来，随着智能手机、移动互联网等技术的普及和发展，互联网正在改变知识的传播方式。在教育领域，以"慕课"为代表的大规模在线开放课程，在为高校提供丰富的数字化教学资源的同时，加快了信息技术和教育教学的融合。信息化教学作为一种全新的教学方式，拓展了教学时空，丰富了教学内容。教材作为教学的重要载体，对其内容和功能提出了新的要求。

  因此，我们在编写本书的过程中，从高等职业教育对人才培养的需求出发，考虑到建筑工程计量与计价课程所具有的法律性、规范性、时效性和准确性均要求较高的特点，以建筑工程计量计价内容为基础，以建筑工程计量计价清单文件编制程序和方法为轴心，设计了本教材的内容体系，力求以学生为中心，将能力培养和实践技能训练放在第一位，把理论知识和实践操作有机融合，实现理论与实践一体化的编写模式。为了使本书具有较好的针对性和实务性，本书每一单元都列出了知识点和能力点，注重讲解做什么、怎么做，不进行理论探讨，强化能力训练。本书具有如下特点。

  (1) 在每一单元的编写中将教学讲义和教学资料进行整合，并加入微课视频，利用互联网技术，使学生在任何时间、任何地方都可以学习课程，提高学生学习的灵活性，激发学习兴趣。

  (2) 根据建筑工程计量与计价课程标准的要求，对于一些工程造价理论方面的内容不做专门的讲解，减少理论分析，突出工程造价工程量计算和工程计价两方面的学习和运用。

  (3) 在教材内容的编写上，力求做到运用最新规范，精选传统内容，强调基本概念，重视能力培养，突出工程应用和实际操作，注重职业技能和素质的养成。

  (4) 为了提高学生综合解决实际问题的能力，每一个单元都有一个与工程实践密切联系的单元任务作为支撑，体现学生为主体、教师为引导的教与学的关系。

  在编写过程中，本书参考了许多同类教材、论著和论文及课件，特别是造价工程师考试教材及广联达公司的教学软件。在视频制作中引用了建筑施工技术中的一些施工过程的视频，在此一并表示感谢。

  由于编者水平有限，书中不妥之处，敬请读者及同行批评指正。

编　者

2020 年 1 月

目　　录

前言

单元1　建筑工程计价入门 ………… 1

1.1　我国建筑项目投资及工程造价的
　　　构成 ………………………… 1

1.2　设备及工器具购置费用的构成和
　　　计算 ………………………… 2

　　1.2.1　设备购置费的构成和计算 …… 2

　　1.2.2　工器具及生产家具购置费
　　　　　的构成和计算 …………… 6

1.3　建筑安装工程费用构成和计算 … 6

　　1.3.1　按照费用构成要素划分的
　　　　　建筑安装工程费 ………… 6

　　1.3.2　按造价形成划分建筑安装
　　　　　工程费用项目构成和计算 … 10

　　1.3.3　预备费和建设期利息的
　　　　　计算 ………………… 13

1.4　建设工程计价 ………………… 15

　　1.4.1　工程计价基本原理 ……… 15

　　1.4.2　工程计价基本程序 ……… 17

1.5　建筑面积 ……………………… 18

　　1.5.1　建筑面积概述 ………… 18

　　1.5.2　建筑面积计算规则应用
　　　　　举例 ………………… 23

1.6　单元任务 ……………………… 28

　　1.6.1　基本资料 ……………… 28

　　1.6.2　任务要求 ……………… 28

　　1.6.3　任务实施 ……………… 30

单元练习 …………………………… 30

单元2　工程定额 ………………… 36

2.1　建筑工程定额 ………………… 36

　　2.1.1　建筑安装工程施工定额 … 36

　　2.1.2　建筑安装工程中人工、材
　　　　　料及机械台班定额消耗量 … 38

　　2.1.3　建筑安装工程中人工、材
　　　　　料及机械台班单价 ……… 43

2.2　建筑工程预算定额及其基价编制 … 48

　　2.2.1　预算定额 ……………… 48

　　2.2.2　预算定额消耗量的编制
　　　　　方法 ………………… 49

　　2.2.3　预算定额基价的编制 …… 50

2.3　单元任务 ……………………… 51

　　2.3.1　基本资料 ……………… 51

　　2.3.2　任务要求 ……………… 53

　　2.3.3　任务实施 ……………… 54

单元练习 …………………………… 55

单元3　工程量清单计价 ………… 58

3.1　工程量清单 …………………… 58

　　3.1.1　工程量清单计价与计量规
　　　　　范概述 ………………… 58

　　3.1.2　分部分项工程项目清单 … 60

　　3.1.3　措施项目清单 …………… 62

　　3.1.4　其他项目清单 …………… 62

　　3.1.5　规费、税金项目清单 …… 65

3.2　工程量清单计价方法 ………… 66

　　3.2.1　工程量清单计价模式建筑
　　　　　安装工程费组成 ………… 66

　　3.2.2　分部分项工程项目综合
　　　　　单价 ………………… 66

3.3　措施工程量计算 ……………… 68

　　3.3.1　脚手架工程 …………… 68

　　3.3.2　垂直运输费及超高施工增
　　　　　加费 ………………… 73

3.4　单元任务 ……………………… 75

　　3.4.1　基本资料 ……………… 75

　　3.4.2　任务要求 ……………… 76

　　3.4.3　任务实施 ……………… 76

单元练习 …………………………… 77

单元4　土石方工程 ……………… 81

4.1　土石方工程基础知识 ………… 81

　　4.1.1　土壤及岩石的分类 ……… 81

　　4.1.2　土壤的天然密实体积 …… 81

　　4.1.3　沟槽、基坑与挖土方 …… 82

　　4.1.4　土方工程的放坡与工作面 … 82

4.2 土石方工程量计算 ················ 84
    4.2.1 平整场地 ···················· 84
    4.2.2 挖基础土方 ················ 86
    4.2.3 土石方回填工程与土石方
         运输 ···················· 89
    4.2.4 土石方工程量计算实例 ···· 90
4.3 土石方工程分部分项工程计价 ···· 93
    4.3.1 土石方工程定额计价 ······ 93
    4.3.2 土石方工程清单计价 ······ 95
    4.3.3 土石方工程报价案例 ······ 95
4.4 单元任务 ···················· 98
    4.4.1 基本资料 ···················· 98
    4.4.2 任务要求 ···················· 99
    4.4.3 任务实施 ···················· 99
单元练习 ························ 103

单元 5 砌筑工程 ················ 105
5.1 砌筑工程基础知识 ············ 105
    5.1.1 砌筑工程的主要材料 ······ 105
    5.1.2 砖墙墙体厚度的确定 ······ 106
5.2 砌筑工程工程量计算 ·········· 106
    5.2.1 砖基础工程量 ·············· 106
    5.2.2 砌体墙工程量计算规则 ···· 109
    5.2.3 砌体工程工程量计算
         实例 ···················· 114
5.3 砌筑工程分部分项工程计价 ···· 116
    5.3.1 砌筑工程定额计价 ·········· 116
    5.3.2 砌筑工程清单计价 ·········· 116
    5.3.3 砌筑工程报价案例 ·········· 116
5.4 单元任务 ···················· 118
    5.4.1 基本资料 ···················· 118
    5.4.2 任务要求 ···················· 119
    5.4.3 任务实施 ···················· 120
单元练习 ························ 122

单元 6 桩基础工程 ················ 125
6.1 桩基础工程基础知识 ·········· 125
    6.1.1 桩与桩基础 ················ 125
    6.1.2 桩的类型 ·················· 125
6.2 桩基工程量计算 ·············· 128
    6.2.1 预制钢筋混凝土桩 ········ 128
    6.2.2 混凝土灌注桩 ·············· 129
    6.2.3 桩基工程量实例 ·········· 130
6.3 桩基础工程分部分项工程计价 ···· 132
    6.3.1 桩基础工程定额说明 ········ 132

    6.3.2 桩基础工程清单项目 ······· 132
    6.3.3 案例分析 ················· 133
6.4 单元任务 ···················· 134
    6.4.1 基本资料 ················· 134
    6.4.2 任务要求 ················· 135
    6.4.3 任务实施 ················· 135

单元 7 混凝土及钢筋混凝土工程 ···· 139
7.1 混凝土模板及支架 ············ 139
    7.1.1 模板工程计价工程量的相
         关规定 ················· 139
    7.1.2 利用含模量估算混凝土模
         板工程量 ··············· 140
    7.1.3 模板工程量计算实例 ······· 142
7.2 钢筋工程 ···················· 145
    7.2.1 影响钢筋工程量计算的
         因素 ··················· 146
    7.2.2 钢筋工程基本知识 ········· 146
    7.2.3 梁构件平法识图与钢筋
         计算 ··················· 150
    7.2.4 柱构件平法识图与钢筋
         计算 ··················· 159
    7.2.5 板平法识图 ··············· 168
    7.2.6 钢筋工程量计算实例 ······· 174
7.3 混凝土工程 ·················· 176
    7.3.1 混凝土工程量的计算
         规定 ··················· 176
    7.3.2 混凝土工程量计算实例 ···· 184
7.4 混凝土与钢筋混凝土工程计价 ···· 185
    7.4.1 混凝土与钢筋混凝土工程
         定额计价 ··············· 185
    7.4.2 混凝土与钢筋混凝土工程
         清单计价 ··············· 185
    7.4.3 混凝土与钢筋混凝土工程
         报价案例 ··············· 186
7.5 单元任务 ···················· 188
    7.5.1 基本资料 ················· 188
    7.5.2 任务要求 ················· 189
    7.5.3 任务实施 ················· 190
单元练习 ························ 193

单元 8 楼地面、墙柱面装饰与天棚工程 ···· 195
8.1 楼地面、墙柱面装饰与天棚工程
    基础知识 ··············· 195
    8.1.1 楼地面基础知识 ··········· 195

　　8.1.2　墙柱面基础知识 ……… 196

　　8.1.3　天棚基础知识 ……… 196

8.2　楼地面、墙柱装饰与天棚工程工

　　程量计算 ……… 198

　　8.2.1　楼地面、墙柱装饰与天棚

　　　　　工程工程量计算规则 ……… 198

　　8.2.2　楼地面、装饰工程工程量

　　　　　计算实例 ……… 201

8.3　楼地面、装饰工程分部分项工程

　　计价 ……… 204

　　8.3.1　楼地面、装饰工程定额

　　　　　说明 ……… 204

　　8.3.2　楼地面、装饰工程清单

　　　　　项目 ……… 204

　　8.3.3　案例分析 ……… 205

8.4　单元任务 ……… 207

　　8.4.1　基本资料 ……… 207

　　8.4.2　任务要求 ……… 208

　　8.4.3　任务实施 ……… 208

单元练习 ……… 210

单元9　屋面及防水、保温、防腐、隔热

　　　　工程 ……… 213

9.1　屋面及防水、保温、防腐、隔热

　　工程基础知识 ……… 213

　　9.1.1　屋面工程 ……… 213

　　9.1.2　屋面坡度及坡度系数 ……… 215

9.2　屋面及防水、保温、防腐、隔热

　　工程工程量计算 ……… 217

　　9.2.1　瓦屋面、金属压型板 ……… 217

　　9.2.2　屋面及防水、保温、防腐、

　　　　　隔热工程工程量实例 ……… 220

9.3　屋面及防水、保温、防腐、隔热

　　工程分部分项工程计价 ……… 221

　　9.3.1　屋面及防水、保温、防腐、

　　　　　隔热工程定额说明 ……… 221

　　9.3.2　屋面及防水、保温、防腐、

　　　　　隔热工程清单项目 ……… 221

　　9.3.3　案例分析 ……… 221

9.4　单元任务 ……… 222

　　9.4.1　基本资料 ……… 222

　　9.4.2　任务要求 ……… 223

　　9.4.3　任务实施 ……… 223

单元练习 ……… 225

单元10　建筑工程工程量清单报价文件

　　　　　编制 ……… 227

10.1　建筑工程量清单报价编制方法

　　　引导 ……… 227

　　10.1.1　基本资料 ……… 227

　　10.1.2　任务要求 ……… 230

　　10.1.3　任务实施 ……… 231

10.2　建筑工程量清单报价编制实操 ……… 241

参考文献 ……… 246

单元 1

建筑工程计价入门

➤ **单元知识**

(1) 了解我国建筑项目投资及工程造价的构成。

(2) 熟悉设备及工器具购置费用的构成和计算方法。

(3) 熟悉建筑安装工程费用的构成和计算方法。

(4) 熟悉建设工程计价相关理论。

(5) 掌握建筑面积计算规则。

➤ **单元能力**

(1) 会计算建筑安装工程费用。

(2) 会计算设备购置费。

(3) 会计算材料费。

(4) 能够正确应用建筑面积规则计算建筑面积。

工程造价
的组成

1.1 我国建筑项目投资及工程造价的构成

　　工程造价是按照确定的建设内容、建设规模、建设标准、功能要求和使用要求等将工程项目全部建成，在建设期预计或实际支出的建设费用是建设项目总投资的一部分。建设项目总投资是为完成工程项目建设并达到使用要求或生产条件，在建设期内预计或实际投入的全部费用总和。建设项目总投资按建设项目的经济用途可分为生产性建设项目和非生产性建设项目。其中，生产性建设项目总投资包括建设投资、建设期利息和流动资金三部分；非生产性建设项目总投资包括建设投资和建设期利息两部分。建设投资和建设期利息之和对应于固定资产投资，固定资产投资与建设项目的工程造价在量上相等。工程造价基本构成包括用于购买工程项目所含各种设备的费用、用于建筑施工和安装施工需支出的费用、用于委托工程勘察设计应支付的费用、用于购置土地所需的费用，也包括用于建设单位自身进行项目筹建和项目管理所花费的费用。

　　工程造价中的主要构成部分是建设投资，建设投资是为完成工程项目建设，在建设期内投入且形成现金流出的全部费用。建设投资包括工程费用、工程建设其他费用和预备费三部分。工程费用是指建设期内直接用于工程建造、设备购置及其安装的建设投资，可以分为建筑安装工程费和设备及工器具购置费；工程建设其他费用是指建设期发生的与土地使用权取得、整个工程项目建设以及未来生产经营有关的构成建设投资但不包括在工程费用中的费用；预备费是指在建设期内为各种不可预见因素的变化而预留的可能增加的费用，包括基本预备费和价差预备费。建设项目总投资的具体构成内容如图1.1所示。

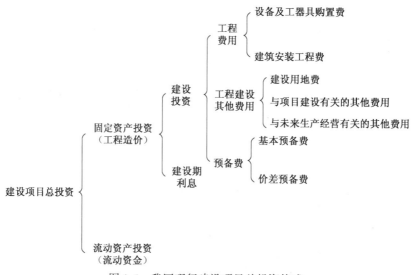

图 1.1　我国现行建设项目总投资构成

1.2　设备及工器具购置费用的构成和计算

设备及工器具购置费用是由设备购置费和工具、器具及生产家具购置费组成的，它是固定资产投资中的积极部分。在生产性工程建设中，设备及工器具购置费用占工程造价比重的增大，意味着生产技术的进步和资本有机构成的提高。

1.2.1　设备购置费的构成和计算

设备购置费是指购置或自制的达到固定资产标准的设备、工器具及生产家具等所需的费用，它由设备原价和设备运杂费构成。其表达式如下：

$$设备购置费 = 设备原价 + 设备运杂费$$

式中：设备原价是指国产设备或进口设备的原价；设备运杂费是指除设备原价之外的关于设备采购、运输、途中包装及仓库保管等方面支出费用的总和。

1. 国产设备原价的构成及计算

国产设备原价一般是指设备制造厂的交货价或订货合同价。它一般根据生产厂或供应商的询价、报价、合同价确定，或采用一定的方法计算确定。国产设备原价分为国产标准设备原价和国产非标准设备原价。

（1）国产标准设备原价。国产标准设备是指按照主管部门颁布的标准图纸和技术要求，由我国设备生产厂批量生产的，符合国家质量检测标准的设备。国产标准设备一般有完善的设备交易市场，因此，可通过查询相关交易市场价格或向设备生产厂家询价得到。

（2）国产非标准设备原价。国产非标准设备是指国家尚无定型标准，各设备生产厂不可能在工艺过程中采用批量生产，只能按订货要求并根据具体的设计图纸制造的设备。非标准设备由于单件生产、无定型标准，所以无法获取市场交易价格，只能按其成本构成或相关技术参数估算其价格。非标准设备原价有多种不同的计算方法，最常用的方法为成本计算估价法。按成本计算估价法，非标准设备的原价由以下各项组成。

1) 材料费。材料费的计算公式如下：

$$材料费 = 材料净重 \times (1 + 加工损耗系数) \times 每吨材料综合价$$

2) 加工费。加工费包括生产工人工资和工资附加费、燃料动力费、设备折旧费、车间经费等。其计算公式如下：

$$加工费 = 设备总重量(吨) \times 设备每吨加工费$$

3) 辅助材料费（简称"辅材费"）。辅助材料费包括焊条、焊丝、氧气、氩气、氮气、油漆、电石等费用。其计算公式如下：

$$辅助材料费 = 设备总重量 \times 辅助材料费指标$$

4) 专用工具费。专用工具费按1)～3)项之和乘以一定百分比计算。

5) 废品损失费。废品损失费按1)～4)项之和乘以一定百分比计算。

6) 外购配套件费。外购配套件费按设备设计图纸所列的外购配套件的名称、型号、规格、数量、质量，根据相应的价格加运杂费计算。

7) 包装费。包装费按以上1)～6)项之和乘以一定百分比计算。

8) 利润。利润按1)～5)项加第7)项之和乘以一定利润率计算。

9) 税金。这里的税金主要是指增值税。计算公式如下：

$$增值税 = 当期销项税额 - 进项税额$$
$$当期销项税额 = 销售额 \times 适用增值税率$$
$$销售额 = 1)～8)项之和$$

10) 非标准设备设计费。非标准设备设计费按国家规定的设计费收费标准计算。

由此得到单台非标准设备原价计算公式如下：

单台非标准设备原价=｛[（材料费+加工费+辅助材料费）×（1+专用工具费率）×（1+废品损失费率）+外购配套件费]×（1+包装费率）-外购配套件费｝×（1+利润率）+销项税额+非标准设备设计费+外购配套件费

例1.1 某工厂采购一台国产非标准设备，制造厂生产该台设备所用材料费为50万元，加工费为5万元，辅助材料费为1万元，专用工具费率为2%，废品损失费率为5%，外购配套件费为10万元，包装费率为1.5%，利润率为4%，增值税率为17%，非标准设备设计费为3万元，试计算该国产非标准设备的原价。

解：

(1) 该国产非标准设备的原价=材料费+加工费+辅助材料费+专用工具费+废品损失费+外购配套件费+包装费+利润+税金+非标准设备设计费。其中，专用工具费=（材料费+加工费+辅助材料费）×专用工具费率=(50+5+1)×2%=1.12(万元)。

(2) 废品损失费=（材料费+加工费+辅助材料费+专用工具费）×废品损失率=(50+5+1+1.12)×5%=2.856(万元)。

(3) 包装费=（材料费+加工费+辅助材料费+专用工具费+废品损失费+外购配套件费）×包装费率=(50+5+1+1.12+2.856+10)×1.5%≈1.0496(万元)。

(4) 利润=（材料费+加工费+辅助材料费+专用工具费+废品损失费+包装费）×利润率=(50+5+1+1.12+2.856+1.0496)×4%≈2.4410(万元)。

(5) 销项税金=（材料费+加工费+辅助材料费+专用工具费+废品损失费+外购配套件

费+包装费+利润)×增值税率=(50+5+1+1.12+2.856+10+1.0496+2.4410)×17%≈12.4893（万元）。

（6）该国产非标准设备的原价=材料费+加工费+辅助材料费+专用工具费+废品损失费+外购配套件费+包装费+利润+销项税金+非标准设备设计费=50+5+1+1.12+2.856+10+1.0496+2.4410+12.4893+3≈88.956（万元）。

2. 进口设备原价的构成及计算

进口设备原价是指进口设备的抵岸价，即设备抵达买方边境、港口或车站，缴纳完各种手续费、税费后形成的价格。抵岸价通常是由进口设备到岸价（CIF）和进口从属费构成。进口设备到岸价，即抵达买方边境港口或边境车站的价格。在国际交易中，交易双方所使用的交货类别不同，则交易价格的构成内容也有所差异。进口从属费包括银行财务费、外贸手续费、进口关税、消费税、进口环节增值税等，如果是进口车辆还需缴纳车辆购置税。

（1）进口设备的交易价格。在国际贸易中，较为广泛使用的交易价格术语有 FOB、CFR 和 CIF。

1）FOB(free on board) 意为装运港船上交货价，也称离岸价格。FOB 是指货物在指定的装运港越过船舷，卖方即完成交货义务。

2）CFR(cost and freight) 意为成本加运费，或称运费在内价。CFR 是指在装运港货物越过船舷卖方即完成交货，卖方必须支付将货物运至指定目的港所需的国际运费。

3）CIF(cost insurance and freight) 意为成本加保险费、运费，习惯称到岸价格。CIF 与 CFR 不同的是，卖方除负有与 CFR 相同的义务外，还应办理货物在运输途中最低险别的海运保险，并应支付保险费。

（2）进口设备到岸价的构成及计算。进口设备到岸价的计算公式如下：

$$进口设备到岸价（CIF）= 离岸价格（FOB）+ 国际运费 + 运输保险费$$
$$= 运费在内价（CFR）+ 运输保险费$$

1）国际运费。国际运费即从装运港（站）到达我国目的港（站）的运费。进口设备国际运费计算公式为

$$国际运费（海、陆、空）= 原币货价（FOB）× 运费率$$

或

$$国际运费（海、陆、空）= 单位运价 × 运量$$

2）货价。货价一般是指装运港船上交货价（FOB）。设备货价分为原币货价和人民币货价，原币货价一律折算为美元表示，人民币货价按原币货价乘以外汇市场美元兑换人民币汇率中间价确定。

3）运输保险费。运输保险费是一种财产保险，其中的保险费率按保险公司规定的进口货物保险费率计算。其计算公式为

$$运输保险费 = \frac{原币货价（FOB）+ 国外运费}{1 - 保险费率} × 保险费率$$

（3）进口从属费的构成及计算。进口从属费由银行财务费、外贸手续费、关税、消费税、进口环节增值税和车辆购置税构成。计算公式如下：

进口从属费 = 银行财务费 + 外贸手续费 + 关税 + 消费税 + 进口环节增值税 + 车辆购置税

银行财务费一般是指在国际贸易结算中，中国银行为进出口商提供金融结算服务所收取的费用，可按下面公式计算：

$$银行财务费 = 离岸价格(FOB) \times 人民币外汇汇率 \times 银行财务费率$$

外贸手续费是指按规定的外贸手续费率计取的费用，外贸手续费率一般取 1.5%。其计算公式为

$$外贸手续费 = 到岸价格(CIF) \times 人民币外汇汇率 \times 外贸手续费率$$

关税是由海关对进出国境或关境的货物和物品征收的一种税。到岸价格作为关税的计征基数时，通常又可称为关税完税价格。其计算公式为

$$关税 = 到岸价格(CIF) \times 人民币外汇汇率 \times 进口关税税率$$

消费税仅对部分进口设备（如轿车、摩托车等）征收。消费税税率根据规定的税率计算。其计算公式为

$$应纳消费税税额 = \frac{到岸价格(CIF) \times 人民币外汇汇率}{1 - 消费税税率} \times 消费税税率$$

进口环节增值税是对从事进口贸易的单位和个人，在进口商品报关进口后征收的税种。我国增值税条例规定，进口应税产品均按组成计税价格和增值税税率直接计算应纳税额。增值税税率根据规定的税率计算，即

$$进口环节增值税额 = 组成计税价格 \times 增值税税率$$

其中，组成计税价格=关税完税价格+关税+消费税。

车辆购置税。进口车辆需缴进口车辆购置税，其公式如下：

$$进口车辆购置税 = (关税完税价格 + 关税 + 消费税) \times 车辆购置税率$$

例 1.2　从某国进口设备，质量为 1000t，装运港船上交货价为 500 万美元，工程建设项目位于国内某省会城市。如果国际运费标准为 300 美元/t，海上运输保险费率为 3‰，银行财务费率为 5‰，外贸手续费率为 1.5%，关税税率为 22%，增值税税率为 17%，不计消费税，银行外汇牌价为 1 美元 = 6.13 元人民币，试估算该设备的原价。

解：

进口设备 FOB = 500 × 6.13 = 3065(万元)；

国际运费 = 300 × 1000 × 6.13 = 183.9(万元)；

海上运输保险费 $= \frac{3065 + 183.9}{1 - 3‰} \times 3‰ \approx 9.78(万元)$；

CIF = 3065 + 183.9 + 9.78 = 3258.68(万元)；

银行财务费 = 3065 × 5‰ ≈ 15.33(万元)；

外贸手续费 = 3258.68 × 1.5% ≈ 48.88(万元)；

关税 = 3258.68 × 22% ≈ 716.91(万元)；

增值税 = (3258.68 + 716.91) × 17% ≈ 675.85(万元)；

进口从属费 = 15.33 + 48.88 + 716.91 + 675.85 = 1456.97(万元)；

进口设备原价 = 3258.68 + 1456.97 = 4715.65(万元)。

3. 国内设备运杂费的构成及计算

（1）国内设备运杂费的构成。国内设备运杂费是指国内采购设备自来源地、国外采购设备自到岸港运至工地仓库或指定堆放地点发生的采购、运输、运输保险、保管、装卸等费用，通常由下列各项构成。

1）运费和装卸费。国产设备由设备制造厂交货地点起至工地仓库（或施工组织设计指

定的需要安装设备的堆放地点）止所发生的运费和装卸费；进口设备则由我国到岸港口或边境车站起至工地仓库（或施工组织设计指定的需安装设备的堆放地点）止所发生的运费和装卸费。

2）包装费。包装费是指在设备原价中没有包含的，为运输而进行的包装支出的各种费用。

3）设备供销部门的手续费按有关部门规定统一费率计算。

4）采购与仓库保管费。采购与仓库保管费是指采购、验收、保管和收发设备所发生的各种费用，包括设备采购人员、保管人员和管理人员的工资、工资附加费、办公费、差旅交通费，设备供应部门办公和仓库所占固定资产使用费、工具用具使用费、劳动保护费、检验试验费等。这些费用可按主管部门规定的采购与保管费费率计算。

（2）设备运杂费的计算。设备运杂费按下式计算，式中，设备运杂费率按各部门及省、市有关规定计取。

$$设备运杂费 = 设备原价 \times 设备运杂费率$$

1.2.2 工器具及生产家具购置费的构成和计算

工器具及生产家具购置费是指新建或扩建项目初步设计规定的，保证初期正常生产必须购置的没有达到固定资产标准的设备、仪器、工卡模具、器具、生产家具和备品备件等的购置费用。一般以设备购置费为计算基数，按照部门或行业规定的工具、器具及生产家具费率计算。其计算公式为

$$工器具及生产家具购置费 = 设备购置费 \times 定额费率$$

1.3 建筑安装工程费用构成和计算

我国现行建筑安装工程费用项目按两种不同的方式划分：一是按费用构成要素划分；二是按造价形成划分。其构成如图 1.2 所示。

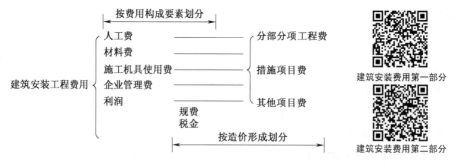

图 1.2 我国建筑安装费构成与划分

1.3.1 按照费用构成要素划分的建筑安装工程费

按照费用构成要素划分的建筑安装工程费包括人工费、材料费（包含建筑设备购置有关费用）、施工机具使用费、企业管理费、利润、规费和税金。

1. 人工费

建筑安装工程费中的人工费是指按照工资总额构成规定，支付给直接从事建筑安装工程施工作业的生产工人和附属生产单位工人的各项费用。计算人工费的基本要素有两个，即人工工日消耗量和人工日工资单价。

（1）人工工日消耗量。人工工日消费量是指在正常施工生产条件下，生产建筑安装产品（分部分项工程或结构构件）必须消耗的某种技术等级的人工工日数量。它是由分项工程所综合的各个工序劳动定额包括的基本用工、其他用工两部分组成。

（2）人工日工资单价。人工日工资单价是指施工企业平均技术熟练程度的生产工人在每工作日（国家法定工作时间内）按规定从事施工作业应得的日工资总额。人工费的基本计算公式为

$$人工费 = \sum（工日消耗量 \times 日工资单价）$$

2. 材料费

建筑安装工程费中的材料费是指工程施工过程中耗费的各种原材料、辅助材料、构配件、零件、半成品或成品、工程设备的费用。计算材料费的基本要素是材料消耗量和材料单价。

（1）材料消耗量。材料消耗量是指在合理使用材料的条件下，生产建筑安装产品（分部分项工程或结构构件）必须消耗的一定品种、规格的原材料、辅助材料、构配件、零件、半成品或成品等的数量。它包括材料净用量和材料不可避免的损耗量。

（2）材料单价。材料单价是指建筑材料从其来源地运到施工工地仓库直至出库形成的综合平均单价，其内容包括材料原价（或供应价格）、材料运杂费、运输损耗费、采购及保管费等。材料费的基本计算公式为

$$材料费 = \sum（材料消耗量 \times 材料单价）$$

（3）工程设备。工程设备是指构成或计划构成永久工程一部分的机电设备、金属结构设备、仪器装置及其他类似的设备和装置。

3. 施工机具使用费

建筑安装工程费中的施工机具使用费是指施工作业所发生的施工机械、仪器仪表使用费或其租赁费。

（1）施工机械使用费。施工机械使用费是指施工机械作业发生的使用费或租赁费。构成施工机械使用费的基本要素是施工机械台班消耗量和机械台班单价。施工机械台班单价通常由折旧费、大修理费、经常修理费、安拆费及场外运输费、人工费、燃料动力费和税费组成。施工机械使用费的基本计算公式为

$$施工机械使用费 = \sum（施工机械台班消耗量 \times 机械台班单价）$$

（2）仪器仪表使用费。仪器仪表使用费是指工程施工所需使用的仪器仪表的摊销及维修费用。仪器仪表使用费的基本计算公式为

$$仪器仪表使用费 = 工程使用的仪器仪表摊销费 + 维修费$$

4. 企业管理费

（1）企业管理费的内容。企业管理费是指建筑安装企业组织施工生产和经营管理所需的费用。内容包括以下几个方面。

1）管理人员工资。管理人员工资是指按规定支付给管理人员的计时工资、奖金、津贴补贴、加班加点工资及特殊情况下支付的工资等。

2）办公费。办公费是指企业管理办公用的文具、纸张、账表、印刷、邮电、书报、办公软件、现场监控、会议、水电、烧水和集体取暖降温（包括现场临时宿舍取暖降温）等费用。

3）差旅交通费。差旅交通费是指职工因公出差、调动工作的差旅费、住勤补助费，市内交通费和误餐补助费，职工探亲路费，劳动力招募费，职工退休、退职一次性路费，工伤人员就医路费，工地转移费以及管理部门使用的交通工具的油料、燃料等费用。

4）固定资产使用费。固定资产使用费是指管理和试验部门及附属生产单位使用的属于固定资产的房屋、设备、仪器等的折旧、大修、维修或租赁费。

5）工具用具使用费。工具用具使用费是指企业施工生产和管理使用的不属于固定资产的工具、器具、家具、交通工具和检验、试验、测绘、消防用具等的购置、维修和摊销费。

6）劳动保险和职工福利费。劳动保险和职工福利费是指由企业支付的职工退职金、按规定支付给离休干部的经费，集体福利费、夏季防暑降温补贴、冬季取暖补贴、上下班交通补贴等。

7）劳动保护费。劳动保护费是企业按规定发放的劳动保护用品的支出，如工作服、手套、防暑降温饮料以及在有碍身体健康的环境中施工的保健费用等。

8）检验试验费。检验试验费是指施工企业按照有关标准规定，对建筑以及材料、构件和建筑安装物进行一般鉴定、检查所发生的费用，包括自设试验室进行试验所耗用的材料等费用，不包括新结构、新材料的试验费，对构件做破坏性试验及其他特殊要求检验试验的费用和建设单位委托检测机构进行检测的费用，对此类检测发生的费用由建设单位在工程建设其他费用中列支。但对施工企业提供的具有合格证明的材料进行检测不合格的，该检测费用由施工企业支付。

9）工会经费。工会经费是指企业按《工会法》规定的全部职工工资总额比例计提的工会经费。

10）职工教育经费。职工教育经费是指按职工工资总额的规定比例计提，企业为职工进行专业技术和职业技能培训，专业技术人员继续教育、职工职业技能鉴定、职业资格认定以及根据需要对职工进行各类文化教育所发生的费用。

11）财产保险费。财产保险费是指施工管理用财产、车辆等的保险费用。

12）财务费。财务费是指企业为施工生产筹集资金或提供预付款担保、履约担保、职工工资支付担保等所发生的各种费用。

13）税金。税金是指企业按规定缴纳的房产税、车船使用税、土地使用税、印花税等。

14）其他。其他包括技术转让费、技术开发费、投标费、业务招待费、绿化费、广告费、公证费、法律顾问费、审计费、咨询费、保险费等。

（2）企业管理费的计算方法。企业管理费一般采用取费基数乘以费率的方法计算，取费基数有三种：以分部分项工程费为计算基础、以人工费和机械费合计为计算基础及以人工费为计算基础。企业管理费费率计算方法如下：

1）以分部分项工程费为计算基础。

$$企业管理费费率（\%）= \frac{生产工人年平均管理费}{年有效施工天数 \times 人工单价} \times 人工费占分部分项工程费比例（\%）$$

2）以人工费和机械费合计为计算基础。

$$企业管理费费率(\%) = \frac{生产工人年平均管理费}{年有效施工天数 \times (人工单价 + 每一工日机械使用费)} \times 100\%$$

3）以人工费为计算基础。

$$企业管理费费率(\%) = \frac{生产工人年平均管理费}{年有效施工天数 \times 人工单价} \times 100\%$$

工程造价管理机构在确定计价定额中的企业管理费时，应以定额人工费或定额人工费与机械费之和作为计算基数，其费率根据历年积累的工程造价资料辅以调查数据确定，计入分部分项工程和措施项目费中。

5. 利润

利润是指施工企业完成所承包工程获得的盈利，由施工企业根据企业自身需求并结合建筑市场实际自主确定。工程造价管理机构在确定计价定额中利润时，应以定额人工费或定额人工费与机械费之和作为计算基数，其费率根据历年积累的工程造价资料，并结合建筑市场实际确定，以单位（单项）工程测算，利润在税前建筑安装工程费中的比重可按不低于5%且不高于7%的费率计算。利润应列入分部分项工程和措施项目费中。

6. 规费

（1）规费的内容。规费是指按国家法律、法规规定，由省级政府和省级有关权力部门规定必须缴纳或计取的费用。其主要包括社会保险费、住房公积金和工程排污费。

1）社会保险费包括以下几项。

a. 养老保险费：企业按规定标准为职工缴纳的基本养老保险费。

b. 失业保险费：企业按照国家规定标准为职工缴纳的失业保险费。

c. 医疗保险费：企业按照规定标准为职工缴纳的基本医疗保险费。

d. 生育保险费：企业按照国家规定为职工缴纳的生育保险费。

e. 工伤保险费：企业按照国务院制定的行业费率为职工缴纳的工伤保险费。

2）住房公积金：企业按规定标准为职工缴纳的住房公积金。

3）工程排污费：企业按规定缴纳的施工现场工程排污费。

（2）规费的计算。

1）社会保险费和住房公积金的计算。社会保险费和住房公积金应以定额人工费为计算基础，根据工程所在地省、自治区、直辖市或行业建设主管部门规定费率计算。

$$社会保险费和住房公积金 = \sum (工程定额人工费 \times 社会保险费和住房公积金费率)$$

社会保险费和住房公积金费率可以每万元发承包价的生产工人人工费和管理人员工资含量与工程所在地规定的缴纳标准综合分析取定。

2）工程排污费的计算。工程排污费应按工程所在地环境保护等部门规定的标准缴纳，按实计取列入。其他应列而未列入的规费，按实际发生计取列入。

7. 税金

建筑工程费中的税金包括：增值税、城建税、地方教育费附加、教育费附加。

（1）增值税。增值税是以商品（含应税劳务）在流转过程中产生的增值税作为计税依据而征收的一种流转税。从计税原理上说，增值税是对商品生产、流通、劳务服务中多个环节的新增价值或商品的附加税征收的一种流转税。实行价外税，也就是由消费者负担，有增值才征税，没增值不征税。《财政部 国家税务总局 关于全面推开营业税改征增值税试点的通知》（财税〔2016〕36 号）对提供交通运输、邮政、基础电信、建筑、不动产租赁服务，销售不动产，转让土地使用权，税率为 11%，该税率为销项税率。小规模纳税人提供建筑服务，以及一般纳税人选择简易计税方法的建筑服务，征收率为 3%。

$$增值税应纳税额 = 销项税额 - 进项税额$$
$$销项税额 = 销售额（不含税）\times 税率（13\%、17\%）$$
$$进项税额 = 所购货物或应税劳务的买价 \times 税率（13\%、17\%）$$

例 1.3 甲建筑公司为增值税一般纳税人，2016 年 5 月 1 日承接 A 工程项目，5 月 30 日按发包方要求为所提供的建筑服务开具增值税专用发票，开票金额为 200 万元，税额 22 万元。该项目当月发生工程成本为 100 万元，其中购买材料、动力、机械等取得增值税专用发票上注明的金额为 50 万元。发包方于 6 月 5 日支付了 222 万元工程款。对 A 工程项目甲建筑公司选择适用一般计税方法计算应纳税额，试问该公司 5 月应缴纳多少增值税？

解： 增值税纳税业务发生时间为：纳税人发生应税行为并收讫销售款、取得索取销售款项凭据的当天；先开具发票的，为开具发票的当天。

收讫销售、取得索取销售款项凭据、先开具发票，此 3 个条件采用孰先原则，只要满足一个，即发生了增值税纳税义务。

该公司 5 月销项税额为 222/（1+11%）×11% = 22（万元）；

该公司 5 月进项税额为 50×17% = 8.5（万元）；

该公司 5 月应纳增值税额为 22-8.5 = 13.5（万元）。

（2）附加税。附加税包括城建税、教育费附加、地方教育费附加。

城建税即为城市维护建设税，是以纳税人实际缴纳的增值税、消费税的税额为计税依据，依法计征的一种税。城市维护建设税的特征：一是具有附加税性质，它以纳税人实际缴纳的"二税"税额为计税依据，附加于"二税"税额，本身并没有类似于其他税种的特定、独立的征税对象；二是具有特定目的。城市维护建设税税款专门用于城市的公用事业和公共设施的维护建设。

教育费附加属于政府性基金，专项用于发展教育事业。附加税的计算公式如下：

$$城建税 = 应交增值税 \times 7\%$$
$$教育费附加 = 应交增值税 \times 3\%$$
$$地方教育费附加 = 应交增值税 \times 2\%$$

1.3.2 按造价形成划分建筑安装工程费用项目构成和计算

建筑安装工程费按工程造价形成划分由分部分项工程费、措施项目费、其他项目费、规费和税金组成。

1. 分部分项工程费

分部分项工程费是指各专业工程的分部分项工程应予列支的各项费用。各类专业工程的分部分项工程划分应遵循现行国家或行业计量规范的规定。分部分项工程费通常用分部分项工程量乘以综合单价进行计算。综合单价包括人工费、材料费、施工机具使用费、企业管理费和利润以及一定范围的风险费用。

$$分部分项工程费 = \sum（分部分项工程量 \times 综合单价）$$

2. 措施项目费

（1）措施项目费的构成。措施项目费是指为完成建设工程施工，发生于该工程施工前和施工过程中的技术、生活、安全、环境保护等方面的费用。《房屋建筑与装饰工程工程量计算规范》（GB 50854—2013）中的措施项目费可以归纳为以下几项。

1）安全文明施工费。安全文明施工费是指工程施工期间按照国家现行的环境保护、建筑施工安全、施工现场环境与卫生标准和有关规定，购置和更新施工安全防护用具及设施、改善安全生产条件和作业环境所需要的费用。通常由环境保护费、文明施工费、安全施工费和临时设施费组成。

a. 环境保护费：施工现场为达到环保部门要求所需要的各项费用。

b. 文明施工费：施工现场文明施工所需要的各项费用。

c. 安全施工费：施工现场安全施工所需要的各项费用。

d. 临时设施费：施工企业为进行建设工程施工所必须搭设的生活和生产用的临时建筑物、构筑物和其他临时设施费用。临时设施费包括临时设施的搭设、维护维修、拆除、清理费或摊销费等。

2）夜间施工增加费。夜间施工增加费是指因夜间施工所发生的夜班补助费、夜间施工降效、夜间施工照明设备摊销及照明用电等费用。其内容由以下各项组成。

a. 夜间固定照明灯具和临时可移动照明灯具的设置、拆除费用。

b. 夜间施工时，施工现场交通标志、安全标牌、警示灯的设置、移动、拆除费用。

c. 夜间照明设备摊销及照明用电、施工人员夜班补助、夜间施工劳动效率降低等费用。

3）非夜间施工照明费。非夜间施工照明费是指为保证工程施工正常进行，在地下室等特殊施工部位施工时所采用的照明设备的安拆、维护及照明用电等费用。

4）二次搬运费。二次搬运费是指由于施工场地条件限制而发生的材料、成品、半成品等一次运输不能达到堆放地点，必须进行二次或多次搬运的费用。

5）冬、雨季施工增加费。冬、雨季施工增加费是指在冬季或雨季施工需增加的临时设施、防滑、排除雨雪，人工及施工机械效率降低等费用。

6）地上、地下设施，建筑物的临时保护设施费。此费用是指在工程施工过程中，对已建成的地上、地下设施和建筑物进行的遮盖、封闭、隔离等必要保护措施所发生的费用。

7）已完工程及设备保护费。已完工程及设备保护费是指竣工验收前，对已完工程及设备采取的覆盖、包裹、封闭、隔离等必要保护措施所发生的费用。

8）脚手架费。脚手架费是指施工需要的各种脚手架搭、拆、运输费用以及脚手架购置费的摊销（或租赁）费用。

9）混凝土模板及支架（撑）费。混凝土模板及支架（撑）费是指混凝土施工过程中需要的各种钢模板、木模板、支架等的支拆、运输费用及模板、支架的摊销（或租赁）费用。

10）垂直运输费。垂直运输费是指现场所用材料、机具从地面运至相应高度以及职工人员上下工作面等所发生的运输费用。

11）超高施工增加费。当单层建筑物檐口高度超过20m、多层建筑物超过6层时，可计算超高施工增加费。

12）大型机械设备进出场及安拆费。机械整体或分体自停放场地运至施工现场或由一个施工地点运至另一个施工地点所发生的机械进出场运输及转移费用及机械在施工现场进行安装、拆卸所需的人工费、材料费、机械费、试运转费和安装所需的辅助设施的费用。内容由安拆费和进出场费组成。

13）施工排水、降水费。施工期间有碍施工作业和影响工程质量的水排到施工场地以外，以及防止在地下水位较高的地区开挖深基坑出现基坑浸水，地基承载力下降，在动水压力作用下还可能引起流沙、管涌和边坡失稳等现象而必须采取有效的降水与排水措施所发生的费用。

14）其他。根据项目的专业特点或所在地区不同，可能会出现其他的措施项目。例如，工程定位复测费和特殊地区施工增加费等。

（2）措施项目费的计算。按照国家有关规范规定，措施项目分为应予计量的措施项目和不宜计量的措施项目两类。

1）应予计量的措施项目。基本与分部分项工程费的计算方法相同，计算公式为

$$措施项目费 = \sum（措施项目工程量 \times 综合单价）$$

不同的措施项目其工程量的计算单位是不同的，分列如下。

a. 脚手架费通常按建筑面积或垂直投影面积以平方米（m^2）为单位计算。

b. 混凝土模板及支架（撑）费通常是按照模板与现浇混凝土构件的接触面积以平方米（m^2）为单位计算。

c. 垂直运输费可根据需要用两种方法进行计算：一是按照建筑面积以平方米（m^2）为单位计算；二是按照施工工期日历天数以天为单位计算。

d. 超高施工增加费通常按照建筑物超高部分的建筑面积以平方米（m^2）为单位计算。

e. 大型机械设备进出场及安拆费通常按照机械设备的使用数量以台次为单位计算。

f. 施工排水、降水费分两个不同的独立部分计算：其一是成井费用，通常按照设计图示尺寸以钻孔深度米（m）为单位计算；其二是排水、降水费用，通常按照排、降水日历天数按昼夜计算。

2）不宜计量的措施项目。对于不宜计量的措施项目，通常用计算基数乘以费率的方法予以计算。

安全文明施工费的计算基数应为定额基价（定额分部分项工程费+定额中可以计量的措施项目费）、定额人工费或定额人工费与机械费之和。其费率由工程造价管理机构根据各专业工程的特点综合确定。其计算公式为

$$安全文明施工费 = 计算基数 \times 安全文明施工费费率(\%)$$

其余不宜计量的措施项目包括夜间施工增加费，非夜间施工照明费，二次搬运费，冬雨季施工增加费，地上、地下设施、建筑物的临时保护设施费，已完工程及设备保护费，等等。计算基数应为定额人工费或定额人工费与定额机械费之和，其费率由工程造价管理机构根据各专业工程特点和调查资料综合分析后确定。其计算公式为

$$措施项目费 = 计算基数 \times 措施项目费费率(\%)$$

3. 其他项目费

（1）暂列金额。暂列金额是指建设单位在工程量清单中暂定并包括在工程合同价款中的一笔款项，用于施工合同签订时尚未确定或者不可预见的所需材料、工程设备、服务的采购，施工中可能发生的工程变更、合同约定调整因素出现时的工程价款调整以及发生的索赔、现场签证确认等的费用。暂列金额由建设单位根据工程特点，按有关计价规定估算，施

工过程中由建设单位掌握使用,扣除合同价款调整后如有余额,归建设单位。

（2）计日工。计日工是指在施工过程中,施工企业完成建设单位提出的施工图纸以外的零星项目或工作所需的费用。计日工由建设单位和施工企业按施工过程中的签证计价。

（3）总承包服务费。总承包服务费是指总承包人为配合、协调建设单位进行的专业工程发包,对建设单位自行采购的材料、工程设备等进行保管以及施工现场管理、竣工资料汇总整理等服务所需的费用。总承包服务费由建设单位在招标控制价中根据总包服务范围和有关计价规定编制,施工企业投标时自主报价,施工过程中按签约合同价执行。

4. 规费和税金

规费和税金的构成与计算和按费用构成要素划分建筑安装工程费用项目组成部分是相同的。

1.3.3 预备费和建设期利息的计算

1. 预备费

按我国现行规定,预备费包括基本预备费和价差预备费。

（1）基本预备费。

1）基本预备费的内容。基本预备费是指针对项目实施过程中可能发生难以预料的支出而事先预留的费用,又称工程建设不可预见费,主要是指设计变更及施工过程中可能增加工程的费用。基本预备费一般由以下四部分构成。

a. 在批准的初步设计范围内,技术设计、施工图设计及施工过程中所增加的工程费用;设计变更、工程变更、材料代用、局部地基处理等增加的费用。

b. 一般自然灾害造成的损失和预防自然灾害所采取的措施费用。实行工程保险的工程项目,该费用应适当降低。

c. 竣工验收时为鉴定工程质量对隐蔽工程进行必要的挖掘和修复费用。

d. 超规超限设备运输增加的费用。

2）基本预备费的计算。基本预备费是按工程费用和工程建设其他费用二者之和为计取基础,乘以基本预备费费率进行计算。基本预备费费率的取值应执行国家及部门的有关规定。

基本预备费 = （工程费用 + 工程建设其他费用）× 基本预备费费率(%)

（2）价差预备费。

1）价差预备费的内容。价差预备费是指为在建设期内利率、汇率或价格等因素的变化而预留的可能增加的费用,也称价格变动不可预见费。价差预备费的内容包括人工、设备、材料、施工机械的价差费,建筑安装工程费及工程建设其他费用调整,利率、汇率调整等增加的费用。

2）价差预备费的测算方法。价差预备费一般根据国家规定的投资综合价格指数,以估算年份价格水平的投资额为基数,采用复利方法计算。其计算公式为

$$PF = \sum_{t=1}^{n} I_t \left[(1+f)^m (1+f)^{0.5} (1+f)^{t-1} - 1 \right]$$

式中 PF——价差预备费;

n——建设期年份数；

I_t——建设期中第 t 年的投资计划额，包括工程费用、工程建设其他费用及基本预备费，即第 t 年的静态投资计划额；

f——年涨价率；

m——建设前期年限（从编制投资估算到开工建设，单位：年）。

例 1.4 某建设项目建安工程费为 5000 万元，设备购置费为 3000 万元，工程建设其他费用为 2000 万元，已知基本预备费率为 5%，项目建设前期年限为 1 年，建设期为 3 年，各年投资计划额为第一年完成投资 20%，第二年完成投资 60%，第三年完成投资 20%。年均投资价格上涨率为 6%。求建设项目建设期间价差预备费。

解：

基本预备费 = （5000 + 3000 + 2000）× 5% = 500（万元）；

静态投资 = 5000 + 3000 + 2000 + 500 = 10500（万元）；

建设期第一年完成投资 = 10500 × 20% = 2100（万元）；

第一年涨价预备费 $PF_1 = I_1[(1+f)(1+f)^{0.5} - 1] \approx 191.8$（万元）；

第二年完成投资 = 10500 × 60% = 6300（万元）；

第二年涨价预备费 $PF_2 = I_2[(1+f)(1+f)^{0.5}(1+f) - 1] \approx 987.9$（万元）；

第三年完成投资 = 10500 × 20% = 2100（万元）；

第三年涨价预备费 $PF_3 = I_3[(1+f)(1+f)^{0.5}(1+f)^2 - 1] \approx 475.1$（万元）。

所以，建设期的涨价预备费为

$$PF = 191.8 + 987.9 + 475.1 = 1654.8（万元）$$

2. 建设期利息

建设期利息主要是指在建设期内发生的为工程项目筹措资金的融资费用及债务资金利息。当总贷款是分年均衡发放时，建设期利息的计算可按当年借款在年中支用考虑，即当年贷款按半年计息，上年贷款按全年计息。其计算公式为

$$q_j = \left(P_{j-1} + \frac{1}{2}A_j\right) \times i$$

式中　q_j——建设期第 j 年应计利息；

P_{j-1}——建设期第 （$j-1$） 年年末累计贷款本金与利息之和；

A_j——建设期第 j 年贷款金额；

i——年利率。

例 1.5 某新建项目，建设期为 3 年，分年均衡进行贷款，第一年贷款 300 万元，第二年贷款 600 万元，第三年贷款 400 万元，年利率为 12%，建设期内利息只计息不支付，计算建设期利息。

解：

在建设期，各年利息计算如下：

$$q_1 = \frac{1}{2}A_1 \times i = \frac{1}{2} \times 300 \times 12\% = 18（万元）；$$

$$q_2 = \left(P_1 + \frac{1}{2}A_2\right) \times i = \left(300 + 18 + \frac{1}{2} \times 600\right) \times 12\% = 74.16（万元）；$$

$$q_3 = \left(P_2 + \frac{1}{2}A_3\right) \times i = \left(318 + 600 + 74.16 + \frac{1}{2} \times 400\right) \times 12\% \approx 143.06(万元);$$

建设期利息 $= q_1 + q_2 + q_3 = 18 + 74.16 + 143.06 = 235.22(万元)$。

1.4　建设工程计价

工程计价是指按照规定的程序、方法和依据，对工程造价及其构成内容进行估计或确定的行为。工程计价依据是指在工程计价活动中所要依据的与计价内容、计价方法和价格标准相关的工程计量计价标准、工程计价定额及工程造价信息等。

1.4.1　工程计价基本原理

1. 工程建设项目及其分类

（1）工程建设项目。工程建设项目通常简称建设项目。建设项目一般是指具有设计任务书和总体规划、经济上实行独立核算、管理上具有独立组织形式的基本建设单位。例如，一座工厂、一所学校、一所医院等均为一个建设项目。

（2）工程建设项目的分类。任何一个建设项目都可以分解为一个或几个单项工程，任何一个单项工程都是由一个或几个单位工程所组成。作为单位工程的各类建筑工程和安装工程仍然是一个比较复杂的综合实体，还需要进一步分解。单位工程可以按照结构部位、路段长度及施工特点或施工任务分解为分部工程。分解成分部工程后，从工程计价的角度，还需要把分部工程按照不同的施工方法、材料、工序及路段长度等加以更为细致的分解，划分为更为简单细小的部分，即分项工程，分解到分项工程后还可以根据需要进一步划分或组合为定额项目或清单项目，这样就可以得到基本构造单元了。

1）单项工程。单项工程又叫工程项目，是建设项目的组成部分。一个建设项目可能就是一个单项工程，也可能包括若干个单项工程。单项工程是指具有独立的设计文件，建成后可以独立发挥生产能力和使用效益的工程。例如，一所学校的教学楼、办公图书馆等，一座工厂中的各个车间、办公楼等。

2）单位工程。单位工程是单项工程的组成部分。单位工程是指具有独立设计文件，可以独立组织施工，但建成后一般不能独立发挥生产能力和使用效益的工程。例如，民用建筑的土建、给排水、采暖、通风、照明各为一个单位工程。

3）分部分项工程。分部分项工程是单项或单位工程的组成部分，是按结构部位、路段长度及施工特点或施工任务将单项或单位工程划分为若干分部的工程。

4）分项工程。分项工程是分部工程的组成部分，是按不同施工方法、材料、工序及路段长度等将分部工程划分为若干个分项或项目的工程。

工程计价的主要思路就是将建设项目细分至最基本的构造单元，找到适当的计量单位及当时当地的单价，采取一定的计价方法，进行分部组合汇总，计算出相应的工程造价。工程计价的基本原理就在于项目的分解与组合。工程计价的基本原理可以用公式的形式表达为

$$分部分项工程费 = \sum [基本构造单元工程量（定额项目或清单项目）\times 相应单价]$$

2. 工程计价工作中的两个重要环节

工程计价工作中的两个重要环节即为工程计量和工程计价。目前，工程量计算规则包括两大类：一是工程定额规定的计算规则；二是工程计量规范附录中规定的计算规则，也就是清单工程量计算规则。工程计价包括工程单价的确定和总价的计算。

（1）工程计量。工程计量工作包括工程项目的划分和工程量的计算。工程项目划分的目的就是确定单位工程基本构造单元。工程量的计算就是按照工程项目的划分和工程量计算规则，就施工图设计文件和施工组织设计对分项工程实物量进行计算。工程实物量是计价的基础，不同的计价依据有不同的计算规则规定。

（2）工程计价。

1）工程单价。工程单价是指完成单位工程基本构造单元的工程量所需要的基本费用。确定工程单价有两种方法，分别是工料单价和综合单价。

a. 工料单价也称直接工程费单价，包括人工、材料、机械台班费用，是各种人工消耗量、各种材料消耗量、各类机械台班消耗量与其相应单价的乘积，用公式表示为

$$工料单价 = \sum（人材机消耗量 \times 人材机单价）$$

b. 综合单价包括人工费、材料费、机械台班费、企业管理费、利润和风险因素。综合单价根据国家、地区、行业定额或企业定额消耗量和相应生产要素的市场价格来确定。

2）工程总价。工程总价是指经过规定的程序或办法逐级汇总形成的相应工程造价。根据采用单价的不同，总价的计算程序有所不同。

a. 采用工料单价时，在工料单价确定后，乘以相应定额项目工程量并汇总，得出相应工程直接工程费，再按照相应的取费程序计算其他各项费用。汇总后形成相应的工程造价。

b. 采用综合单价时，在综合单价确定后，乘以相应项目工程量，经汇总即可得出分部分项工程费，再按相应的办法计取措施项目费、其他项目费、规费项目费、税金项目费。各项目费汇总后得出相应的工程造价。

3. 工程计价标准和依据

工程计价标准和依据主要包括计价活动的相关规章规程、工程量清单计价和计量规范、工程定额和工程造价信息。

（1）计价活动的相关规章规程。现行计价活动相关的规章规程主要包括建筑工程发包与承包计价管理办法、建设项目投资估算编审规程、建设项目设计概算编审规程、建设项目施工图预算编审规程、建设工程招标控制价编审规程、建设项目工程结算编审规程、建设项目全过程造价咨询规程、建设工程造价咨询成果文件质量标准、建设工程造价鉴定规程等。

（2）工程量清单计价和计量规范。工程量清单计价和计量规范由《建设工程工程量清单计价规范》（GB 50500—2013）、《房屋建筑与装饰工程工程量计算规范》（GB 50854—2013）、《仿古建筑工程量计算规范》（GB 50855—2013）等组成。

（3）工程定额。工程定额主要是指国家、省、有关专业部门制定的各种定额，包括工程消耗量定额和工程计价定额等。

（4）工程造价信息。工程造价信息主要包括价格信息、工程造价指数和已完工程信

息等。

1.4.2 工程计价基本程序

1. 工程概预算编制的基本程序

工程概预算编制是国家通过颁布统一的计价定额或指标,对建筑产品价格进行计价的活动。国家以假定的建筑安装产品为对象,制定统一的预算和概算定额。然后按概预算定额规定的分部分项子目,逐项计算工程量,套用概预算定额单价(或单位估价表)确定直接工程费,然后按规定的取费标准确定措施费、间接费、利润和税金,经汇总后即为工程概预算价值。

工程概预算单位价格的形成过程,就是依据概预算定额所确定的消耗量乘以定额单价或市场价,经过不同层次的计算形成相应造价的过程。可以用公式进一步明确工程概预算编制的基本方法和程序。

(1)每一计量单位建筑产品的基本构造要素(假定建筑产品)的直接工程费单价=人工费+材料费+施工机械使用费。

其中:人工费 = $\sum$(人工工日数量×人工单价);材料费 = $\sum$(材料用量×材料单价)+检验试验费;施工机械使用费 = $\sum$(机械台班用量×机械台班单价)。

(2)单位工程直接费 = $\sum$(假定建筑产品工程量×直接工程费单价+措施费)。

(3)单位工程概预算造价=单位工程直接费+间接费+利润+税金。

(4)单项工程概预算造价 = $\sum$(单位工程概预算造价+设备、工器具购置费)。

(5)建设项目全部工程概预算造价 = $\sum$(单项工程的概预算造价+预备费+有关的其他费用)。

2. 工程量清单计价的基本程序

工程量清单计价的基本原理可以描述为:按照工程量清单计价规范规定,在各相应专业工程计量规范规定的工程量清单项目设置和工程量计算规则基础上,针对具体工程的施工图纸和施工组织设计计算出各个清单项目的工程量,根据规定的方法计算出综合单价,并汇总各清单合价得出工程总价。

(1)分部分项工程费 = $\sum$(分部分项工程量×相应分部分项综合单价)。

(2)措施项目费 = $\sum$ 各措施项目费。

(3)其他项目费=暂列金额+暂估价+计日工+总承包服务费。

(4)单位工程报价=分部分项工程费+措施项目费+其他项目费+规费+税金。

(5)单项工程报价 = $\sum$ 单位工程报价。

(6)建设项目总报价 = $\sum$ 单项工程报价。

公式中,综合单价是指完成一个规定清单项目所需的人工费、材料和工程设备费、施工机具使用费和企业管理费、利润,以及一定范围内的风险费用。风险费用是隐含于已标价工程量清单综合单价中,用于化解发承包双方在工程合同中约定内容和范围内的市场价格波动风险的费用。

1.5 建筑面积

1.5.1 建筑面积概述

建筑面积是指建筑物各层水平投影面积的总和，包括使用面积、辅助面积和结构面积。使用面积是指生活或生活服务所占的面积，如卧室、客厅；辅助面积是指楼梯、走道等所占的面积；结构面积是指墙体、柱、通风道等所占的面积。建筑面积的组成如图 1.3 所示。

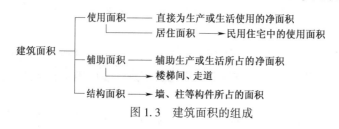

建筑面积计算

图 1.3 建筑面积的组成

1. 建筑面积计算的作用

建筑面积是建筑物的技术经济指标，是反映建设发展规模的一个基本特征，国家以建筑面积的数量计算来控制建设规模。设计单位用单位建筑面积的技术经济指标来评定设计方案的优劣，如单方造价。施工单位以每年开竣工的建筑面积数量来表达其工作成果。因此，在编制和审查概预算工作中，正确计算建筑面积是十分重要的。建筑面积的计算有如下作用。

（1）建筑面积是重要的管理指标，根据建筑面积计算可知每一单位面积的造价、用工、用料指标。

（2）建筑面积是计算土地利用系数、使用面积系数、开竣工面积的依据。

例如，$单位造价 = \dfrac{总造价}{建筑面积}（元/m^2）$；

$单位用料 = \dfrac{材料用量}{建筑面积}（m^3/m^2、m^2/m^2、kg/m^2）$；

$建筑平面系数 = \dfrac{使用面积}{建筑面积}（\%）$；

$容积率 = \dfrac{建筑面积}{用地面积}$。

（3）建筑面积在同类结构性质的工程中相互比较，对降低工程造价、节约投资具有积极作用。

（4）建筑面积是正确计算其他有关工程项目的基础，如平整场地、室内回填土、楼地面等项目。

2. 建筑面积计算规则及说明

我国自 2013 年 7 月 1 日起实施的《建筑工程建筑面积计算规范》为国家标准，编号为 GB/T 50353—2013，以此为计算建筑面积的根据。该规范的适用范围为新建、扩建、改建的工业与民用建筑工程的建筑面积的计算。其中包括工业厂房、仓库、公共建筑、居住建筑，以及农业生产使用的房屋、粮种仓库、地铁车站等的建筑面积的计算。

（1）建筑物的建筑面积应按其外墙勒脚以上结构外围水平面积计算，建筑物结构层高在 2.20m 及以上的应计算全面积；结构层高在 2.20m 以下的应计算 1/2 面积。勒脚是指在房屋外墙接近地面部位设置的饰面保护构造。结构层高是指楼面或地面结构层上表面至上部结构层上表面之间的垂直距离，如图 1.4 所示。建筑物的建筑面积应按外墙结构外围水平面积之和计算。

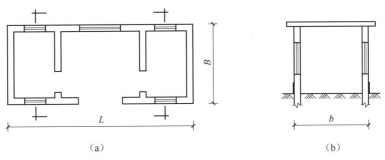

（a）　　　　　　　　　　（b）

图 1.4　单层建筑物的建筑面积

（2）建筑物设有局部楼层者，如图 1.5 所示，局部楼层的二层及以上楼层，有围护结构的应按其围护结构外围水平面积计算，无围护结构的应按其结构底板水平面积计算。且结构层高在 2.20m 及以上的，应计算全面积，结构层高在 2.20m 以下的，应计算 1/2 面积。围护结构是指围合建筑空间的墙体、门、窗。

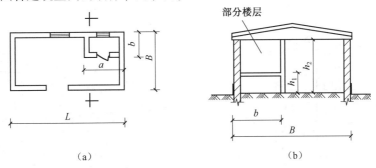

（a）　　　　　　　　　　（b）

图 1.5　单层建筑物设有局部楼层图示

（3）对于形成建筑空间的坡屋顶，结构净高在 2.10m 及以上的部位应计算全面积；结构净高在 1.20m 及以上至 2.10m 以下的部位应计算 1/2 面积；结构净高在 1.20m 以下的部位不应计算建筑面积。结构净高是指楼面或地面结构层上表面至上部结构层下表面之间的垂直距离。

（4）对于场馆看台下的建筑空间，结构净高在 2.10m 及以上的部位应计算全面积；结构净高在 1.20m 及以上至 2.10m 以下的部位应计算 1/2 面积；结构净高在 1.20m 以下的部位不应计算建筑面积。室内单独设置的有围护设施的悬挑看台，应按看台结构底板水平投影面积计算建筑面积。有顶盖无围护结构的场馆看台应按其顶盖水平投影面积的 1/2 计算面积。围护设施是指为保障安全而设置的栏杆、栏板等围挡。

（5）地下室、半地下室应按其结构外围水平面积计算。结构层高在 2.20m 及以上的，应计算全面积；结构层高在 2.20m 以下的，应计算 1/2 面积，如图 1.6 所示。地下室是指室内地平面低于室外地平面的高度超过室内净高的 1/2 的房间。半地下室是指室内地平面低于室外地平面的高度超过室内净高的 1/3，且不超过 1/2 的房间。

（6）出入口外墙外侧坡道有顶盖的部位应按其外墙结构外围水平面积的1/2计算面积。

（7）建筑物架空层及坡地建筑物吊脚架空层应按其顶板水平投影计算建筑面积。结构层高在2.20m及以上的应计算全面积；结构层高在2.20m以下的应计算1/2面积，如图1.7所示。架空层是指仅有结构支撑而无外围护结构的开敞空间层。

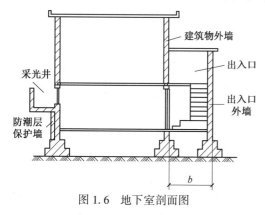

图1.6　地下室剖面图

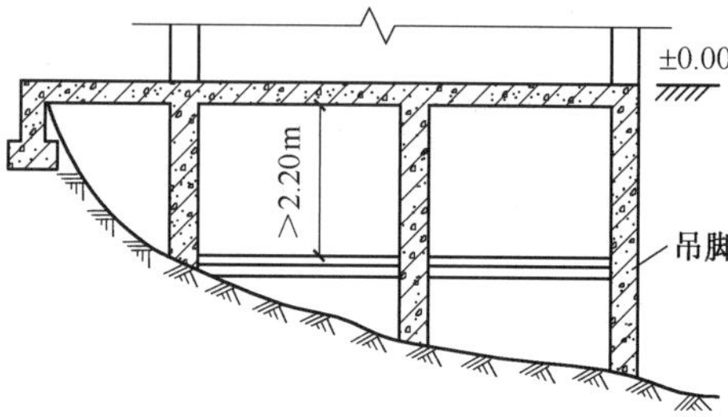

图1.7　坡地上的结构示意图

（8）建筑物的门厅、大厅应按一层计算建筑面积，门厅、大厅内设置的走廊应按走廊结构底板水平投影面积计算建筑面积。结构层高在2.20m及以上的应计算全面积；结构层高在2.20m以下的应计算1/2面积，如图1.8和图1.9所示。

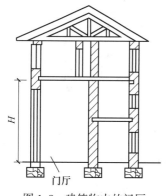

图1.8　建筑物内的门厅

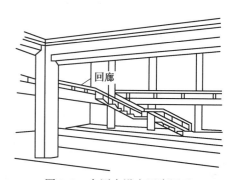

图1.9　大厅内设有回廊图示

（9）对于建筑物间的架空走廊，有顶盖和围护设施的应按其围护结构外围水平面积计算全面积；无围护结构、有围护设施的应按其结构底板水平投影面积计算1/2面积。架空走廊是指专门设置在建筑物的二层或二层以上，作为不同建筑物之间水平交通的空间，如图1.10所示。

（10）对于立体书库、立体仓库、立体车库，有围护结构的应按其围护结构外围水平面积计算建筑面积；无围护结构、有围护设施的应按其结构底板水平投影面积计算建筑面积。无结构层的应按一层计算，有结构层的应按其结构层面积分别计算。结构层高在2.20m及以上的应计算全面积；结构层高在2.20m以下的应计算1/2面积。

（11）有围护结构的舞台灯光控制室应按其围护结构外围水平面积计算。结构层高在2.20m及以上的应计算全面积；结构层高在2.20m以下的应计算1/2面积。

（12）有围护设施的室外走廊（挑廊）应按其结构底板水平投影面积计算1/2面积；有围护设施（或柱）的檐廊应按其围护设施（或柱）外围水平面积计算1/2面积。走廊是指建筑物中的水平交通空间。挑廊是指挑出建筑物外墙的水平交通空间。檐廊是指建筑物挑檐下的水平交通空间。

（13）门斗应按其围护结构外围水平面积计算建筑面积，且结构层高在2.20m及以上的应计算全面积；结构层高在2.20m以下的应计算1/2面积。门斗是指建筑物入口处两道门之间的空间。

（14）附属在建筑物外墙的落地橱窗，应按其围护结构外围水平面积计算。结构层高在2.20m及以上的应计算全面积；结构层高在2.20m以下的应计算1/2面积。落地橱窗是指突出外墙面且根基落地的橱窗。

（15）设在建筑物顶部的、有围护结构的楼梯间、水箱间、电梯机房等，结构层高在2.20m及以上的应计算全面积；结构层高在2.20m以下的应计算1/2面积，如图1.11所示。

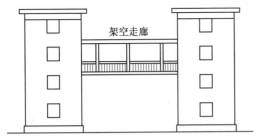

图1.10 建筑物间的架空走廊

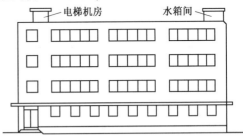

图1.11 屋面上部有围护结构的楼梯图示

（16）围护结构不垂直于水平面的楼层应按其底板面的外墙外围水平面积计算。结构净高在2.10m及以上的部位应计算全面积；结构净高在1.20m及以上至2.10m以下的部位应计算1/2面积；结构净高在1.20m以下的部位不应计算建筑面积。

（17）建筑物的室内楼梯、电梯井、提物井、管道井、通风排气竖井、烟道，应并入建筑物的自然层计算建筑面积。有顶盖的采光井应按一层计算面积，且结构净高在2.10m及以上的应计算全面积；结构净高在2.10m以下的应计算1/2面积，如图1.12所示。

（18）门廊应按其顶板的水平投影面积的1/2计算建筑面积；有柱雨篷应按其结构板水平投影面积的1/2计算建筑面积；无柱雨篷的结构外边线至外墙结构外边线的宽度在2.10m及以上的应按雨篷结构板的水平投影面积的1/2计算建筑面积。门廊是指建筑物入口前有顶棚的半围合空间，如图1.13和图1.14所示。

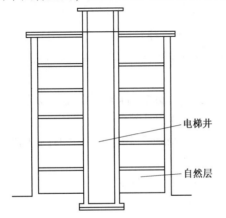

图1.12 建筑物内的室内楼梯间、电梯井等图示

图1.13 雨篷结构

（19）室外楼梯应并入所依附建筑物自然层，并应按其水平投影面积的 1/2 计算建筑面积。

（20）建筑物的阳台，在主体结构内的阳台，应按其结构外围水平面积计算全面积；在主体结构外的阳台应按其结构底板水平投影面积计算 1/2 面积。

（21）有永久性顶盖，无维护结构的车棚、货棚、站台、加油站等，按其顶盖水平投影面积的一半计算建筑面积，如图 1.15 所示。

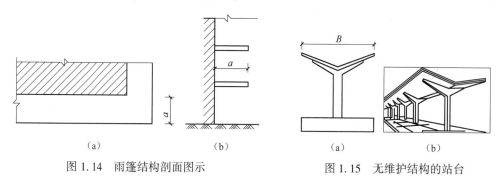

图 1.14　雨篷结构剖面图示　　　　图 1.15　无维护结构的站台

（22）高低联跨的建筑物需分别计算面积时，应以高跨结构外边线为界分别计算建筑面积，即高低跨交界的墙或柱所占的水平面积应并入高跨内计算。当高低跨内部连通时，其变形缝应计算在低跨内，如图 1.16 所示。

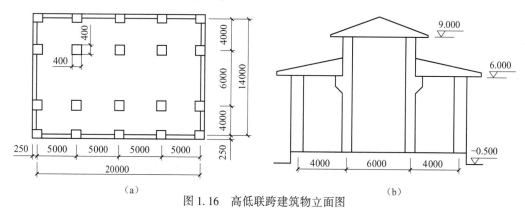

图 1.16　高低联跨建筑物立面图

（23）以幕墙作为维护结构的建筑物应按幕墙外边线计算建筑面积。

（24）建筑物的外墙外保温层应按其保温材料的水平截面积计算，并计入自然层建筑面积。

（25）建筑物内变形缝、沉降缝（与建筑物相连通的变形缝，即暴露在建筑物内，在建筑物内可以看得见的变形缝）应按其自然层合并在建筑面积内计算。

（26）窗台与室内楼地面高差在 0.45m 以下且结构净高在 2.10m 及以上的凸（飘）窗应按其围护结构外围水平面积计算 1/2 面积。

（27）对于建筑物内的设备层、管道层、避难层等有结构层的楼层，结构层高在 2.20m 及以上的应计算全面积；结构层高在 2.20m 以下的应计算 1/2 面积。

（28）不应计算建筑面积的范围包括以下几个方面。

1）建筑物通道（骑楼、过街楼的底层）。

2）建筑物内分隔的单层房间，舞台及后台悬挂幕布、布景的天桥、挑台等。

3）屋顶水箱、花架、凉棚、露台、露天游泳池。

4）建筑物内的操作平台、上料平台、安装箱和罐体的平台。

5）突出墙外的勒脚、附墙柱、垛、台阶、墙面抹灰、装饰面、镶贴块料面层、装饰性幕墙、空调室外机搁板（箱）、构件、配件、与建筑物内不相连通的装饰性阳台、挑廊等。

6）用于检修、消防等的室外钢楼梯、爬梯。

7）自动扶梯、自动人行道。

8）独立烟囱、烟道、地沟、油（水）罐、气柜、水塔、储油（水）池、储仓、栈桥、地下人防通道、地铁隧道。

1.5.2 建筑面积计算规则应用举例

例1.6 计算图1.17所示建筑物的建筑面积。

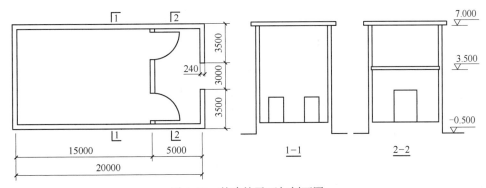

图1.17 某建筑平面与剖面图

解：

建筑面积 S =底层建筑面积+部分楼层建筑面积

$S = (20.00+0.24) \times (10.00+0.24) + (5.00+0.24) \times (10.00+0.24) \approx 260.92 (\mathrm{m}^2)$。

例1.7 计算图1.16所示建筑物的建筑面积。

解：

建筑面积 S =高跨建筑面积 S_1 +右低跨建筑面积 S_2 +左低跨建筑面积 S_3

高跨建筑面积 $S_1 = (20 + 0.5) \times (5 + 0.4) = 110.7 (\mathrm{m}^2)$；

右低跨建筑面积 $S_2 = (20 + 0.5) \times (4 + 0.25 - 0.2) \approx 83.03 (\mathrm{m}^2)$；

左低跨建筑面积 $S_3 = (20 + 0.5) \times (4 + 0.25 - 0.2) \approx 83.03 (\mathrm{m}^2)$；

总的建筑面积 $S = S_1 + S_2 + S_3 = 110.7 + 83.03 \times 2 = 276.76 (\mathrm{m}^2)$。

例1.8 如图1.18所示，（a）、（b）、（c）分别为建筑物底层，二、三层及四层的平面图图示，试计算建筑面积。

解： 建筑面积为底层建筑面积与二、三层建筑面积和四层建筑面积之和。

$S_1 = (6.9+0.24) \times (4.5+4.5) + (11.5+0.24) \times (6.6+0.24) - 1.5 \times (2.4+2.1) \approx 137.81 (\mathrm{m}^2)$；

$S_2 = [(6.9+0.24) \times (4.5+4.5) + (11.5+0.24) \times (6.6+0.24)] \times 2 \approx 289.12 (\mathrm{m}^2)$；

$S_3 = (6.9+0.24) \times 4.5 + (6.6+0.24) \times (8+0.24) \approx 88.49 (\mathrm{m}^2)$；

$S = S_1 + S_2 + S_3 = 137.81 + 289.12 + 88.49 = 515.42 \ (\mathrm{m}^2)$。

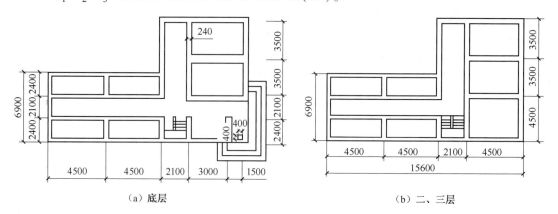

（a）底层　　　　　　　　　　　　　　　　（b）二、三层

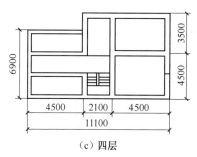

（c）四层

图 1.18　某建筑物平面图示

例 1.9　计算图 1.19 所示建筑物的建筑面积。

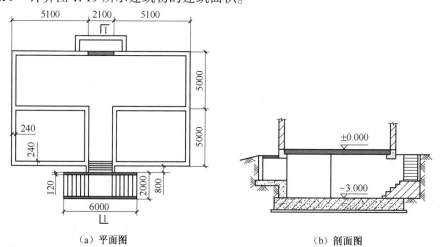

（a）平面图　　　　　　　　　　　　　（b）剖面图

图 1.19　某地下室平面及剖面图

解：

$$\text{建筑面积} \ S = \text{地下室建筑面积} \ S_1 + \text{出入口建筑面积} \ S_2$$

$$S_1 = (12.3 + 0.24) \times (10 + 0.24) \approx 128.41 \ (\mathrm{m}^2);$$

$$S_2 = \frac{2.1 \times 0.8 + 6 \times 2}{2} = 6.84 \ (\mathrm{m}^2);$$

$S = S_1 + S_2 = 128.41 + 6.84 = 135.25 (\mathrm{m}^2)$。

例 1.10　计算图 1.20 所示建筑物架空部分的建筑面积。

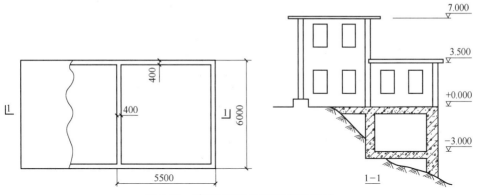

图 1.20　建筑物平面及架空部分图示

解：

架空部分建筑面积 $S = (6 + 0.4) \times (5.5 + 0.4) = 37.76 (\mathrm{m}^2)$。

例 1.11　计算图 1.21 所示建筑物的建筑面积。

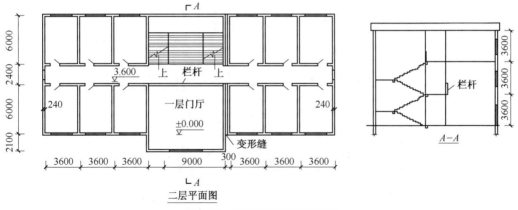

图 1.21　某建筑平面及剖面图

解：

$S = (3.6 \times 6 + 9.0 + 0.3 + 0.24) \times (6.0 \times 2 + 2.4 + 0.24) \times 3 +$
$(9.0 + 0.24) \times 2.1 \times 2 - (9 - 0.24) \times 6 = 1353.92 (\mathrm{m}^2)$。

例 1.12　计算图 1.22 所示的体育馆看台的建筑面积。

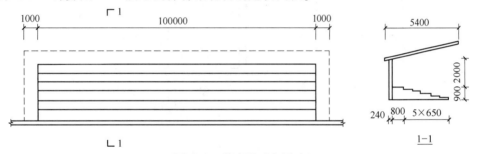

图 1.22　体育馆看台图示

解：

$S = 5 \times 0.65 \times 100.00 + (0.8 + 0.24) \times 100.00 \times 1/2 = 377(\text{m}^2)$。

例 1.13　如图 1.23 所示，架空走廊一层为通道，三层无顶盖，计算该架空走廊的建筑面积。

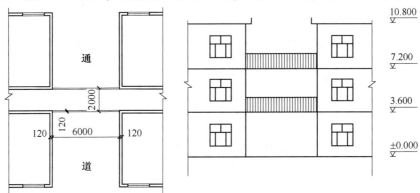

图 1.23　建筑物间架空走廊示意图

解：

$$S = (6.0 - 0.24) \times 2 + \frac{(6.0 - 0.24) \times 2}{2} = 17.28(\text{m}^2)。$$

例 1.14　计算图 1.24 所示建筑物入口处雨篷的建筑面积。

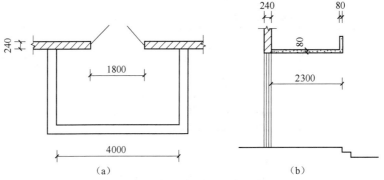

图 1.24　建筑物入口处雨篷示意图

解：

$S = 2.3 \times 4 \times 1/2 = 4.6(\text{m}^2)$。

例 1.15　计算图 1.25 所示建筑物阳台的建筑面积。

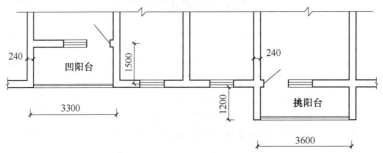

图 1.25　建筑物阳台示意图

解：

凹阳台在结构内应计算全部建筑面积。

$S = (3.3 - 0.24) \times 1.5 + 1.2 \times (3.6 + 0.24) \times 1/2 = 6.89(\text{m}^2)$。

例1.16　计算图1.26所示火车站单排柱站台的建筑面积。

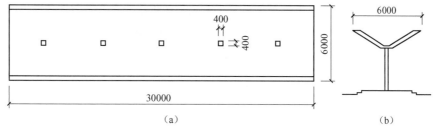

图1.26　火车站台示意图

解：

$S = 30 \times 6 \times 1/2 = 90(\text{m}^2)$。

例1.17　计算图1.27中自行车车棚的建筑面积。

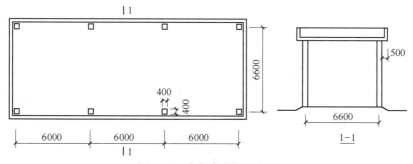

图1.27　自行车车棚示意图

解：

$S = (6.0 \times 3 + 0.4 + 0.5 \times 2) \times (6.6 + 0.4 + 0.5 \times 2) \times 1/2 = 77.60(\text{m}^2)$。

例1.18　试分别计算图1.28中高低联跨建筑物的建筑面积。

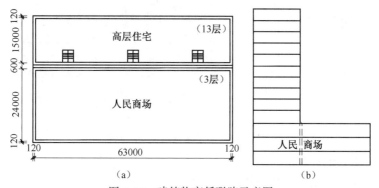

图1.28　建筑物高低联跨示意图

解： 高跨 $S = (63 + 0.24) \times (15 + 0.24) \times 13 \approx 12529.11(\text{m}^2)$；

低跨 $S = (24 + 0.6) \times (63 + 0.24) \times 3 \approx 4667.11(\text{m}^2)$。

1.6　单元任务

1.6.1　基本资料

某别墅工程，图 1.29 所示为一层平面图，图 1.30 所示为二层平面图，图 1.31 所示为南立面图，图 1.32 所示为剖面图。墙体除注明外均为 240mm 厚，请依据《建筑工程建筑面积计算规范》（GB/T 50353—2013）的规定，计算别墅的建筑面积，并将计算结果填入表 1.1 中。

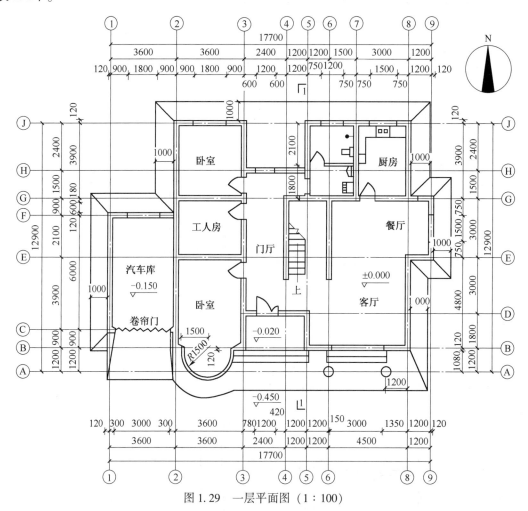

图 1.29　一层平面图（1∶100）

1.6.2　任务要求

任务要求有以下几个方面。

（1）分别计算一层和二层的建筑面积。

（2）计算阳台的建筑面积。

（3）计算雨篷的建筑面积。

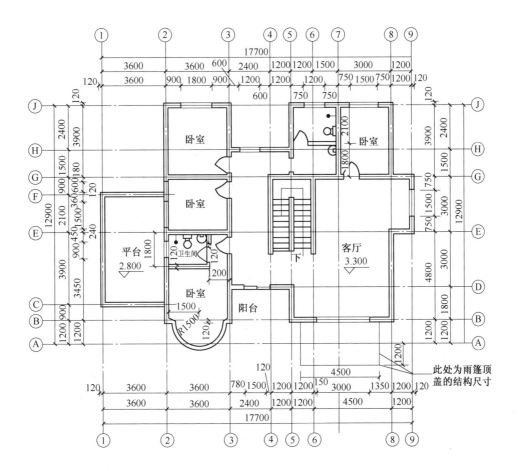

图 1.30 二层平面图 （1：100）

图 1.31 南立面图 （1：100）

1.6.3 任务实施

建筑面积计算表见表 1.1。

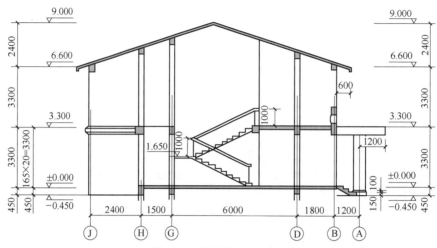

图 1.32 剖面图（1∶100）

表 1.1 建筑面积计算表

序号	部分	计量单位	计 算 过 程	计算结果
1	一层	m²	$3.6×6.24+3.84×11.94+3.14×1.5^2×\dfrac{1}{2}+3.36×7.74+5.94×11.94+1.2×3.24≈172.66$	172.66
2	二层	m²	$3.83×11.94+3.14×1.5^2×\dfrac{1}{2}+3.36×7.74+5.94×11.94+1.2×3.24≈150.08$	150.08
3	阳台	m²	$3.36×1.8×\dfrac{1}{2}≈3.02$	3.02
4	雨篷	m²	$(2.4-0.12)×4.5×\dfrac{1}{2}=5.13$	5.13
合计		m²		330.89

单 元 练 习

一、单选题

1. 建设项目投资是指在工程项目建设阶段所需要的全部费用的总和，其生产性建设项目投资包括（   ）等部分。

 A. 建设投资和建设期利息

 B. 建设投资、建设期利息和流动资产

 C. 建设投资、建设期利息和固定资产投资

 D. 建设投资、固定资产投资和流动资产

单元1自测

2. 工程造价的主要构成部分是建设投资，建设投资包括（   ）。

 A. 工程费用、工程建设其他费用和预备费

 B. 工程费用、建设期利息和基本预备费

C. 工程费用、工程建设其他费用和建设期利息

D. 工程费用、基本建设成本和工程建设其他费用

3. 某国产非标准设备原价采用成本计算估价法计算，已知材料费为17万元，加工费为2万元，辅助材料费为1万元，外购配套件费为5万元，专用工具费率为2%，废品损失费率为5%，包装费率10%，利润率10%，无其他费用。则该设备原价为（　　　）万元。

　　A. 32.150　　　　　B. 31.468　　　　　C. 31.968　　　　　D. 32.488

4. 某建设项目建筑安装工程费为1500万元，设备购置费为400万元，工程建设其他费用为300万元。已知基本预备费率为5%，项目建设前期年限为0.5年。建设期为2年，每年完成投资的50%，年均投资价格上涨率为7%，则该项目的预备费为（　　　）万元。

　　A. 273.11　　　　　B. 314.16　　　　　C. 346.39　　　　　D. 358.21

5. 某材料由甲、乙两地采购，甲地采购量为400t，原价为180元/t，乙地采购量为300t，原价为200元/t，运杂费为28元/t，该材料运输损耗率和采购保管费率分别为1%、2%，则该材料的单价为（　　　）元/t。

　　A. 223.37　　　　　B. 223.40　　　　　C. 224.24　　　　　D. 224.28

6. 多层建筑物层高2.2m，应（　　　）计算面积。

　　A. 全部　　　　　B. 按1/2　　　　　C. 按1/4　　　　　D. 不计算

7. 雨篷外挑宽度为1.8m，按结构板的水平投影面积的（　　　）倍计算。

　　A. 1　　　　　B. 1/2　　　　　C. 1/4　　　　　D. 0

8. 建筑物层高2.2m的设备管道夹层，建筑面积折算系数为（　　　）。

　　A. 1　　　　　B. 1/2　　　　　C. 1/4　　　　　D. 0

9. 利用坡屋顶内空间时，净高度超过（　　　）m的部位应计算全面积。

　　A. 1.2　　　　　B. 1.6　　　　　C. 2.1　　　　　D. 2.2

10. 房屋大厅10m高度，按（　　　）计算。

　　A. 三层　　　　　B. 二层　　　　　C. 一层半　　　　　D. 一层

11. 地下室按其外墙上口外边线所围水平面积计算，应包括（　　　）。

　　A. 无顶盖的采光井　　　　　　　B. 外墙防潮层

　　C. 保护墙　　　　　　　　　　　D. 有永久性顶盖的出入口

12. 以下项目不应计算建筑面积的有（　　　）。

　　A. 建筑物通道　　　　　　　　　B. 建筑物内设备管道夹层

　　C. 飘窗　　　　　　　　　　　　D. 建筑物内变形缝

　　E. 有永久性顶盖无围护结构的场馆看台

13. 下列内容中，属于建筑面积中的辅助面积的是（　　　）。

　　A. 阳台面积　　　　　　　　　　B. 墙体所占面积

　　C. 柱所占面积　　　　　　　　　D. 会议室所占面积

14. 在建筑面积计算中，有效面积包括（　　　）。

　　A. 使用面积和结构面积　　　　　B. 居住面积和结构面积

　　C. 使用面积和辅助面积　　　　　D. 居住面积和辅助面积

15. 根据《建筑工程建筑面积计算规范》（GB/T 50353—2013），建筑面积计算正确的是（　　　）。

A. 单层建筑物应按其外墙勒脚以上结构外围水平面积计算

B. 单层建筑高度 2.10m 以上者计算全面积，2.10m 及以下计算 1/2 面积

C. 设计利用的坡屋顶，净高不足 2.10m 不计算面积

D. 坡屋顶内净高在 1.20～2.20m 部位应计算 1/2 面积

16. 根据《建筑工程建筑面积计算规范》（GB/T 50353—2013），关于建筑面积计算的说法，错误的是（　　）。

A. 室内楼梯间的建筑面积按自然层计算

B. 附墙烟囱按建筑物的自然层计算

C. 跃层建筑，其共用的室内楼梯按自然层计算

D. 上、下两错层户室共用的室内楼梯应选下一层的自然层计算

17. 根据《建筑工程建筑面积计算规范》（GB/T 50353—2013），设计加以利用并有围护结构的基础架空层的建筑面积计算，正确的是（　　）。

A. 应按其顶板水平投影计算建筑面积。结构层高在 2.20m 及以上的应计算全面积

B. 层高在 2.10m 及以上的部位应计算全面积

C. 层高不足 2.10m 的部位不计算面积

D. 按照利用部位的水平投影面积的 1/2 计算

18. 根据《建筑工程建筑面积计算规范》（GB/T 50353—2013），室外楼梯的建筑面积计算，正确的是（　　）。

A. 按建筑物自然层的水平投影面积计算

B. 室外楼梯应并入所依附建筑物自然层，并应按其水平投影面积的 1/2 计算建筑面积

C. 最上层楼梯按建筑物自然层水平投影面积的 1/2 计算

D. 按建筑物底层的水平投影面积的 1/2 计算

19. 根据《建筑工程建筑面积计算规范》（GB/T 50353—2013），设有围护结构不垂直水平面而超出底板外沿的建筑物的建筑面积应（　　）。

A. 按其外墙结构外围水平面积计算

B. 按其顶盖水平投影面积计算

C. 按围护结构外边线计算

D. 应按其底板面的外墙外围水平面积计算。结构净高在 2.10m 及以上的部位应计算全面积

20. 根据《建筑工程建筑面积计算规范》（GB/T 50353—2013），内部连通的高低联跨建筑物内的变形缝应（　　）。

A. 计入高跨面积　　　　　　　　B. 高低跨平均计算

C. 计入低跨面积　　　　　　　　D. 不计算面积

21. 根据《建筑工程建筑面积计算规范》（GB/T 50353—2013），半地下室车库建筑面积的计算，正确的是（　　）。

A. 不包括外墙防潮层及其保护墙

B. 包括采光井所占面积

C. 层高在 2.10m 及以上按全面积计算

D. 层高不足 2.1m 不计算面积

22. 根据《建筑工程建筑面积计算规范》（GB/T 50353—2013），建筑面积的计算，说法正确的是（　　）。

A. 雨篷不区别有柱与无柱

B. 有永久性顶盖的室外楼梯按自然层水平投影面积计算

C. 建筑物顶部有围护结构的楼梯间，层高超过 2.10m 的部分计算全面积

D. 雨篷外挑宽度超过 2.10m 时的无柱雨篷按雨篷结构板的水平投影面积的 1/2 计算

23. 根据《建筑工程建筑面积计算规范》（GB/T 50353—2013），不应计算建筑面积的项目是（　　）。

A. 建筑物内电梯井

B. 建筑物大厅回廊

C. 建筑物通道

D. 建筑物内变形缝

24. 关于建筑面积的计算，正确的说法是（　　）。

A. 建筑物顶部有围护结构的楼梯间层高不足 2.2m 不计算面积

B. 建筑物凹阳台计算全部面积，挑阳台按 1/2 计算面积

C. 设计不利用的深基础架空层层高不足 2.2m 按 1/2 计算面积

D. 在主体结构内的阳台应按其结构外围水平面积计算全面积

25. 建筑物外墙外侧有保温隔热层的应按（　　）计算建筑面积。

A. 保温隔热层接缝边线

B. 应按其保温材料的水平截面积计算，并计入自然层建筑面积

C. 保温隔热层垂直投影面积

D. 保温隔热层展开面积

26. 建筑物内的变形缝应按（　　）计算建筑面积。

A. 不计算

B. 对于不超过 50mm 的变形缝，不计算建筑面积

C. 其自然层合并在建筑物面积内

D. 对于不超过 80mm 的变形缝，不计算建筑面积

27. 某三层办公楼每层外墙结构外围水平面积均为 670m²，一层为车库，层高为 2.2m，二层、三层为办公室，层高为 3.2m。二层设有围护设施的室外走廊，其结构底板水平投影面积为 67.5m²，该办公楼的建筑面积是（　　）m²。

A. 1340.00　　B. 1373.75　　C. 2043.75　　D. 2077.50

28. 某住宅建筑各层外墙外边线所围成的外围水平面积为 400m²，共 6 层，二层及以上每层有两个阳台，每个水平面积为 5m²，建筑中间设置宽度为 300mm 变形缝一条，缝长 10m，该建筑总建筑面积为（　　）m²。

A. 2422　　B. 2407　　C. 2450　　D. 2425

29. 某单层工业厂房的外墙勒脚以上外围水平面积为 7200m²，厂房高 7.8m，内设有二层办公楼，层高均大于 2.2m，其外围水平面积为 350m²，厂房外设办公室楼梯两层，每个

自然层水平投影面积为 7.5m²，则该厂房的总建筑面积为（　　）m²。

  A. 7557.5　　　　B. 7565　　　　C. 7553.75　　　　D. 7915

二、多选题

1. 不计算建筑面积的有（　　）。

  A. 建筑物内的钢筋混凝土上料平台

  B. 建筑物内≤50mm 沉降缝

  C. 建筑物顶部有围护结构的水箱间

  D. 等于 2.1m 宽的雨篷

  E. 空调室外机搁箱

2. 根据《建筑工程建筑面积计算规范》（GB/T 50353—2013），下列内容中，应计算建筑面积的有（　　）。

  A. 坡地建筑设计利用但无围护结构的吊脚架空层

  B. 建筑门厅内层高不足 2.2m 的回廊

  C. 层高不足 2.2m 的立体仓库

  D. 建筑物内钢筋混凝土操作平台

  E. 公共建筑物内自动扶梯

3. 根据《建筑工程建筑面积计算规范》（GB/T 50353—2013），下列内容中，不应计算建筑面积的有（　　）。

  A. 悬挑宽度为 1.8m 的雨篷

  B. 与建筑物不连通的装饰性阳台

  C. 用于检修的室外钢楼梯

  D. 层高不足 1.2m 的单层建筑坡屋顶空间

  E. 层高不足 2.2m 的地下室

4. 关于建筑面积计算，正确的说法有（　　）。

  A. 建筑物内的变形缝不计算建筑面积

  B. 建筑物室外台阶按水平投影面积计算

  C. 建筑物外有围护结构的挑廊按围护结构外围水平面积计算

  D. 地下人防通道超过 2.2m 按结构底板水平面积计算

  E. 无围护结构、有围护设施的应按其结构底板水平投影面积的 1/2 计算

5. 根据《建筑工程建筑面积计算规范》（GB/T 50353—2013），坡屋顶内空间利用时，建筑面积的计算说法正确的有（　　）。

  A. 净高大于 2.10m 计算全面积

  B. 净高等于 2.10m 计算 1/2 全面积

  C. 净高等于 2.0m 计算全面积

  D. 净高小于 1.20m 不计算面积

  E. 净高等于 1.20m 不计算面积

6. 根据《建筑工程建筑面积计算规范》（GB/T 50353—2013），应计算建筑面积的项目有（　　）。

  A. 建筑物内的设备管道夹层

B. 屋顶有围护结构的水箱间

C. 地下人防通道

D. 层高不足 2.20m 的建筑物大厅回廊

E. 室外楼梯

7. 根据《建筑工程建筑面积计算规范》（GB/T 50353—2013），下列不应计算建筑面积的项目有（   ）。

A. 外墙的勒脚

B. 建筑物通道（骑楼、过街楼的底层）

C. 建筑物外墙的保温隔热层

D. 有围护结构的屋顶水箱间

E. 建筑物内的变形缝

8. 建筑面积包括（   ）。

A. 使用面积　　　　　　B. 交通面积　　　　　　C. 辅助面积

D. 结构面积　　　　　　E. 绿化面积

9. 关于单层建筑物建筑面积的计算，下列说法正确的有（   ）。

A. 不论高度如何均按一层计算

B. 按外墙勒脚的外围水平面积计算

C. 内部设有部分楼层应按部分楼层的层数计算

D. 高低联跨的单层建筑物应以高跨结构外边线为界分别计算其建筑面积

E. 檐高超过 20m 时应折层计算建筑面积

10. 不计算建筑面积的有（   ）。

A. 凸出外墙的构件、配件、附墙柱、勒脚、台阶、悬挑雨篷、墙面抹灰、装饰面等

B. 检修、消防的室外爬梯

C. 层高 2.2m 以内的设备管道层

D. 建筑物内宽度 300mm 的变形缝

E. 建筑物内的操作平台

11. 多层建筑物的建筑面积（   ）。

A. 按各层建筑面积之和计算

B. 应包括悬挑雨篷投影面积

C. 其首层建筑面积应按勒脚的外围水平面积计算

D. 不包括外墙镶贴块料面层的水平投影面积

E. 不计算建筑物内宽度大于 300mm 的变形缝的面积

单元 2

工程定额

➤ 单元知识

（1）学习建筑安装工程中人工、材料及机械台班定额消耗量的确定方法。

（2）学习建筑安装工程中人工、材料及机械台班单价的计算方法。

（3）学习建筑工程预算定额基本知识。

（4）学习预算定额消耗量的编制方法。

（5）学习预算定额基价的计算方法。

➤ 单元能力

（1）会根据给定的条件计算材料的定额含量。

（2）会根据给定条件计算综合单价。

（3）会分析构造柱材料定额含量。

（4）会计算人工费差价。

（5）会计算材料费差价。

建筑工程定额

2.1 建筑工程定额

建筑工程定额是指在正常的施工条件下，完成一定计量单位的合格产品必需的劳动力、材料、机械台班和资金消耗的标准数量。定额的种类繁多，根据使用对象和组织施工的具体目的及要求的不同，定额的内容、形式和分类方法也不同。定额的分类见表 2.1。

表 2.1 定额的分类

定额	按组成要素	依据编制单位和执行范围	按工程进展阶段用途不同
分类	劳动消耗定额 材料消耗定额 机械台班使用定额	全国统一定额即国家各部门颁布的定额 地方性定额 企业定额	概算定额或概算指标 预算定额 施工定额 工期定额

2.1.1 建筑安装工程施工定额

1. 建筑安装工程施工定额的作用

建筑安装工程施工定额一般指企业的内部定额，它是指在正常的施工条件下，以建筑工程的各个施工过程为标定对象，规定完成单位合格产品必须消耗的人工、材料和机械台班等的数量标准。施工定额是施工企业管理工作的基础。施工定额在企业管理工作中的作用主要表现在以下几个方面。

（1）施工定额是施工企业编制施工预算的依据。

（2）施工定额是施工企业考核班组或工队、限额领料的依据。

（3）施工定额是施工企业编制实施性施工组织设计的依据。

（4）施工定额是施工企业进行成本核算的依据。

2. 施工定额的组成

施工定额包括劳动消耗定额、材料消耗定额和施工机械消耗定额。

（1）劳动消耗定额。劳动消耗定额简称为劳动定额或人工定额，它规定在一定生产技术组织条件下，完成单位合格产品必需的劳动消耗量的标准。劳动定额的作用主要表现在组织生产和按劳分配两个方面。劳动定额按其表示形式又分为时间定额和产量定额。

1）时间定额。时间定额是指施工工人在正常的施工条件下，生产单位合格产品所需消耗的劳动时间。也就是说，时间定额规定了生产单位产品所需要的工日标准。一个工日代表1天（以8h计）。

2）产量定额。产量定额是指施工工人在正常的施工条件下，单位时间内所完成的合格产品的数量标准。

（2）材料消耗定额。材料消耗定额是指在合理使用材料的原则下，生产单位合格产品所必须消耗一定品种、规格的建筑材料的数量标准。制订材料消耗定额，主要就是为了对物资消耗进行控制和监督，以达到降低物耗和减少工程成本的目的。

根据材料使用次数的不同，建筑安装材料分为非周转性材料和周转性材料。非周转性材料也称直接性材料，它是指施工中一次性消耗并直接构成工程实体的材料，如砖、瓦、灰、砂、石、钢筋、水泥、工程用木材等。周转性材料是指在施工过程中可以多次使用，反复周转但并不构成工程实体的工具性材料，如模板、活动支架、脚手架、支撑、挡土板等。

（3）施工机械消耗定额。施工机械消耗定额是指施工机械在正常条件下，在单位时间内完成单位合格产品必须消耗的数量标准。"单位时间"在定额中以"台班"表示，1台机械工作8h为1个台班。同样，施工机械消耗定额也有机械时间定额和机械产量定额两种形式，并互为倒数。

1）机械时间定额。机械时间定额是指生产单位产品所消耗的机械台班数。对于机械而言，1个机械台班代表1天。

2）机械产量定额。机械产量定额是指在正常的技术条件、合理劳动组织下，每一个机械台班时间所生产的合格产品的数量。同样，机械产量定额与机械时间定额两者互为倒数关系。

3. 施工定额的内容

施工定额的主要内容包括文字说明、时间定额项目表和附录三部分。

（1）文字说明主要包括总说明、分册说明和章、节说明。

（2）定额项目表是施工定额中的核心部分和主要内容，主要包括工程量计算规则和分项工程定额表。分项工程定额表主要包括工作内容、分项工程名称、定额单位、定额表及附注等。

（3）附录一般放在定额分册后面，包括有关名词解释、图示、做法及有关参考资料，如材料消耗计算表，砂浆、混凝土配合比表及计算公式等。

2.1.2 建筑安装工程中人工、材料及机械台班定额消耗量

1. 工人工作时间消耗分类

工人在工作班内消耗的工作时间，按其消耗的性质，基本可以分为两大类：必须消耗的工作时间和损失时间。工人工作时间的分类如图2.1所示。

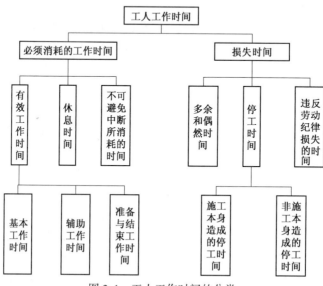

图2.1　工人工作时间的分类

（1）必须消耗的工作时间。必须消耗的工作时间是工人在正常施工条件下，为完成一定合格产品（工作任务）所消耗掉的时间，是制订定额的主要依据，包括有效工作时间、休息时间和不可避免的中断所消耗的时间。

1）有效工作时间。有效工作时间是指从生产效果来看与产品生产直接有关的时间消耗。其中包括基本工作时间、辅助工作时间、准备与结束工作时间的消耗。

a. 基本工作时间是工人完成能生产一定产品的施工工艺过程所消耗的时间。通过这些工艺过程可以使材料改变外形，如钢筋折弯等；可以改变材料的结构与性质，如混凝土制品的养护干燥等；可以使预制构配件安装组合成型；也可以改变产品外部及表面的性质，如粉刷、油漆等。基本工作时间所包括的内容依工作性质各不相同。基本工作时间的长短和工作量大小成正比。

b. 辅助工作时间是为保证基本工作能顺利完成所消耗的时间。在辅助工作时间内，不能使产品的形状、大小、性质或位置发生变化。辅助工作时间长短与工作量大小有关。

c. 准备与结束工作时间是执行任务前或任务完成后所消耗的工作时间，如工作地点、劳动工具和劳动对象的准备工作时间；工作结束后的整理工作时间；等等。准备和结束工作时间的长短与所担负的工作量大小无关，但往往和工作内容有关。

2）休息时间。休息时间是工人在工作过程中为恢复体力所必需的短暂休息和生理需要的时间消耗。这种时间是为了保证工人精力充沛地进行工作，所以在定额时间内必须进行计算。

3）不可避免的中断所消耗的时间。这是由于施工工艺特点引起的工作中断所必需的

时间。

（2）损失时间。损失时间与产品生产无关，而与施工组织和技术上的缺点有关，与工人在施工过程中的个人过失或某些偶然因素有关的时间消耗。损失时间中包括多余和偶然工作、停工、违反劳动纪律造成的工作时间损失。

1）多余和偶然工作。多余和偶然工作就是工人进行了任务以外而又不能增加产品数量的工作，如重砌质量不合格的墙体。多余工作的工时损失一般是由于工程技术人员和工人的差错引起的，因此，不应计入定额时间中。

2）停工时间。停工时间是工作班内停止工作造成的工时损失。停工时间按其性质可分为施工本身造成的停工时间和非施工本身造成的停工时间两种。施工本身造成的停工时间是由于施工组织不善、材料供应不及时、工作面准备工作做得不好、工作地点组织不良等情况引起的停工时间；非施工本身造成的停工时间是由于水源、电源中断引起的停工时间。

3）违反劳动纪律造成的工作时间损失。违反劳动纪律造成的工作时间损失是指工人在工作班开始和午休后的迟到、午饭前和工作班结束前的早退、擅自离开工作岗位、工作时间内聊天或办私事等造成的工时损失。

2. 机器工作时间消耗的分类

在机械化施工过程中，对工作时间消耗的分析和研究，除了要对工人工作时间的消耗进行分类研究之外，还需要分类研究机器工作时间的消耗。机器工作时间的消耗，按其性质也分为必须消耗的工作时间和损失时间两大类。图2.2所示为机器工作时间的分类。

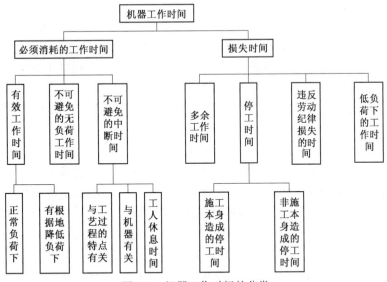

图2.2　机器工作时间的分类

（1）必须消耗的工作时间。必须消耗的工作时间包括有效工作、不可避免的无负荷工作和不可避免的中断三项时间消耗。而在有效工作的时间消耗中又包括正常负荷下、有根据地降低负荷下的工时消耗。

1）正常负荷下的工作时间是机器在与机器说明书规定的额定负荷相符的情况下进行工作的时间。

2）有根据地降低负荷下的工作时间是在个别情况下由于技术上的原因，机器在低于其计算负荷下工作的时间。例如，汽车运输质量轻而体积大的货物时，不能充分利用汽车的载重吨位，因而不得不降低其计算负荷。

3）不可避免的无负荷工作时间是由施工过程的特点和机械结构的特点造成的机械无负荷工作时间。例如，筑路机在工作区末端调头等，就属于此项工作时间的消耗。

4）不可避免的中断工作时间是与工艺过程的特点、机器的使用和保养、工人休息有关的中断时间。

a. 与工艺过程的特点有关的不可避免中断工作时间有循环的和定期的两种。循环的不可避免中断是在机器工作的每一个循环中重复一次，如汽车装货和卸货时的停车。定期的不可避免中断是经过一定时期重复一次，如把灰浆泵由一个工作地点转移到另一工作地点时的工作中断。

b. 与机器有关的不可避免中断工作时间是由于工人进行准备与结束工作或辅助工作时，机器停止工作而引起的中断工作时间。它是与机器的使用与保养有关的不可避免中断时间。

c. 工人休息时间。要注意的是，应尽量利用与工艺过程有关的和与机器有关的不可避免中断时间进行休息，以充分利用工作时间。

（2）损失时间。损失时间包括多余工作、停工、违反劳动纪律所消耗的工作时间和低负荷下的工作时间。

1）机器的多余工作时间。一是机器进行任务内和工艺过程内未包括的工作而延续的时间，如工人没有及时供料而使机器空运转的时间；二是机械在负荷下所做的多余工作，如混凝土搅拌机搅拌混凝土时超过规定搅拌时间，即属于多余工作时间。

2）机器的停工时间。机器的停工时间按其性质也可分为施工本身造成的停工和非施工本身造成的停工。前者是由于施工组织得不好而引起的停工现象，如由于未及时供给机器燃料而引起的停工。后者是由于气候条件所引起的停工现象，如暴雨时压路机的停工。上述停工中延续的时间均为机器的停工时间。

3）违反劳动纪律引起的机器的时间损失。违反劳动纪律引起的机器的时间损失是指由于工人迟到早退或擅离岗位等原因引起的机器停工时间。

4）低负荷下的工作时间。低负荷下的工作时间是由于工人或技术人员的过错所造成的施工机械在降低负荷的情况下工作的时间。例如，工人装车的砂石数量不足引起汽车在降低负荷的情况下工作所延续的时间。此项工作时间不能作为计算时间定额的基础。

3. 确定人工、材料、机械台班定额消耗量的基本方法

（1）人工定额消耗量。人工定额消耗量是以劳动消耗定额（以下简称劳动定额）为表现形式的，它规定在一定生产技术组织条件下，完成单位合格产品所必需劳动消耗量的标准。劳动定额按其表示形式又分时间定额和产量定额。时间定额和产量定额是人工定额的两种表现形式。拟定出时间定额，也就可以计算出产量定额。二者是倒数关系。

1）时间定额。时间定额也称人工定额，是指某种专业的工人班组或个人在正常施工条件下完成一定计量单位质量合格产品所需消耗的工作时间。时间定额规定了生产单位产品所需要的工日标准。时间定额包括生产单位合格产品所需要的基本工作时间、辅助工作时间、准备与结束时间、不可避免的中断时间与休息时间之和。其中：

$$工序作业时间 = 基本工作时间 + 辅助工作时间$$

$$规范时间 = 准备与结束工作时间 + 不可避免的中断时间 + 休息时间$$

$$工序作业时间=基本工作时间+辅助工作时间$$
$$=基本工作时间/(1-辅助时间占工序作业时间的\%)$$
$$时间定额=工序作业时间/(1-规范时间\%)$$

例 2.1 通过计时观测，完成某工程的基本工作时间为 $6h/m^3$，辅助工作时间占工序作业时间的 8%，准备与结束工作时间、不可避免的中断休息时间、休息时间分别占工作日时间的 3%、10%、2%，则定额时间为多少工日 $/m^3$？

解：

基本工作时间 $=\dfrac{6}{8}=0.75(工日/m^3)$；

工序作业时间 $=$基本工作时间$+$辅助工作时间 $=\dfrac{基本工作时间}{1-辅助工作时间}=\dfrac{0.75}{1-8\%}$
$\approx 0.815(工日/m^3)$；

辅助工作时间 $=0.815-0.75=0.065(工日/m^3)$；

时间定额 $=\dfrac{工序作业时间}{1-规范时间\%}=\dfrac{0.815}{1-3\%-10\%-2\%}\approx0.959(工日/m^3)$。

2）产量定额。产量定额是指某种专业的工人班组或个人，在正常施工条件下，单位时间（一个工日）完成合格产品的数量。从时间定额和产量定额的定义可以看出，两者互为倒数关系。

例 2.2 通过计时观察资料得知：人工挖二类土 $1m^3$ 的基本工作时间为 6h，辅助工作时间占工序作业时间的 2%。准备与结束工作时间、不可避免的中断时间、休息时间分别占工作日的 3%、2%、18%。则该人工挖二类土的产量定额是多少？

解：
基本工作时间 $=6h=0.75(工日/m^3)$；
工序作业时间 $=0.75/(1-2\%)\approx0.765(工日/m^3)$；
时间定额 $=0.765/(1-3\%-2\%-18\%)\approx0.994(工日/m^3)$；
产量定额 $=1/0.994\approx1.006(m^3/工日)$。

（2）材料定额消耗量。施工中材料的消耗可分为必须消耗的材料和损失的材料两类性质。必须消耗的材料是指在合理用料的条件下，生产合格产品所需消耗的材料。它包括直接用于建筑和安装工程的材料、不可避免的施工废料和不可避免的材料损耗。必须消耗的材料属于施工正常消耗，是确定材料消耗定额的基本数据。根据材料消耗与工程实体的关系划分施工中的材料可分为实体材料和非实体材料两类。

实体材料是指直接构成工程实体的材料，它包括工程直接性材料和辅助性材料。工程直接性材料主要是指一次性消耗、直接用于工程上构成建筑物或结构本体的材料，如钢筋混凝土柱中的钢筋、水泥、砂、碎石等；辅助性材料主要是指虽然是施工过程中所必需，却并不构成建筑物或结构本体的材料，如土石方爆破工程中所需的炸药、引信、雷管等。

非实体材料是指在施工中必须使用但又不能构成工程实体的施工措施性材料。非实体材料主要是指周转性材料，如模板、脚手架等。

确定材料消耗量的方法主要有观测法、实验室试验法、现场统计法和理论计算法。本书以理论计算法为例，讲解标准砖用量和块料面层的材料用量计算。

1）标准砖用量计算。每立方米砖墙的用砖数和砌筑砂浆的用量，可用下列理论计算公式计算各自的净用量。

$$用砖数 A = \frac{1}{墙厚 \times (砖长 + 灰缝) \times (砖厚 + 灰缝)} \times k$$

式中　k——墙厚砖数×2。

$$砂浆用量 B = 1 - 砖数 \times 砖块体积$$

2）块料面层的材料用量计算。

$$100m^2\ 块料净用量 = \frac{100}{(块料长 + 灰缝宽) \times (块料宽 + 灰缝宽)}$$

$$100m^2\ 灰缝材料净用量 = (100 - 块料长 \times 块料宽 \times 100m^2\ 块料用量) \times 灰缝深$$

$$结合层材料用量 = 100m^2 \times 结合层厚度$$

例2.3　计算 $1m^3$ 标准砖一砖外墙砌体砖数和砂浆的净用量。

解：

$$砖净用量 = \frac{1}{0.24 \times (0.24 + 0.01) \times (0.053 + 0.01)} \times 1 \times 2 = 529（块）；$$

$$砂浆净用量 = 1 - 529 \times (0.24 \times 0.115 \times 0.053) = 0.226（m^3）。$$

材料的损耗一般以损耗率表示。材料损耗率及材料损耗量的计算通常采用以下公式：

$$损耗率 = \frac{损耗量}{净用量} \times 100\%$$

$$总损耗量 = 净用量 + 损耗量 = 净用量 \times (1 + 损耗率)$$

例2.4　用 1:1 水泥砂浆贴 150mm×150mm×5mm 瓷砖墙面，结合层厚度为 10mm，试计算每 $100m^2$ 瓷砖墙面中瓷砖和砂浆的消耗量（灰缝宽为 2mm）。假设瓷砖损耗率为 1.5%，砂浆损耗率为 1%。

解：

$$每 100m^2\ 瓷砖墙面中瓷砖的净用量 = \frac{100}{(0.15 + 0.002) \times (0.15 + 0.002)} \approx 4328.25（块）；$$

$$每 100m^2\ 瓷砖墙面中瓷砖的总消耗量 = 4328.25 \times (1 + 1.5\%) \approx 4393.17（块）；$$

$$每 100m^2\ 瓷砖墙面中结合层砂浆净用量 = 100 \times 0.01 = 1（m^3）；$$

$$每 100m^2\ 瓷砖墙面中灰缝砂浆净用量 = (100 - 4328.25 \times 0.15 \times 0.15) \times 0.005 \approx 0.013（m^3）；$$

$$每 100m^2\ 瓷砖墙面中水泥砂浆总损耗量 = (1 + 0.013) \times (1 + 1\%) \approx 1.02（m^3）。$$

（3）机械台班定额消耗量。

1）确定机械1h纯工作正常生产率。机械纯工作时间是指机械的必需消耗时间。机械1h纯工作正常生产率是在正常施工组织条件下，具有必需的知识和技能的技术工人操纵机械1h的生产率。根据机械工作特点的不同，机械1h纯工作正常生产率的确定方法也有所不同。

a. 对于循环动作机械，确定机械纯工作1h正常生产率的计算公式如下：

$$机械一次循环的正常延续时间 = \sum（循环各组成部分正常延续时间） - 交叠时间$$

$$机械纯工作 1h 循环次数 = \frac{60 \times 60s}{一次循环的正常延续时间}$$

机械纯工作 1h 正常生产率 = 机械纯工作 1h 正常循环次数 × 一次循环生产的产品数量

b. 对于连续动作机械,确定机械纯工作 1h 正常生产率要根据机械的类型和结构特征,以及工作过程的特点来进行。其计算公式如下:

$$连续动作机械纯工作 1h 正常生产率 = \frac{工作时间内生产的产品数量}{工作时间(h)}$$

2)确定施工机械的正常利用系数。确定施工机械的正常利用系数是指机械在工作班内对工作时间的利用率。机械的利用系数和机械在工作班内的工作状况有着密切的关系。所以,要确定机械的正常利用系数,首先要拟定机械工作班的正常工作状况,保证合理利用工时。机械正常利用系数的计算公式如下:

$$机械正常利用系数 = \frac{机械在一个工作班内纯工作时间}{一个工作班延续时间(8h)}$$

3)计算施工机械台班定额。计算施工机械台班定额是编制机械定额工作的最后一步。在确定了机械工作正常条件、机械 1h 纯工作正常生产率和机械正常利用系数之后,采用下列公式计算施工机械的产量定额:

施工机械台班产量定额 = 机械 1h 纯工作正常生产率 × 工作班纯工作时间

或   施工机械台班产量定额 = 机械 1h 正常生产率 × 工作班延续时间 × 机械正常利用系数

$$施工机械时间定额 = \frac{1}{机械台班产量定额指标}$$

例 2.5 某工程现场采用出料容量为 500L 的混凝土搅拌机,每一次循环中,装料、搅拌、卸料、中断需要的时间分别为 1min、3min、1min、1min,机械正常利用系数为 0.9,求该机械的台班产量定额。

解:

该搅拌机一次循环的正常延续时间 = 1+3+1+1 = 6(min)= 0.1(h);

该搅拌机纯工作 1h 循环次数 = 10 次;

该搅拌机纯工作 1h 正常生产率 = 10×500 = 5000(L)= 5(m³);

该搅拌机台班产量定额 = 5×8×0.9 = 36(m³/台班)。

2.1.3 建筑安装工程中人工、材料及机械台班单价

1. 人工单价的组成和确定方法

人工日工资单价是指施工企业平均技术熟练程度的生产工人在每工作日(国家法定工作时间内)按规定从事施工作业应得的日工资总额。

(1)人工日工资单价组成内容。人工日工资单价由计时工资或计件工资、奖金、津贴补贴以及特殊情况下支付的工资组成。

1)计时工资或计件工资。计时工资或计件工资是指按计时工资标准和工作时间或对已做工作按计件单价支付给个人的劳动报酬。

2)奖金。奖金是指对超额劳动和增收节支支付给个人的劳动报酬,如节约奖、劳动竞赛奖等。

3）津贴补贴。津贴补贴是指为了补偿职工特殊或额外的劳动消耗和因其他原因支付给个人的津贴，以及为了保证职工工资水平不受物价影响支付给个人的物价补贴，如流动施工津贴、特殊地区施工津贴、高温（寒）作业临时津贴、高空津贴等。

4）特殊情况下支付的工资。特殊情况下支付的工资是指根据国家法律、法规和政策规定，因病、工伤、产假、计划生育假、婚丧假、事假、探亲假、定期休假、停工学习、执行国家或社会义务等原因按计时工资标准或计时工资标准的一定比例支付的工资。

（2）人工日工资单价确定方法。

1）年平均每月法定工作日。由于人工日工资单价是每一个法定工作日的工资总额，因此需要对年平均每月法定工作日进行计算。其计算公式如下：

$$年平均每月法定工作日 = \frac{全年日历日 - 法定假日}{12}$$

式中，法定假日是指双休日和法定节日。

2）日工资单价的计算。确定了年平均每月法定工作日后，将上述工资总额进行分摊，即形成了人工日工资单价。其计算公式如下：

日工资单价 =

$$\frac{生产工人平均月工资（计时、计价）+平均月（奖金+津贴补贴+特殊情况下支付的工资）}{年平均每月法定工作日}$$

2. 材料单价的组成和确定方法

在建筑工程中，材料费占总造价的60%~70%。因此，合理确定材料价格构成，正确计算材料单价，有利于合理确定和有效控制工程造价。

（1）材料单价的构成和分类。

1）材料单价的构成。材料单价是指材料（包括构件、成品及半成品等）从其来源地（或交货地点、供应者仓库提货地点）到达施工工地仓库（施工地点内存放材料的地点）后出库的综合平均价格。材料单价一般由材料原价（或供应价格）、材料运杂费、运输损耗费、采购及保管费组成。其材料费计算公式为

$$材料费 = \sum（材料消耗量 \times 材料单价）$$

2）材料单价分类。材料单价按适用范围划分，有地区材料单价和某项工程使用的材料单价。地区材料单价是按地区（城市或建设区域）编制，供该地区所有工程使用；某项工程（一般指大中型重点工程）使用的材料单价是以一个工程为编制对象，专供该工程项目使用。地区材料单价与某项工程使用的材料单价的编制原理和方法是一致的，只是在材料来源地、运输数量权数等具体数据上有所不同。

（2）材料单价的确定方法。材料单价是由材料原价（或供应价格）、材料运杂费、运输损耗费以及采购保管费合计而成的。

1）材料原价（或供应价格）。材料原价是指国内采购材料的出厂价格，国外采购材料抵达买方边境、港口或车站并交纳完各种手续费、税费后形成的价格。在确定原价时，凡同一种材料因来源地、交货地、供货单位、生产厂家不同而有几种价格（原价）时，根据不同来源地供货数量比例，采取加权平均的方法确定其综合原价。其计算公式如下：

$$加权平均原价 = \frac{K_1C_1 + K_2C_2 + \cdots + K_nC_n}{K_1 + K_2 + \cdots + K_n}$$

式中 K_1，K_2，$\cdots$，K_n——各不同供应地点的供应量或各不同使用地点的需要量；

C_1，C_2，$\cdots$，C_n——各不同供应地点的原价。

2）材料运杂费。材料运杂费是指国内采购材料自来源地、国外采购材料自到岸港运至工地仓库或指定堆放地点发生的费用，含外埠中转运输过程中所发生的一切费用和过境过桥费用，包括调车和驳船费、装卸费、运输费及附加工作费等。同一品种的材料有若干个来源地，应采用加权平均的方法计算材料运杂费。其计算公式如下：

$$加权平均运杂费 = \frac{K_1 T_1 + K_2 T_2 + \cdots + K_n T_n}{K_1 + K_2 + \cdots + K_n}$$

式中 K_1，K_2，$\cdots$，K_n——各不同供应点的供应量或各不同使用地点的需求量；

T_1，T_2，$\cdots$，T_n——各不同运距的运费。

3）运输损耗费。在材料的运输中应考虑一定的场外运输损耗费用，这是材料在运输装卸过程中不可避免的损耗。运输损耗的计算公式如下：

运输损耗＝(材料原价+运杂费)×相应材料损耗率

4）采购及保管费。采购及保管费是指组织材料采购、检验、供应和保管过程中发生的费用，包含采购费、仓储费、工地管理费和仓储损耗。采购及保管费一般按照材料到库价格以费率取定。材料采购及保管费计算公式如下：

采购及保管费＝材料运到工地仓库价格×采购及保管费率(%)

或　　采购及保管费＝(材料原价+运杂费+运输损耗费)×采购及保管费率(%)

材料单价＝[(供应价格+运杂费)×(1+运输损耗率(%)]×[1+采购及保管费率(%)]

例 2.6 某工地水泥从两个地方采购，其采购量及有关费用见表 2.2，求该工地水泥的基价。

表 2.2 水泥采购量及有关费用

采购处	采购量/t	原价/(元/t)	运杂费/(元/t)	运输损耗率/%	采购及保管费费率/%
来源一	300	240	20	0.5	3
来源二	200	250	15	0.4	3

解：

$$加权平均原价 = \frac{300 \times 240 + 200 \times 250}{300 + 200} = 244(元/t)；$$

$$加权平均运杂费 = \frac{300 \times 20 + 200 \times 15}{300 + 200} = 18(元/t)；$$

来源一的运输损耗费 $= (240 + 20) \times 0.5\% = 1.3(元/t)；$

来源二的运输损耗费 $= (250 + 15) \times 0.4\% = 1.06(元/t)；$

$$加权平均运输损耗费 = \frac{300 \times 1.3 + 200 \times 1.06}{300 + 200} = 1.204(元/t)；$$

水泥基价 $= (244 + 18 + 1.204) \times (1 + 3\%) \approx 271.1(元/t)。$

3. 施工机械台班单价的组成和确定方法

施工机械使用费是根据施工中耗用的机械台班数量和机械台班单价确定的。施工机械台班耗用量按有关定额规定计算；施工机械台班单价是指一台施工机械在正常运转条件下一个工作班中所发生的全部费用，每台班按 8h 工作制计算。施工机械台班单价由 7 项费用组成，包括折旧费、大修理费、经常修理费、安拆费及场外运费、人工费、燃料动力费、其他费用。

（1）折旧费的确定。折旧费是指施工机械在规定使用期限内，陆续收回其原值及购置资金的时间价值。其计算公式如下：

$$台班折旧费 = \frac{机械预算价格 \times （1-残值率）\times 时间价值系数}{耐用总台班}$$

其中，残值率是指机械报废时回收的残值占机械原值的百分比。残值率按目前有关规定执行：运输机械 2%，掘进机械 5%，特大型机械 3%，中小型机械 4%。

时间价值系数是指购置施工机械的资金在施工生产过程中随着时间的推移而产生的单位增值。其中，年折现率应按编制期银行年贷款利率确定。其计算公式如下：

$$时间价值系数 = 1 + \frac{折旧年限 + 1}{2} \times 年折现率(\%)$$

耐用总台班是指施工机械从开始投入使用至报废前使用的总台班数，应按施工机械的技术指标及寿命期等相关参数确定。机械耐用总台班的计算公式为

$$耐用总台班 = 折旧年限 \times 年工作台班 = 大修理间隔台班 \times 大修理周期$$

大修理次数的计算公式为

$$大修理次数 = 耐用总台班 + 大修理间隔台班 - 1 = 大修理周期 - 1$$

大修理间隔台班是指机械自投入使用起至第一次大修理止或自上一次大修理后投入使用起至下一次大修理止，应达到的使用台班数。

大修理周期是指机械正常的施工作业条件下，将其寿命期（耐用总台班）按规定的大修理次数划分为若干个周期。其计算公式为

$$大修理周期 = 寿命期大修理次数 + 1$$

（2）大修理费的组成及确定。大修理费是指机械设备按规定的大修理间隔台班进行必要的大修理，以恢复机械正常功能所需的费用。台班大修理费是机械使用期限内全部大修理费之和在台班费用中的分摊额，取决于一次大修理费用、大修理次数和耐用总台班的数量。其计算公式为

$$台班大修理费 = \frac{一次大修理费 \times 寿命期内大修理次数}{耐用总台班}$$

（3）经常修理费的组成及确定。经常修理费是指施工机械除大修理以外的各级保养和临时故障排除所需的费用，包括为保障机械正常运转所需替换与随机配备工具附具的摊销和维护费用、机械运转及日常保养所需润滑与擦拭的材料费用及机械停滞期间的维护和保养费用等。各项费用分摊到台班中，即为台班经常修理费。其计算公式为

$$台班经常修理费 = 台班大修理费 \times K$$

式中　K——台班经常修理费系数。

（4）安拆费及场外运费的组成和确定。安拆费是指施工机械在现场进行安装与拆卸所需的人工、材料、机械和试运转费用以及机械辅助设施的折旧、搭设、拆除等费用；场外运费是指施工机械整体或分体自停放地点运至施工现场或由一施工地点运至另一施工地点的运输、装卸、辅助材料及架线等费用。安拆费及场外运费根据施工机械的不同可分为计入台班单价、单独计算和不计算三种类型。

1）工地间移动较为频繁的小型机械及部分中型机械，其安拆费及场外运费应计入台班单价。台班安拆费及场外运费应按下列公式计算：

$$台班安拆费及场外运费 = \frac{一次安拆费及场外运费 \times 年平均安拆次数}{年工作台班}$$

a. 一次安拆费应包括施工现场机械安装和拆卸一次所需的人工费、材料费、机械费及试运转费。

b. 一次场外运费应包括运输、装卸、辅助材料和架线等费用。

c. 年平均安拆次数应以《全国统一施工机械保养修理技术经济定额》为基础，由各地区（部门）结合具体情况确定。

d. 运输距离均应按 25km 计算。

2）移动有一定难度的特型、大型（包括少数中型）机械，其安拆费及场外运费应单独计算。单独计算的安拆费及场外运费除应计算安拆费、场外运费外，还应计算辅助设施（包括基础、底座、固定锚桩、行走轨道枕木等）的折旧、搭设和拆除等费用。

3）不需安装、拆卸且自身又能开行的机械和固定在车间不需安装、拆卸及运输的机械，其安拆费及场外运费不计算。

4）自升式塔式起重机安装、拆卸费用的超高起点及其增加费，各地区（部门）可根据具体情况确定。

（5）人工费的组成及确定。人工费是指机上司机（司炉）和其他操作人员的工作日人工费及上述人员在施工机械规定的年工作台班以外的人工费，按下列公式计算：

$$台班人工费 = 人工消耗量 \times \left(1 + \frac{年制度工作日 - 年工作台班}{年工作台班}\right) \times 人工日工资单价$$

1）人工消耗量是指机上司机（司炉）和其他操作人员工日消耗量。

2）年制度工作日应执行编制期国家有关规定。

3）人工日工资单价应执行编制期工程造价管理部门的有关规定。

（6）燃料动力费。燃料动力费是指机械在运转或施工作业中所耗用的固体燃料（煤炭、木材）、液体燃料（汽油、柴油）、电力、水和风力等费用。计算公式为

$$燃料动力费 = 台班燃料动力消耗量 \times 相应单价$$

（7）其他费用。其他费用包括按国家和有关部门规定应缴纳的养路费、车船使用税、保险费、年检费等。

例 2.7　某载重汽车配司机 1 人，当年制度工作日为 250 天，年工作台班为 230 台班，人工日工资单价为 50 元。求该载重汽车的台班人工费为多少？

解：

$$台班人工费 = 1 \times \left(1 + \frac{250 - 230}{230}\right) \times 50 \approx 54.35（元 / 台班）。$$

例 2.8　某施工机械原始购置费为 4 万元，耐用总台班为 2000 台班，大修周期为 5 个，每次大修费为 3000 元，台班经常修理费系数为 0.5，每台班人工、燃料动力及其他费用为 65 元，机械残值率为 5%，不考虑资金的时间价值，则该机械的台班单价是每台班多少元？

解：

$$台班折旧费 = (40000 - 40000 \times 5\%)/2000 = 19（元 / 台班）；$$

台班大修理费 = 3000 × 4/2000 = 6(元 / 台班);

台班经常修理费 = 6 × 0.5 = 3(元 / 台班);

台班单价 = 19 + 6 + 3 + 65 = 93(元 / 台班)。

预算定额
手册的使用

2.2 建筑工程预算定额及其基价编制

预算定额是在正常的施工条件下，完成一定计量单位合格分项工程和结构构件所需消耗的人工、材料、机械台班的数量标准。预算定额是工程建设中的一项重要的技术经济文件，是编制施工图预算的主要依据，是确定和控制工程造价的基础。

2.2.1 预算定额

1. 预算定额的用途及作用

（1）预算定额是编制施工图预算、确定建筑安装工程造价的基础。施工图设计一经确定，工程预算造价就取决于预算定额水平和人工、材料及机械台班的价格。预算定额起着控制劳动消耗、材料消耗和机械台班使用的作用，进而起着控制建筑产品价格的作用。

（2）预算定额是编制施工组织设计的依据。施工组织设计的重要任务之一是确定施工中所需人力、物力的供求量，并作出最佳安排。施工单位在缺乏本企业的施工定额的情况下，根据预算定额，也能够比较精确地计算出施工中各项资源的需要量，为有计划地组织材料和预制件加工、劳动力和施工机械的调配提供了可靠的计算依据。

（3）预算定额是工程结算的依据。工程结算是建设单位和施工单位按照工程进度对已完成的分部分项工程实现货币支付的行为。按进度支付工程款，需要根据预算定额将已完分项工程的造价算出。单位工程验收后，再按竣工工程量、预算定额和施工合同规定进行结算，以保证建设单位建设资金的合理使用和施工单位的经济收入。

（4）预算定额是施工单位进行经济活动分析的依据。施工单位可根据预算定额对施工中的劳动、材料、机械的消耗情况进行具体的分析，以便找出并克服低功效、高消耗的薄弱环节，提高竞争能力。

（5）预算定额是编制概算定额的基础。概算定额是在预算定额基础上综合扩大编制的。利用预算定额作为编制依据，不但可以节省编制工作的大量人力、物力和时间，收到事半功倍的效果，还可以使概算定额在水平上与预算定额保持一致，以免造成执行中的不一致。

（6）预算定额是合理编制招标控制价、投标报价的基础。在深化改革中，预算定额的指令性作用将日益削弱，而施工单位按照工程个别成本报价的指导性作用仍然存在，因此预算定额作为编制招标控制价的依据和施工企业报价的基础性作用仍将存在，这也是由于预算定额本身的科学性和指导性决定的。

2. 预算定额的编制依据

（1）现行劳动定额和施工定额。预算定额是在现行劳动定额和施工定额的基础上编制的。

（2）现行设计规范、施工及验收规范，质量评定标准和安全操作规程。

（3）具有代表性的典型工程施工图及有关标准图。

（4）新技术、新结构、新材料和先进的施工方法等。

（5）有关科学实验、技术测定和统计、经验资料。

（6）现行的预算定额、材料预算价格及有关文件规定等。

2.2.2　预算定额消耗量的编制方法

1. 预算定额中人工工日消耗量的计算

预算定额中人工工日消耗量是指在正常施工条件下，生产单位合格产品所必须消耗的人工工日数量，是由分项工程所综合的各个工序劳动定额包括的基本用工、其他用工两部分组成的。

（1）基本用工。基本用工是指完成一定计量单位的分项工程或结构构件的各项工作过程的施工任务所必须消耗的技术工种用工。

（2）其他用工。其他用工是指辅助基本用工消耗的工日，包括超运距用工、辅助用工和人工幅度差用工。

1）超运距用工。超运距是指劳动定额中已包括的材料、半成品场内水平搬运距离与预算定额所考虑的现场材料、半成品堆放地点到操作地点的水平运输距离之差。

2）辅助用工。辅助用工是指技术工种劳动定额内不包括而在预算定额内又必须考虑的用工。

3）人工幅度差用工。人工幅度差即预算定额与劳动定额的差额，主要是指在劳动定额中未包括而在正常施工情况下不可避免但又很难准确计量的用工和各种工时损失。其内容包括以下几个方面。

a. 各工种间的工序搭接及交叉作业相互配合或影响所发生的停歇用工。

b. 施工机械在单位工程之间转移及临时水电线路移动所造成的停工。

c. 质量检查和隐蔽工程验收工作的影响。

d. 班组操作地点转移用工。

e. 工序交接时对前一工序不可避免的修整用工。

f. 施工中不可避免的其他零星用工。

人工幅度差计算公式如下：

$$人工幅度差 = （基本用工 + 辅助用工 + 超运距用工）× 人工幅度差系数$$

例 2.9　砌筑 $10m^3$ 砖墙需基本用工 20 个工日，辅助用工为 5 个工日，超运距用工需 2 个工日，人工幅度差系数为 10%，则预算定额人工工日消耗量为每 $10m^3$ 多少工日？

解：

$$人工工日消耗量 = （基本用工 + 辅助用工 + 超运距用工）× （1 + 人工幅度差系数）$$
$$= （20 + 5 + 2）× （1 + 10\%） = 29.7（工日 / 10m^3）$$

2. 预算定额中材料损耗量的计算

材料损耗量是指在正常条件下不可避免的材料损耗，如现场内材料运输及施工操作过程中的损耗等。其关系式如下：

$$材料损耗率 = 损耗量 / 净用量 × 100\%$$
$$材料损耗量 = 材料净用量 × 损耗率（\%）$$

$$材料消耗量=材料净用量+损耗量$$

或
$$材料消耗量=材料净用量×[1+损耗率(\%)]$$

例 2.10 经现场观测，完成 $10m^3$ 某分项工程需消耗某种材料 $1.76m^3$，其中损耗量为 $0.055m^3$，则该种材料的损耗率为多少？

解：

材料净用量=材料消耗量-损耗量=1.76-0.055=1.705(m^3)；

材料损耗率=损耗量/净用量×100%=0.055/1.705×100%≈3.23%。

3. 预算定额中机械台班消耗量的计算

预算定额中的机械台班消耗量是指在正常施工条件下，生产单位合格产品（分部分项工程或结构构件）必须消耗的某种型号施工机械的台班数量。预算定额的机械台班消耗量按下式计算：

$$预算定额机械耗用台班=施工定额机械耗用台班×(1+机械幅度差系数)$$

机械台班幅度差是指在施工定额中所规定的范围内没有包括，而在实际施工中又不可避免产生的影响机械或使机械停歇的时间。其内容包括以下几个方面。

（1）施工机械转移工作面及配套机械相互影响损失的时间。

（2）在正常施工条件下，机械在施工中不可避免的工序间歇。

（3）工程开工或收尾时工作量不饱满所损失的时间。

（4）检查工程质量影响机械操作的时间。

（5）临时停机、停电影响机械操作的时间。

（6）机械维修引起的停歇时间。

例 2.11 已知某挖土机挖土，一次正常循环工作时间是 40s，每次循环平均挖土量为 $0.3m^3$，机械正常利用系数为 0.8，机械幅度差为 25%。求该机械挖土方 $1000m^3$ 的预算定额机械耗用台班量。

解：

机械纯工作 1h 循环次数=3600/40=90（次/台时）；

机械纯工作 1h 正常生产率=90×0.3=27（m^3/台班）；

施工机械台班产量定额=27×8×0.8=172.8（m^3/台班）；

施工机械台班时间定额=1/172.8=0.00579（台班/m^3）；

预算定额机械耗用台班=0.00579×(1+25%)≈0.00723（台班/m^3）；

挖土方 $1000m^3$ 的预算定额机械耗用台班量=1000×0.00723=7.23（台班）。

2.2.3 预算定额基价的编制

预算定额基价就是预算定额分项工程或结构构件的单价，包括人工费、材料费和机械台班使用费，也称工料单价或直接工程费单价。

预算定额基价的编制方法，简单地说就是工、料、机的消耗量和工、料、机单价的结合过程。其中，人工费是由预算定额中每一分项工程用工数乘以地区人工工日单价算出；材料费是由预算定额中每一分项工程的各种材料消耗量乘以地区相应材料预算价格之和算出；机械费是由预算定额中每一分项工程的各种机械台班消耗量乘以地区相应施工机械台班预算价格之和算出。分项工程预算定额基价的计算公式为

分项工程预算定额基价 = 人工费 + 材料费 + 机械使用费

$$人工费 = \sum (现行预算定额中人工工日用量 \times 人工日工资单价)$$

$$材料费 = \sum (现行预算定额中各种材料耗用量 \times 相应材料单价)$$

$$机械使用费 = \sum (现行预算定额中机械台班用量 \times 机械台班单价)$$

例 2.12　某预算定额基价的编制过程见表 2.3。求其中定额子目 3-1 的定额基价。

表 2.3　某预算定额基价表　　　　　　　　　　单位：10m³

定额编号			3-1		3-2		3-4	
项　　　目	单位	单价 /元	砖基础		混水砖墙			
					1/2 砖		1 砖	
			数量	合价/元	数量	合价/元	数量	合价/元
基价			1254.31		1438.86		1323.51	
其中	人工费		303.36		518.20		413.74	
	材料费		931.66		904.70		891.35	
	机械费		19.30		15.96		18.42	
综合工日		工日	25.73	11.790	303.36	20.140	518.20	16.080	413.74
材料	水泥砂浆 M15	m³	93.92			1.950	183.14	2.250	211.32
	水泥砂浆 M10	m³	110.82	2.360	261.53				
	标准砖	百块	12.70	52.36	664.97	56.41	716.41	53.14	674.88
	水	m³	2.06	2.500	5.15	2.500	5.15	2.500	5.15
机械	灰浆搅拌机 200L	台班	49.11	0.393	19.30	0.325	15.96	0.375	18.42

解：

定额人工费 = 25.73 × 11.790 ≈ 303.36(元)；

定额材料费 = 110.82 × 2.36 + 12.70 × 52.36 + 2.06 × 2.50 ≈ 931.66(元)；

定额机械台班费 = 49.11 × 0.393 ≈ 19.30(元)；

定额基价 = 303.36 + 931.66 + 19.30 = 1254.32(元)。

2.3　单　元　任　务

2.3.1　基本资料

某工程有砖基础 56m³，构造柱 79m³。试分析该工程中砖、沙子、水泥、石子的定额用量。表 2.4 为砖基础定额及工料机资料；表 2.5 为混凝土、砂浆强度等级配合比表；表 2.6 为构造柱（10m³）定额；表 2.7 为混凝土、砂浆强度等级配合比表。

表 2.4 砖基础定额及工料机资料

定 额 编 号			3-1	3-2	3-3	3-4
项 目			砖基础 /10m³	烟囱砖基础	多孔砖基础	墙基防潮层 /100m²
综合单价			2516.79	2439.47	2401.80	1066.38
其中	人工费/元		502.67	431.29	464.40	353.03
	材料费/元		1811.79	1816.44	1753.98	566.99
	机械费/元		19.78	31.53	15.46	17.31
	管理费/元		98.48	86.43	90.61	69.62
	利润/元		84.07	73.78	77.35	59.43
名称	单价	单价/元	数 量			
综合工日	工日	43.00	(12.01)	(10.54)	(11.05)	(8.49)
定额工日	工日	43.00	11.69	10030	10.800	8.210
水泥砂浆 M5 砌筑砂浆	m³	144.09	2.440	2.590	1.900	—
水泥砂浆 1:2	m³	229.62	—	—	—	2.200
机砖 240mm× 115mm×53mm	千块	280.00	5.200	5.140	—	—
多孔砖 240mm× 115mm×90mm	千块	450.00	—	—	3.280	—
防水粉	kg	0.76	—	—	—	61.100
水	m³	4.05	1.040	1.000	1.040	3.800
灰浆搅拌机 200L	台班	61.82	0.320	0.510	0.250	0.280

表 2.5 混凝土、砂浆强度等级配合比表

工作内容：砌筑砂浆

编号			18-2	18-3	18-4	18-5
材料项目	单位	单价/元	混合砂浆			
			M10	M7.5	M5	M2.5
			砌筑砂浆			
基价	元		166.48	159.98	153.39	147.89
水泥 32.5	t	280.00	0.277	0.247	0.216	0.186
中粗砂	m³	80.00	1.020	1.020	1.020	1.020
石灰膏	m³	95.00	0.060	0.080	0.102	0.124
水	m³	4.05	0.400	0.400	0.400	0.600

表 2.6　构造柱（10m³）定额

工作内容：混凝土浇捣、养护等

定额编号			4-20
项目			构造柱
综合单价/元			3388.08
其中	人工费/元		1139.50
	材料费/元		1774.05
	机械费/元		13.43
	管理费/元		310.05
	利润/元		151.05
名称	单位	单价/元	数量
综合工日	工日	43.00	(26.50)
定额工日	工日	43.00	26.50
现浇碎石混凝土 粒径≤40（32.5 水泥）C20	m³	170.79	10.150
水	m³	4.05	8.890
草袋	m³	3.50	0.770
混凝土振捣器 插入式	台班	10.74	1.250

表 2.7　混凝土、砂浆强度等级配合比表

编　号			59	60	61	62	63
材料项目	单位	单价/元	现浇碎石混凝土				
			粒径≤40（32.5 水泥）				
			C10	C15	C20	C25	C30
基价	元		156.72	160.79	170.79	183.11	195.03
水泥 32.5	t	280.00	0.274	0.293	0.339	0.387	0.441
中粗砂	m³	80.00	0.460	0.450	0.410	0.400	0.360
碎石 20~40mm	m³	50.00	0.850	0.850	0.840	0.850	0.840
水	m³	4.05	0.173	0.184	0.184	0.184	0.184

2.3.2　任务要求

任务要求有以下几个方面。

（1）分析砖基础材料定额含量。

（2）分析构造柱材料定额含量。

（3）若砖基础的砂浆标号为 M10，确定该砖基础的综合单价。

（4）计算该工程人工费、材料费的差价。

按照当地市场价，该工程人工费为 53 元/工日，材料市场价机砖为 330 元/千块，水泥为 560 元/t，碎石为 80 元/m³，中粗砂为 120 元/m³。

2.3.3 任务实施

1. 砖基础材料定额含量分析

机砖：$\dfrac{5.2}{10} \times 56 = 29.12$（千块）；

砌筑砂浆：$\dfrac{2.44}{10} \times 56 = 13.664$（$m^3$）。

其中：水泥（32.5）：$13.664 \times 0.216 \approx 2.95$（t）；

沙子（中粗砂）：$13.664 \times 1.02 \approx 13.94$（$m^3$）。

2. 砖基础的综合单价

原定额中砂浆为 M10，工程中采用的为 M5，所示需要换算。该换算属于量不变换价的换算。

$$
\begin{aligned}
\text{换算后的综合单价} &= \text{原单价} + \text{不变的量} \times (\text{换入价} - \text{换出价}) \\
&= 2516.79 + 2.44 \times (166.48 - 153.39) \\
&\approx 2548.73 (\text{元}/10m^3)
\end{aligned}
$$

3. 构造柱材料定额含量分析

水泥（32.5）：$\dfrac{10.15}{10} \times 0.339 \times 79 \approx 27.18$（t）；

沙子（中粗砂）：$\dfrac{10.15}{10} \times 0.41 \times 79 = 32.88$（$m^3$）；

碎石：$\dfrac{10.15}{10} \times 0.85 \times 79 = 68.16$（$m^3$）。

因此，砖基础、构造柱材料总用量（定额用量）为

机砖：29.12 千块；水泥（32.5）：2.95+27.18 = 30.13（t）；

沙子（中粗砂）：13.94+32.88 = 46.82（m^3）；碎石：68.16m^3。

若该工程人工费为 53 元/工日，材料市场价机砖为 330 元/千块，水泥为 560 元/t，碎石为 80 元/m^3，中粗砂为 120 元/m^3，计算该工程人工费、材料费的差价。

4. 人工费差价

砖基础综合工日 $= \dfrac{12.01}{10} \times 56 \approx 67.26$（工日）；

构造柱综合工日 $= \dfrac{26.5}{10} \times 79 = 209.35$（工日）；

人工费差价 $= (67.26 + 209.35) \times (53 - 43) \approx 2766$（元）。

5. 材料费差价

机砖差价 $= 29.12 \times (330 - 280) = 1456$（元）；

水泥(32.5) 差价 $= 30.13 \times (560 - 280) \approx 8436$（元）；

沙子(中粗砂) 差价 $= 46.82 \times (120 - 80) \approx 1873$（元）；

碎石差价 $= 68.16 \times (80 - 50) \approx 2045$（元）；

材料差价 $= 1456 + 8436 + 1873 + 2045 = 13810$（元）。

单元练习

一、单选题

1. 经测定：人工挖 1m³ 土方需消耗基本工作时间为 60min，辅助工作时间占工作班延续时间的 2%，准备与结束工作时间占工作班延续时间的 2%，不可避免中断时间占工作班延续时间的 1%，休息时间占工作班延续时间的 20%，该项目时间定额为（　　）min。

    A. 60　　　　　　B. 70　　　　　　C. 80　　　　　　D. 75

2. 预算定额基价是指（　　）人工、材料、施工机械使用费之和。

    A. 单位工程　　　　　　　　　　B. 分部分项工程

    C. 扩大分部分项工程　　　　　　D. 单项工程

3. 在各种工程建设定额中，属于基础性定额的是（　　）。

    A. 预算定额　　B. 概算定额　　C. 估算定额　　　D. 劳动定额

4. 下列不属于材料预算价格构成的是（　　）。

    A. 材料供应价　　　　　　　　　B. 材料包装费

    C. 材料采购保管费　　　　　　　D. 材料检验试验费

5. 施工现场施工管理人员的基本工资应计入（　　）。

    A. 人工费　　　B. 其他直接费　　C. 现场管理费　　D. 企业管理费

6. 预算定额的人工工日消耗量应包括（　　）。

    A. 基本用工和其他用工

    B. 基本用工和辅助用工

    C. 基本用工和辅助用工人工幅度差

    D. 基本用工、其他用工和人工幅度差

7. 某机型挖掘机的产量定额为 650m³/台班，机械幅度差率为 12%，则挖 1000m³ 土方，预算定额中挖掘机耗用的台班数为（　　）。

    A. 1.237　　　　B. 1.327　　　　C. 1.723　　　　D. 1.372

8. 已知某砖厂供应的红砖，出厂价为 160 元/千块，运距为 12km，运价为 0.84 元/（t·km），装卸费为 2.2 元/t，容重 2.6kg/块，则该厂红砖预算价为（　　）。

    A. 163.04 元/块　B. 191.93 元/块　C. 197.40 元/块　D. 195.77 元/块

9. 普通黏土砖的规格为 240mm×115mm×50mm，砖的损耗率为 2%，则一砖半墙 1m³ 砖的使用量应为（　　）块。

    A. 529　　　　　B. 521　　　　　C. 522　　　　　D. 532

10. 材料的预算价格是指材料从来源地到达工地仓库后的（　　）。

    A. 进场价格　　B. 出库价格　　C. 市场价格　　　D. 预算价格

11. 预算定额的编制基础是（　　）。

    A. 施工定额　　B. 概算定额　　C. 概算指标　　　D. 投资估算指标

12. 预算定额人工工日消耗量中的人工幅度差是指（　　）。

    A. 预算定额消耗量与概算定额消耗量的差额

    B. 预算定额水泵量自身的误差

C. 预算人工定额必需水泵量与净用量的差额

D. 预算定额消耗量与劳动定额消耗量的差额

13. 材料运输损耗费是以（　　）为基础，乘以相应的材料运输损耗率来确定。

    A. 原价　　　　　　　　　　　　B. 供应价

    C. 原价+运输价　　　　　　　　D. 供应价+运输费

14. 下列（　　）不属于机械台班单价组成部分。

    A. 折旧费　　　　　　　　　　　B. 大修理及经常修理费

    C. 大型机械进退场费　　　　　　D. 搭建临时设施

15. 定额人工工资是按（　　）计算。

    A. 小时　　　　B. 天　　　　C. 工日　　　　D. 月

16. 已知挖 50 m^3 土方，按现行劳动定额计算共需 20 工日，则其时间定额和产量定额分别为（　　）。

    A. 0.4；0.4　　　B. 0.4；2.5　　　C. 2.5；0.4　　　D. 2.5；2.5

17. 时间定额和产量定额的关系是（　　）。

    A. 时间定额大于产量定额　　　　B. 时间定额小于产量定额

    C. 时间定额等于产量定额　　　　D. 互为倒数

18. 以下不属于建筑工程定额作用的是（　　）。

    A. 确定工料机消耗量　　　　　　B. 确定工料机价格

    C. 有利于建筑市场公平竞争　　　D. 有利于完善市场的信息系统

19. 下列计算时间定额的公式是（　　）。

    A. 定额时间=基本工作时间/(1-辅助时间%)

    B. 定额时间=工序作业时间/(1-规范时间%)

    C. 定额时间=工序作业时间×(1-辅助时间%)

    D. 定额时间=基本工作时间×(1+规范时间%)

20. 工人的工作时间中，熟悉施工图纸所消耗的时间属于（　　）。

    A. 基本工作时间　　　　　　　　B. 辅助工作时间

    C. 准备与结束工作时间　　　　　D. 不可避免的中断时间

二、多选题

1. 定额按生产要素分类有（　　）。

    A. 劳动定额　　　　　　　　　　B. 时间定额

    C. 材料消耗定额　　　　　　　　D. 产量定额

    E. 机械台班使用定额

2. 工人工作时间中的损失时间包括（　　）。

    A. 准备与结束工作时间　　　　　B. 施工本身造成的停工时间

    C. 非施工本身造成的停工时间　　D. 休息时间

    E. 偶然工作时间

3. 下列费用项目中，计算施工机械台班单价时应考虑的有（　　）。

    A. 购置机械的资金成本　　　　　B. 机械报废时回收的残值

    C. 随机配备工具的摊销费　　　　D. 机械设备的财产损失保险费

　　E. 大型机械安拆费

4. 下列人工费用中, 属于预算定额基价构成内容的有 (　　　)。

　　A. 施工作业的生产工人的工资　　　　B. 施工机械操作人员工资

　　C. 工人夜间施工的夜班补助　　　　D. 大型施工机械安装与拆卸所发生的人工费

　　E. 生产管理人员工资

5. 编制预算定额应依据 (　　　)。

　　A. 现行劳动定额　　　　　　　　　　B. 典型施工图纸

　　C. 现行施工下验收规范　　　　　　　D. 新结构、新材料和先进施工方法

　　E. 现行的概算定额

单元 *3*

工程量清单计价

> **单元知识**

（1）学习工程量清单项目编码。

（2）学习各清单项目的组成内容及相关知识。

（3）认识工程量清单计价与计价规范。

（4）学习工程量清单计价工程造价的组成。

（5）学习脚手架工程的工程量计算和计价方法。

（6）学习垂直运输费及超高施工增加费工程量计算和计价方法。

> **单元能力**

（1）会依据条件确定清单项目编码。

（2）能够正确应用脚手架工程量计算规则计算脚手架工程量。

（3）会计算超高施工增加费用。

3.1 工程量清单

工程量清单
编制方法

工程量清单是载明建设工程分部分项工程项目、措施项目和其他项目的名称与相应数量以及规费与税金项目等内容的明细清单。其中由招标人根据国家标准、招标文件、设计文件，以及施工现场实际情况编制的称为招标工程量清单，而作为投标文件组成部分的已标明价格并经承包人确认的称为已标价工程量清单。招标工程量清单应由具有编制能力的招标人或受其委托，具有相应资质的工程造价咨询人或招标代理人编制。采用工程量清单方式招标，招标工程量清单必须作为招标文件的组成部分，其准确性和完整性由招标人负责。招标工程量清单应以单位（项）工程为单位编制，由分部分项工程量清单、措施项目清单、其他项目清单、规费项目清单、税金项目清单组成。

3.1.1 工程量清单计价与计量规范概述

工程量清单计价与计量规范由《建设工程工程量清单计价规范》（GB 50500）、《房屋建筑与装饰工程工程量计算规范》（GB 50854）、《仿古建筑工程工程量计算规范》（GB 50855）、《通用安装工程工程量计算规范》（GB 50856）、《市政工程工程量计算规范》（GB 50857）、《园林绿化工程工程量计算规范》（GB 50858）、《矿山工程工程量计算规范》（GB 50859）、《构筑物工程工程量计算规范》（GB 50860）、《城市轨道交通工程工程量计算规范》（GB 50861）、《爆破工程工程量计算规范》（GB 50862）组成。《建设工程工程量清单计价规范》（GB 50500）（以下简称《计价规范》）包括总则、术语、一般规定、工程量清单编制、招标控制价、投标报价、合同价款约定、工程计量、合同价款调整、合同价款期中支付、竣工结算与支付、合同解除的价款结算与支付、合同价款争议的解决、工程造价鉴定、工程计价资料与档案、工程计价表格及 11 个附录。

各专业工程量计量规范包括总则、术语、工程计量、工程量清单编制、附录。

1. 工程量清单计价的适用范围

计价规范适用于建设工程发承包及其实施阶段的计价活动。使用国有资金投资的建设工程发承包，必须采用工程量清单计价；非国有资金投资的建设工程，宜采用工程量清单计价；不采用工程量清单计价的建设工程，应执行计价规范中除工程量清单等专门性规定外的其他规定。

国有资金投资的项目包括全部使用国有资金（含国家融资资金）投资或国有资金投资为主的工程建设项目。

（1）国有资金投资的工程建设项目包括以下几项。

1）使用各级财政预算资金的项目。

2）使用纳入财政管理的各种政府性专项建设资金的项目。

3）使用国有企事业单位自有资金，并且国有资产投资者实际拥有控制权的项目。

（2）国家融资资金投资的工程建设项目包括以下几项。

1）使用国家发行债券所筹资金的项目。

2）使用国家对外借款或者担保所筹资金的项目。

3）使用国家政策性贷款的项目。

4）国家授权投资主体融资的项目。

5）国家特许的融资项目。

（3）国有资金（含国家融资资金）为主的工程建设项目是指国有资金占投资总额 50% 以上，或虽不足 50% 但国有投资者实质上拥有控股权的工程建设项目。

2. 工程量清单计价的作用

（1）提供一个平等的竞争条件。工程量清单报价为投标者提供了一个平等竞争的条件，相同的工程量，由企业根据自身的实力来填写不同的单价。投标人的这种自主报价，使得企业的优势体现在投标报价中，可在一定程度上规范建筑市场秩序，确保工程质量。

（2）满足市场经济条件下竞争的需要。招投标过程就是竞争的过程，单价成了决定性的因素，定高了不能中标，定低了又要承担过大的风险。单价的高低直接取决于企业管理水平和技术水平的高低，这种局面促成了企业整体实力的竞争，有利于我国建设市场的快速发展。

（3）有利于提高工程计价效率，能真正实现快速报价。采用工程量清单计价方式，各投标人以招标人提供的工程量清单为统一平台，结合自身的管理水平和施工方案进行报价，促进了各投标人企业定额的完善和工程造价信息的积累与整理，体现了现代工程建设中快速报价的要求。

（4）有利于工程款的拨付和工程造价的最终结算。企业中标后，业主要与中标单位签订施工合同，中标价就是确定合同价的基础，投标清单上的单价就成了拨付工程款的依据。业主根据施工企业完成的工程量，可以很容易地确定进度款的拨付额。工程竣工后，根据设计变更、工程量增减等，业主也很容易确定工程的最终造价，可在某种程度上减少业主与施工单位之间的纠纷。

3.1.2 分部分项工程项目清单

分部分项工程是"分部工程"和"分项工程"的总称。"分部工程"是单位工程的组成部分，系按结构部位及施工特点或施工任务将单位工程划分为若干分部的工程。例如，砌筑工程分为砖砌体、砌块砌体、石砌体、垫层分部工程。"分项工程"是分部工程的组成部分，系按不同施工方法、材料及工序等分部工程划分为若干个分项或项目的工程。例如，砖砌体分为砖基础、砖砌挖孔桩护壁、实心砖墙、多孔砖墙、空心砖墙、空斗墙、空花墙、填充墙、实心砖柱、多孔砖柱、砖检查井、零星砌砖、砖散水地坪、砖地沟明沟等分项工程。分部分项工程项目清单必须根据各专业工程计量规范规定的项目编码、项目名称、项目特征、计量单位和工程量的计算规则进行编制。其格式见表 3.1，在分部分项工程量清单的编制过程中，由招标人负责前 6 项内容填列，金额部分在编制招标控制价或投标报价时填写。

表 3.1 分部分项工程量清单与计价表

工程名称：
第 页 共 页

序号	项目编码	项目名称	项目特征	计量单位	工程数量	金额/元		
						综合单价	合价	其中：暂估价

1. 项目编码

项目编码是分部分项工程和措施项目清单名称的阿拉伯数字标识。分部分项工程量清单项目编码以五级编码设置，用 12 位阿拉伯数字表示。一、二、三、四级编码为全国统一，即 1~9 位应按计价规范附录的规定设置；第五级即 10~12 位为清单项目编码，应根据拟建工程的工程量清单项目名称设置，不得有重号，这三位清单项目编码由招标人针对招标工程项目具体编制，并应自 001 起顺序编制。项目编码结构如图 3.1 所示。各级编码代表的含义如下。

（1）第一级表示专业工程代码（分两位）。

（2）第二级表示附录分类顺序码（分两位）。

（3）第三级表示分部工程顺序码（分两位）。

（4）第四级表示分项工程项目名称顺序码（分三位）。

（5）第五级表示工程量清单项目名称顺序码（分三位）。

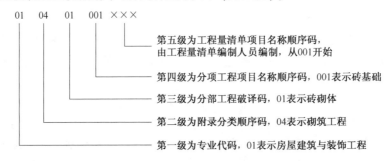

图 3.1 工程量清单项目编码结构图

当同一标段（或合同段）的一份工程量清单中含有多个单位工程且工程量清单是以单位工程为编制对象时，在编制工程量清单时应特别注意对项目编码 10~12 位的设置不得有重码的规定。例如，一个标段（或合同段）的工程量清单中含有三个单位工程，每一个单位工程中都有项目特征相同的实心砖墙砌体，在工程量清单中又需反映三个不同单位工程的实心砖墙砌体工程量时，则第一个单位工程的实心砖墙的项目编码应为 010401003001，第二个单位工程的实心砖墙的项目编码应为 010401003002，第三个单位工程的实心砖墙的项目编码应为 010401003003，并分别列出各单位工程实心砖墙的工程量。

2. 项目名称

分部分项工程量清单的项目名称应按工程计量规范附录的项目名称结合拟建工程的实际确定。附录表中的"项目名称"为分项工程项目名称，是形成分部分项工程量清单项目名称的基础。即在编制分部分项工程量清单时，以附录中的分项工程项目名称为基础，考虑该项目的规格、型号、材质等特征要求，结合拟建工程的实际情况，使其工程量清单项目名称具体化、明细化，以反映影响工程造价的主要因素。清单项目名称应表达详细、准确，各专业工程计量规范中的分项工程项目名称如有缺陷，招标人可作补充，并报当地工程造价管理机构（省级）备案。

3. 项目特征

项目特征是构成分部分项工程项目、措施项目自身价值的本质特征。项目特征是对项目的准确描述，是确定一个清单项目综合单价不可缺少的重要依据，是区分清单项目的依据，是履行合同义务的基础。分部分项工程量清单的项目特征应按专业工程计量规范附录中规定的项目特征，结合技术规范、标准图集、施工图纸，按照工程结构、使用材质及规格或安装位置等，予以详细而准确地表述和说明。凡项目特征中未描述到的其他独有特征，由清单编制人视项目具体情况确定，以准确描述清单项目为准。

4. 计量单位

计量单位应采用基本单位，除各专业另有特殊规定外，均按以下单位计量。

（1）以质量计算的项目——吨或千克（t 或 kg）。

（2）以体积计算的项目——立方米（m^3）。

（3）以面积计算的项目——平方米（m^2）。

（4）以长度计算的项目——米（m）。

（5）以自然计量单位计算的项目——个、套、块、樘、组、台……

（6）没有具体数量的项目——宗、项……

各专业有特殊计量单位的，另外加以说明，当计量单位有两个或两个以上时，应根据所编工程量清单项目的特征要求，选择最适宜表现该项目特征并方便计量的单位。

计量单位的有效位数应遵守下列规定。

（1）以 t 为单位，应保留小数点后三位数字，第四位小数四舍五入。

（2）以 m、m^2、m^3、kg 为单位，应保留小数点后两位数字，第三位小数四舍五入。

（3）以个、件、根、组、系统等为单位，应取整数。

5. 工程量的计算

工程量主要通过工程量计算规则计算得到。工程量计算规则是指房屋建筑与装饰工程清单项目工程量的计算规定。除另有说明外，所有清单项目的工程量应以实体工程量为准，并以完成后的净值计算；投标人投标报价时，应在单价中考虑施工中的各种损耗和需要增加的工程量。

3.1.3 措施项目清单

1. 措施项目列项

措施项目是指为完成工程项目施工，发生于该工程施工准备和施工过程中的技术、生活、安全、环境保护等方面的项目。《房屋建筑与装饰工程工程量计算规范》（GB 50854）中规定的措施项目包括脚手架工程，混凝土模板及支架（撑），垂直运输，超高施工增加，大型机械设备进出场及安拆，施工排水、降水，安全文明施工及其他措施项目。

2. 措施项目清单的标准格式

措施项目费用的发生与使用时间、施工方法或者两个以上的工序相关，并大都与实际完成的实体工程量的大小关系不大，如安全文明施工，夜间施工，非夜间施工照明，二次搬运，冬雨季施工，地上、地下设施、建筑物的临时保护设施，已完工程及设备保护等。但是有些非实体项目则是可以计算工程量的项目，如脚手架工程，混凝土模板及支架（撑），垂直运输，超高施工增加，大型机械设备进出场及安拆，施工排水、降水等，与完成的工程实体具有直接关系，并且是可以精确计量的项目，此类措施项目用分部分项工程量清单的方式采用综合单价，更有利于措施费的确定和调整。措施项目中不能计算工程量的项目清单，以"项"为计量单位进行编制的见表3.2。可以计算工程量的项目清单宜采用分部分项工程量清单的方式编制，列出项目编码、项目名称、项目特征、计量单位和工程量。其形式同表3.1。

表 3.2 措施项目清单与计价表

工程名称：　　　　　　　　　　标段：　　　　　　　　第 页 共 页

序号	项目编码	项目名称	计算基础	费率/%	金额/元
		安全文明施工			
		夜间施工			
		二次搬运			
		非夜间施工照明			
		冬雨季施工			
		地上、地下设施、建筑物的临时保护设施			
		已完工程及设备保护			
		各专业工程的措施项目			
		合　计			

注：1. "计算基础"中安全文明施工费可为"定额基价""定额人工费"或"定额人工费+定额机械费"，其他项目可为"定额人工费"或"定额人工费+定额机械费"。

2. 按施工方案计算的措施费，若无"计算基础"和"费率"的数值，也可只填"金额"数值，但应在"备注"栏说明施工方案出处或计算方法。

3.1.4 其他项目清单

其他项目清单是指除分部分项工程量清单、措施项目清单所包含的内容以外，因招标人的特殊要求而发生的与拟建工程有关的其他费用项目和相应数量的清单。工程建设标准的高低、工程的复杂程度、工程的工期长短、工程的组成内容、发包人对工程管理要求等都直接影响其他项目清单的具体内容。其他项目清单包括暂列金额、暂估价（包括材料暂估价、工程设备暂估价、专业工程暂估价）、计日工、总承包服务费等。其他项目清单按照表 3.3 的格式编制，出现未包含在表格中内容的项目，可根据工程实际情况补充。

表 3.3　其他项目清单与计价表

序号	项目名称	金额/元	结算金额/元	备注
1	暂列金额			
2	暂估价			
2.1	材料（工程设备）暂估价/结算价			
2.2	专业工程暂估价/结算价			
3	计日工			
4	总承包服务费			
5	索赔与现场签证			
	合　计			

注：材料（工程设备）暂估价进入清单项目综合单价，此处不汇总。

1. 暂列金额

暂列金额是指招标人在工程量清单中暂定并包括在合同价款中的一笔款项，用于工程合同签订时尚未确定或者不可预见的所需材料、工程设备、服务的采购，施工中可能发生的工程变更、合同约定调整因素出现时的合同价款调整以及发生的索赔、现场签证确认等的费用。不管采用何种合同形式，其理想的标准是，一份合同的价格就是其最终的竣工结算价格，或者至少两者应尽可能接近。暂列金额应根据工程特点，按有关计价规定估算。暂列金额可按照表 3.4 的格式列示。

表 3.4　暂列金额明细表

工程名称：　　　　　　　　标段：　　　　　　　　第　页　共　页

序号	项目名称	计量单位	暂列金额/元	备　注
	合　计			

注：此表由招标人填写，如不能详列，也可只列暂列金额总额，投标人应将上述暂列金额计入投标总价中。

2. 暂估价

暂估价是指招标人在工程量清单中提供的用于支付必然发生但暂时不能确定价格的材料、工程设备的单价以及专业工程的金额，包括材料暂估价、工程设备暂估价和专业工程暂估价。暂估价数量和拟用项目应当结合工程量清单中的"暂估价表"予以补充说明。为方便合同管理，需要纳入分部分项工程量清单项目综合单价中的暂估价应只是材料、工程设备暂估价，以方便投标人组价。暂估价中的材料、工程设备暂估价应根据工程造价信息或参照市场价格估算，列出明细表，暂估价可按照表 3.5 的格式列示。

表 3.5 材料（工程设备）暂估价及调整表

工程名称：　　　　　　　　　　　标段：　　　　　　　　　　第 页 共 页

序号	材料（工程设备）名称、规格、型号	计量单位	数量		暂估价/元		确认/元		差额（±）/元		备注
			暂估	确认	单价	合价	单价	合价	单价	合价	
合　　计											

注：此表由招标人填写"暂估价"，并在"备注"栏说明暂估价的材料、工程设备拟用在哪些清单项目上，投标人应将上述材料、工程设备暂估价计入工程量清单综合单价报价中。

3. 计日工

计日工是指在施工过程中，承包人完成发包人提出的工程合同范围以外的零星项目或工作，按合同中约定的单价计价的一种方式。计日工是为了解决现场发生的零星工作的计价而设立的。计日工对完成零星工作所消耗的人工工时、材料数量、施工机械台班进行计量，并按照计日工表中填报的适用项目的单价进行计价支付。计日工适用的所谓零星项目或工作一般是指合同约定之外的或者因变更而产生的、工程量清单中没有相应项目的额外工作，尤其是那些难以事先商定价格的额外工作。计日工应列出项目名称、计量单位和暂估数量。计日工可按照表 3.6 的格式列示。

表 3.6 计日工表

工程名称：　　　　　　　　　　　标段：　　　　　　　　　　第 页 共 页

编号	项目名称	单位	暂定数量	实际数量	综合单价/元	合价/元	
						暂定	实际
一	人工						
1							
2							
⋮							
人工小计							
二	材料						
1							
2							
⋮							
材料小计							
三	施工机械						
1							
2							
⋮							
施工机械小计							
四	企业管理费和利润						
总　计							

注：此表项目名称、暂定数量由招标人填写，编制招标控制价时，单价由招标人按有关计价规定确定；投标时，单价由投标人自主报价，按暂定数量计算合价计入投标总价中。结算时，按发承包双方确认的实际数量计算合价。

4. 总承包服务费

总承包服务费是指总承包人为配合协调发包人进行的专业工程发包，对发包人自行采购的材料、工程设备等进行保管以及施工现场管理、竣工资料汇总整理等服务所需的费用。招标人应预计该项费用并按投标人的投标报价向投标人支付该项费用。总承包服务费应列出服务项目及其内容等。总承包服务费可按照表3.7的格式列示。

表3.7　总承包服务费计价表

工程名称：　　　　　　　　　　标段：　　　　　　　　　　第　页　共　页

序号	项目名称	项目价值/元	服务内容	计算基础	费率/%	金额/元
1	发包人发包专业工程					
2	发包人提供材料					
合　计		—	—	—		

注：此表项目名称、服务内容由招标人填写，编制招标控制价时，费率及金额由招标人按有关计价规定确定；投标时，费率及金额由投标人自主报价，计入投标总价中。

3.1.5　规费、税金项目清单

规费项目清单应按照下列内容列项：社会保障费，包括养老保险费、失业保险费、医疗保险费、工伤保险费和生育保险费；住房公积金；工程排污费。出现计价规范中未列的项目应根据省级政府或省级有关权力部门的规定列项。税金项目清单应包括下列内容：增值税、城市维护建设税、教育费附加、地方教育费附加。出现计价规范未列的项目，应根据税务部门的规定列项。规费、税金项目计价表可按照表3.8的格式列示。

表3.8　规费、税金项目计价表

工程名称：　　　　　　　　　　标段：　　　　　　　　　　第　页　共　页

序号	项目名称	计算基础	计算基数	计算费率/%	金额/元
1	规费	定额人工费			
1.1	社会保障费	定额人工费			
(1)	养老保险费	定额人工费			
(2)	失业保险费	定额人工费			
(3)	医疗保险费	定额人工费			
(4)	工伤保险费	定额人工费			
(5)	生育保险费	定额人工费			
1.2	住房公积金	定额人工费			
1.3	工程排污费	按工程所在地环境保护部门收取标准，按实计入			
2	税金	分部分项工程费+措施项目费+其他项目费+规费−按规定不计税的工程设备金额			
合　计					

3.2　工程量清单计价方法

3.2.1　工程量清单计价模式建筑安装工程费组成

工程量清单计价由分部分项工程费、措施项目费、其他项目费、规费和税金组成。按工程量清单计价模式确定的工程造价的价格形成过程如图 3.2 所示。

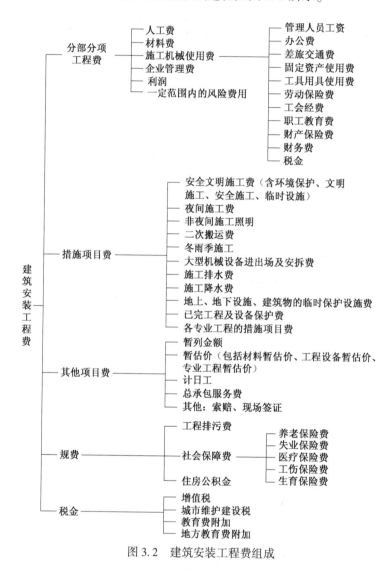

图 3.2　建筑安装工程费组成

3.2.2　分部分项工程项目综合单价

工程量清单计价采用的是"综合单价"计价。综合单价是指完成一个规定清单项目所需的人工费、材料和工程设备费、施工机具使用费和企业管理费、利润，以及一定范围内的风险费用。其中的风险费用隐含于已标价工程量清单综合单价中，用于化解发承包双方在工程合同中约定内容和范围内的市场价格风险费用。

根据我国工程建设的特点，投标人应完全承担的风险是技术风险和管理风险，如管理费和利润；应有限度承担的是市场风险，如材料价格、施工机械使用费等的风险；应完全不承担的是法律、法规、规章和政策变化的风险。所以综合单价中不包含规费和税金。分部分项工程量清单项目综合单价的确定原则主要有下面几项。

1. 确定依据

确定分部分项工程量清单项目综合单价的最重要依据之一是该清单项目特征的描述，投标人投标报价时应依据招标文件中分部分项工程量清单项目特征描述确定清单项目的综合单价。在招投标过程中，当招标文件描述的分部分项工程量清单项目特征与设计图纸不符时，投标人应以招标文件描述的分部分项工程量清单项目特征确定综合单价（投标人的报价）。当施工图纸发生设计变更与描述的工程量清单项目特征不一致时，发承包双方应按实际施工的项目特征，依据合同约定重新确定综合单价。

2. 材料暂估价

招标人在工程量清单中提供的用于支付必然发生但暂时不能确定价格的材料、工程设备的单价以及专业工程的金额，在投标人报价时，招标文件中提供了暂估价的材料，按暂估的单价确定综合单价。

3. 风险费用

招标文件中要求投标人承担的风险费用，投标人在确定综合单价时考虑。在施工过程中，当风险内容及其范围（幅度）在招标文件规定的范围（幅度）内时，综合单价不得改变，工程价款不得调整。

工程量清单项目的划分是以一个"综合实体"考虑而形成的，其工程内容包含预算定额中的多个项目，所以综合单价反映的也是一个"综合实体"所包含工作内容的单价。综合单价的编制要依据企业定额，目前大多数施工企业还未能形成自己的定额，在制定综合单价时，多是参考地区定额内各子项目的工料机消耗量，乘以在支付人工、购买材料、使用机械和消耗能源方面的市场单价，再加上由地区定额制定的按企业类别或工程类别的综合管理费率和优惠折扣系数。表3.9为未考虑风险费用的综合单价编制表格。

表3.9　工程量清单综合单价分析表

工程名称：　　　　　　标段：　　　　　　　　　　第　页　共　页

项目编码	020102002001	项目名称	块料楼地面	计量单位	m²

清单综合单价组成明细

定额编号	定额名称	定额单位	数量	单价/元				合价/元			
				人工费	材料费	机械费	管理费和利润	人工费	材料费	机械费	管理费和利润

3.3 措施工程量计算

3.3.1 脚手架工程

1. 脚手架的种类

脚手架是为建筑施工而搭设的上料、堆料与施工作业用的临时结构架。脚手架按使用材料分为钢脚手架、木脚手架和竹脚手架;按施工能力分为砌筑脚手架和装饰脚手架;按外部位分为外脚手架和里脚手架;按设立方式分为单排脚手架、双排脚手架、满堂脚手架、悬空脚手架、上料平台和架子斜道。

双排脚手架是指沿建筑物外墙外围搭设的脚手架,主要用于外轴线的墙、柱的砌筑、浇捣及外装饰,如图3.3所示。单排脚手架是指用于外墙局部的个别部位和个别构件、构筑物的施工所需搭设的脚手架。这里的"个别部位和个别构件"是指外墙中综合脚手架未搭设到的部位,如图3.4所示。例如,首层外墙缩入时,该缩入的外墙部分应搭设单排脚手架。

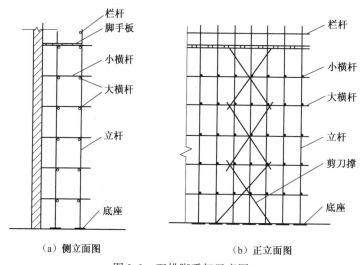

(a) 侧立面图　　　　　　　　(b) 正立面图

图3.3　双排脚手架示意图

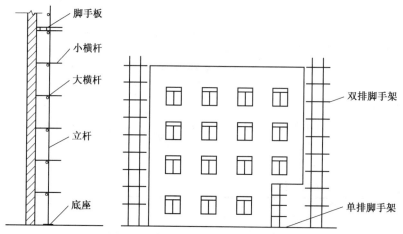

图3.4　单排脚手架搭设部位示意图

里脚手架又称内墙脚手架，是指沿室内墙面搭设的脚手架。里脚手架常用于下面几种情况。

（1）内墙和内柱的砌筑及浇捣。

（2）内墙面、内柱面的装饰。

（3）阳台和走廊的外墙的砌筑及装饰。

（4）层高不超过3.6m的天棚的装饰用脚手架。

满堂脚手架是指在工作范围内搭设的脚手架，主要用于层高超过3.6m的室内天棚的装饰的施工。注意，层高不超过3.6m的室外天棚的装饰用里脚手架，不用搭设满堂脚手架。

2. 脚手架工程定额模式下计量与计价

定额分综合脚手架、单项脚手架、烟囱水塔脚手架三部分，适用于房屋工程、构筑物及附属工程脚手架。脚手架不分搭设、材料及搭设方法，均执行同一定额。综合脚手架是综合了建筑物中砌筑内外墙所需用的砌墙脚手架、运料斜坡、上料平台、金属卷扬机架、外墙粉刷脚手架等内容。

（1）综合脚手架定额说明。

1）综合脚手架适用条件：适用于房屋工程及地下室脚手架，不适用于房屋加层脚手架、构筑物及附属工程脚手架。

2）综合脚手架包括的内容有以下几个方面。

a. 内外墙砌筑脚手架。

b. 外墙脚手架。

c. 檐高20m以内的斜道和上料平台。

d. 高度在3.6m以内的内墙及天棚装饰脚手架已包含在定额内。

3）综合脚手架未包括的内容有以下几个方面。

a. 高度在3.6m以上的天棚抹灰或安装脚手架。

b. 基础深度超过2m（自设计室外地坪起）的混凝土运输脚手架。

c. 电梯安装井道脚手架。

d. 人行过道防护脚手架。

注意：以上项目发生时，按单项脚手架规定另列项目计算。

4）脚手架工程量计算。脚手架按房屋建筑面积计算，计量单位为 m^2。在计算时注意以下几点。

a. 骑楼、过街楼下的人行通道和建筑物通道，层高在2.2m及以上者按墙（柱）外围水平面积计算；层高不足2.2m者计算1/2面积。

b. 设备管道夹层（原称技术层）层高在2.2m及以上者按墙外围水平面积计算；层高不足2.2m者计算1/2面积。

c. 有墙体、门窗封闭的阳台，按其外围水平投影面积计算。

（2）单项脚手架定额说明。单项脚手架适用于房屋加层脚手架、构筑物及附属工程脚手架。单项脚手架包括内容如下。

a. 高度在3.6m以上的天棚抹灰或安装脚手架。

b. 基础深度超过2m（自设计室外地坪起）的混凝土运输脚手架。

c. 电梯安装井道脚手架。

d. 人行过道防护脚手架。

1）满堂脚手架。满堂脚手架适用于天棚安装，层高不足 3.6m 不计算满堂脚手架；高度在超过 3.6m 以上至 5.2m 以内的天棚抹灰或安装，按满堂脚手架基本层计算；高度在 5.2m 以上，另按增加层定额计算；如仅勾缝、刷浆或油漆时，按满堂脚手架定额乘系数 0.2，满堂脚手架在同一操作地点进行多种操作时（不另行搭设），只能计算一次脚手架费用。

满堂脚手架工程量：按天棚水平投影面积计算，不扣除垛、柱、附墙烟囱所占面积，工作面高度为设计室内地面（楼面）至天棚底的高度；无天棚者至楼（屋面）标底，斜天棚（屋面）按平均高度计算；局部高度超过 3.6m 的天棚，按超过的面积计算。

满堂脚手架工程量计算式如下：

$$S_m = L_j \cdot B_j$$

式中　S_m——满堂脚手架基本层工程量，m^2；

　　　L_j——室内净长，m；

　　　B_j——室内净宽，m。

满堂脚手架增加层数：

$$N = \frac{室内净高度 - 5.2}{1.2}$$

2）砌墙脚手架。外墙脚手架按不同高度分为 7m 以内，13m 以内，20m、30m、40m、50m 以内各挡，当建筑物高度超过 50m 时，应分别套用 50m 以内及悬挑式脚手架定额；内墙脚手架按高度分为 3.6m 以内和 3.6m 以上两挡。

工程量计算公式为

外墙脚手架 $S_w =$ 外墙面积 × 1.15 = $L_w × H × 1.15$

内墙脚手架 $S_N =$ 内墙面积 × 1.10 = $L_N × H × 1.10$

计算单位为平方米，不扣除门窗洞口、空调等面积。

式中　S_w——外脚手架工程量，m^2；

　　L_w、L_N——建筑物外内墙外边线总长度，m；

　　　　H——外墙砌筑高度，指设计室外地坪至檐口底或至山墙高度的 1/2 处的高度，有女儿墙的，其高度算至女儿墙顶面。

注意：

a. 外墙抹灰应利用外墙砌筑脚手架，若不能利用需另行搭设时，按外墙脚手架定额乘系数 0.3，如仅勾缝、刷浆或油漆时乘系数 0.1。

b. 内墙抹灰高度在 3.6m 以上，如不能利用满堂脚手架，需另行搭设时，按内墙脚手架定额乘系数 0.3，如仅勾缝、刷浆或油漆时乘系数 0.1。

c. 砖墙厚度在一砖半以上，石墙厚度在 40cm 以上，应计算双面脚手架，外面套外墙脚手架，里面套内墙脚手架定额。

3）基础脚手架。基础深度超过 2m 以上时（自设计室外地坪起）应计算混凝土运输脚手架（使用泵送混凝土除外），按满堂脚手架基本层定额乘系数 0.6，深度超过 3.6m 时，另按增加层定额乘系数 0.6，但若采用泵送混凝土，则不计算此项费用。

工程量按底层外围面积计算；局部加深井按加深部分基础深度每个增加 50cm 计算。

4）围墙脚手架。围墙脚手架高度自设计室外地坪算至围墙顶，长度按围墙中心线计算，洞口面积不扣，砖垛（柱）也不折加长度。

工程量：围墙高度×围墙中心线［洞口面积不扣，砖垛（柱）也不折加长度］。

高度：自设计室外地坪算至围墙顶。

5）防护脚手架。防护脚手架定额按双层考虑，基本使用期为6个月，不足或超过6个月按相应定额调整，不足一个月按一个月计。

工程量按水平投影面积计算。

6）砖（石）柱脚手架。砖（石）柱脚手架按柱高以米（m）为单位计算。

3. 脚手架工程清单工程量

脚手架工程（项目编码：011701）共8项，分别是综合脚手架、外脚手架、里脚手架、悬空脚手架、挑脚手架、满堂脚手架、整体提升脚手架和外装饰吊篮。

（1）综合脚手架工程量按建筑面积计算。

（2）外脚手架、里脚手架工程量计算规则为按所服务对象的垂直投影面积计算。

（3）悬空脚手架工程量计算规则为按搭设的水平投影面积计算。

（4）挑脚手架工程量计算规则为按搭设长度乘以搭设层数以延长米为单位计算。

（5）满堂脚手架工程量计算规则为按搭设的水平投影面积计算。

（6）整体提升脚手架工程量计算规则为按所服务对象的垂直投影面积计算。

（7）外装饰吊篮工程量计算规则为按所服务对象的垂直投影面积计算。

4. 脚手架工程量计算

例 3.1　图3.5所示为某住宅图的立面图和平面图，求该建筑物1~5轴和5~6轴脚手架工程量。

解：

（1）1~5轴外墙脚手架。

其中：$L_1 = 18.25 \times 2 + 7.5 = 44$（m）；$H_1 = H = 7.2 + 0.3 = 7.5$（m）；脚手架工程量 $S_1 = 44 \times 7.5 = 330$（m^2）。

（2）5~6轴外墙脚手架。

5~6轴上部分缩入的外墙脚手架工程量：

其中：$H_2 = 7.2 - 3.6 = 3.6$(m)；$L_2 = 7.5$m；

脚手架工程量 $S_2 = L_2 \times H_2 = 7.5 \times 3.6 \approx 27$(m^2)。

5~6轴间外墙上部分未缩入部分的外墙脚手架工程量：

其中：$L_3 = 4.25 \times 2 + 7.5 = 16$(m)；$H_3 = 3.6 + 0.3 = 3.9$(m)；

脚手架工程量 $S_2 = 16 \times 3.9 = 62.4$(m^2)。

5. 脚手架报价

例 3.2　某工程如图3.6所示，钢筋混凝土基础深度 $H = 5.2$m，每层建筑面积为800m^2，天棚面积为720m^2，楼板厚为100mm。试按给定定额计价表3.10完成以下计算。

（1）综合脚手架费用。

（2）天棚抹灰脚手架费用。

（3）基础混凝土运输脚手架费用。

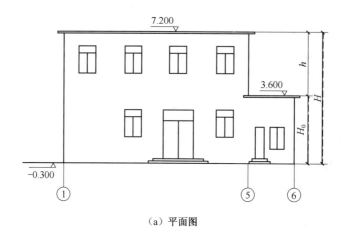

（a）平面图

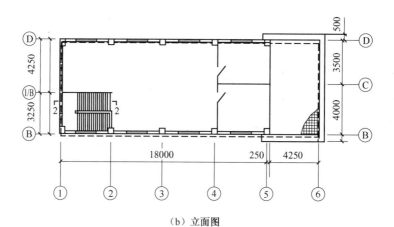

（b）立面图

图 3.5　某住宅图

表 3.10　定额计价表

金额单位：元

编码	类别	名称	单位	含量	工程量	单价	合价	主材费单价	人工费合价	材料费合价	机械费合价
		整个项目					494.91		283.37	183.3	28.24
1	16-38	定	单项脚手架　内墙脚手架 高度3.6 m以内	100 m²		1	141.59	141.59	0	82.56	44.91	14.12
2	16-39	定	单项脚手架　内墙脚手架 高度3.6 m以上	100 m²		1	353.32	353.32	0	200.81	138.39	14.12

编码	类别	名称	单位	含量	工程量	单价	合价	主材费单价	人工费合价	材料费合价	机械费合价
		整个项目					727.91		500.09	196.75	31.07
1	16-40	定	单项脚手架　满堂脚手架 基本层3.6～5.2 m	100m²		1	603.45	603.45	0	417.53	160.5	25.42
2	16-41	定	单项脚手架　满堂脚手架 每增加1.2 m	100m²		1	124.46	124.46	0	82.56	36.25	5.65

编码	类别	名称	单位	含量	工程量	单价	合价	主材费单价	人工费合价	材料费合价	机械费合价
		整个项目					2 106.45		571.9	1 442.83	91.72
1	16-7	定	综合脚手架　建筑物檐高30 m以内 层高6 m以内	100m²		1	1 931.74	1 931.74	0	519.87	1 328.62	83.25
2	16-8	定	综合脚手架　建筑物檐高30 m以内 层高每增加1 m以内	100m²		1	174.71	174.71	0	52.03	114.21	8.47

解：

（1）综合脚手架费用。

底层层高 $H=8m>6m$，工程量 $S_1=800m^2$，2～5 层层高 $H<6m$，中间有一技术层，层高 2.2m，按一半计算建筑面积，所以脚手架工程量 $S_2=800\times3+800\div2=2800$（$m^2$）。

檐高 $H=19.8+0.3=20.1$（m）>20（m），套 30m 以内定额

底层：定额编号（16-7）+定额编号（16-8）×2

219.31+1.75×2=222.81（元/m²）。

2~5层：编号（16-7）　15.77元/m²

综合脚手架费用=800×22.81+2800×19.31=72316（元）。

（2）天棚抹灰脚手架费用。底层高度为 8-0.1=7.9（m），第3层高度为 4-0.1=3.9（m），有两层高度大于3.6m。

底层满堂脚手架增加层数 $N=\dfrac{室内净高度-5.2}{1.2}=$

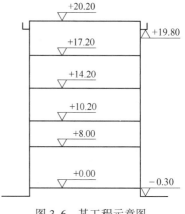

图3.6　某工程示意图

$\dfrac{7.9-5.2}{1.2}=2.25$。增加3层。

底层套用定额（16-40）+定额（16-41）×3

6.03×720+1.24×720×3=7020（元）。

第3层定额套用（16-40）

6.03×720=4341.6（元）。

内墙抹灰脚手架费用=7020+4341.6=11361.6（元）。

（3）基础混凝土运输脚手架费用。

基础 $H=5.2m>2m$，应计算脚手架费用。

定额套用：$\Delta H=5.2-3.6=1.6$（m）。

定额（16-40）+定额（16-41）×2H，即（6.03+1.24×2）×0.6=5.106（元/m²）。

基础混凝土运输脚手架费用=5.106×800=4084.8（元）。

3.3.2　垂直运输费及超高施工增加费

1. 垂直运输及超高清单工作量计算

（1）垂直运输是指施工工程在合理工期内所需垂直运输机械。垂直运输可以按建筑面积计算，也可以按施工工期日历天数计算。同一建筑物有不同檐高时，按建筑物的不同檐高做纵向分割，分别计算建筑面积，以不同檐高分别编码列项。

（2）单层建筑物檐高超过 20m、多层建筑物超过 6 层时（不包括地下室层数），可按超高部分的建筑面积计算超高施工增加。其工作量计算按建筑物超高部分的建筑面积计算。同一建筑物有不同檐高时，可按不同高度的建筑面积分别计算，以不同檐高分别编码列项。

2. 超高施工增加费

建筑物的高度超过一定范围，施工过程中人工、机械的效率会有所降低，即人工、机械的消耗量会增加，且随着工程施工高度不断增加，还需要增加加压水泵才能保证工程面上正常的施工供水，而高层施工工作面上材料供应、清理以及上下联系、辅助工作等都会受到一定影响。所有这些因素都会引起建筑物由于超高而增加费用。

超高施工增加费包含的内容：垂直运输机械降效、上人电梯费用、人工降效、自来水加压及附属设施、上下通信器材的摊销、白天施工照明和夜间高空安全信号增加费、临时卫生设施，等等。

（1）建筑物超高施工增加费。当建筑物檐高超过 20m 时，工程量清单编制人应考虑在分部分项工程量清单中增加建筑物超高施工增加费项目。超高施工增加费在计价时，应考虑计算超高施工人工降效、机械降效和超高施工加压水泵台班及其他费用。

檐高是指室外设计地坪至檐口的高度。建筑物檐高以室外设计地坪标高作为计算起点。对于不同的屋面形式，檐高确定方法不同。

1）平屋顶带挑檐者，算至挑檐板下皮标高。

2）平屋顶带女儿墙者，算至屋顶结构板上皮标高。

3）坡屋面或其他曲面屋顶均算至墙的中心线与屋面板交点的高度。

4）阶梯式建筑物按高层的建筑物计算檐高。

5）突出屋面的水箱间、电梯间、亭台楼阁等均不计算。

（2）超高施工人工降效、机械降效的计算基数范围。建筑物首层室内地坪以上的全部工程项目，但不包括垂直运输、各项脚手架、各类构件（预制混凝土及金属构件）制作和水平运输项目。

人工降效增加费按规定内容中的全部人工费乘以相应子目人工费含量计算。

机械降效增加费按规定内容中的全部机械费乘以相应子目机械费含量计算。

建筑物有高低时，应根据不同高度建筑面积占总建筑面积的比例分别计算不同高度的人工费及机械费。

（3）工程量计算规则。

1）各项降效系数中包括的内容指建筑物首层室内地坪以上的全部工程项目，不包括垂直运输、各类构件单独水平运输、各项脚手架、预制混凝土及金属构件制作项目。

2）人工降效的计算基数为规定内容中的全部定额人工费。

3）机械降效的计算基数为规定内容中的全部定额机械台班费。

4）建筑物有高低层时，应按首层室内地坪以上不同檐高建筑面积的比例分别计算超高施工人工降效费和超高机械降效费。

5）建筑物超高施工用水加压增加的水泵台班及其他费用，按首层室内地坪以上垂直运输工程量的面积计算。

3. 垂直运输费及超高施工增加费案例分析

例 3.3 某拟建综合楼，檐高 25m，建筑面积为 12000m²，施工采用 60kN·m 起重量的塔式起重机（双轨式轨道长 133.5m）。根据表 3.11 所给定额计算：①建筑物垂直运输费用；②塔式起重机基础费用；③安装拆卸费用；④场外运输费用。

表 3.11　定额计价表

金额单位：元

	编码	类别	名称	单位	含量	工程量	单价	合价	主材费单价	人工费合价	材料费合价	机械费合价
			整个项目					1 7235.12		3 160.5	2 284.16	1 1790.46
1	17-5	定	建筑物垂直运输　建筑物檐高30 m以内	100 m²		1	1 853.33	1 853.33	0	0	0	1 853.33
2	1002	定	塔式起重机、施工电梯基础费用　轨道式基础	m（双轨）		1	218.2	218.2	0	64.5	149.87	3.83
3	2001	定	安装、拆卸费用　塔式起重机 60 kN·m	台次		1	6 756.73	6 756.73	0	2 580	63.12	4 113.61
4	3017	定	场外运输费用　塔式起重机 60 kN·m	台次		1	8 406.86	8 406.86	0	516	2 071.17	5 819.69

解：

（1）建筑物垂直运输费用。

檐高 25m，套 17-4，基价 18.53 元/m²。

垂直运输费用 = 12000×18.53 = 222360（元）。

（2）塔式起重机基础费用。

查附录（二），套1002，基价218.2元/m。

基础费用 = 133.5×218.2 = 29129.7（元）。

（3）安装拆卸费用。

根据题意，套2001，基价6756.73元/台班。

（4）场外运输费用。

根据题意，套3017，基价8406.86元/台班。

3.4 单元任务

3.4.1 基本资料

某综合楼各层及檐高如图3.7所示，A、B单元各层建筑面积见表3.12。假设人工、材料、机械台班的价格按表3.13给定定额取价；经分析计算该单位工程（包括地下室）扣除垂直运输、脚手架、构件制作和水平运输后的人工费为240万元，机械费为150万元；企业管理费、利润分别按人工费加机械费的15%和10%计取，风险费按工料机费的5%计取。

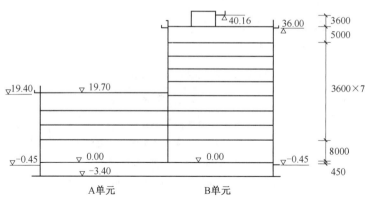

图3.7 某建筑物图示

表3.12 A、B单元各层建筑面积

层数	A单元			B单元		
	层数	层高/m	建筑面积/m²	层数	层高/m	建筑面积/m²
地下室	1	3.4	800	1	3.4	1200
首层	1	8.0	800	1	4.0	1200
二层	1	4.5	800	1	4.0	1200
标准层	1	3.6	800	7	3.6	7000
顶层	1	3.6	800	1	5.0	1000
屋顶				1	3.6	20
合计	5		4000	12		11620

表 3.13　定额表

金额单位：元

	编码	类别	名称	单位	含量	工程量	单价	合价	主材费单价	人工费合价	材料费合价	机械费合价
	—		整个项目					293.64		0	182	111.64
1	18-2	降	超高施工人工增加费 40 m内	万元		0	568	0	0	0	0	0
2	18-20	降	超高施工机械增加费 40 m内	万元		0	568	0	0	0	0	0
3	18-38	降	超高加压水泵台班 40 m内	100 m²		1	282.82	282.82	0	0	182	100.82

3.4.2　任务要求

任务要求有以下几个方面。

（1）试编制该工程超高施工增加费项目清单。

（2）计算超高施工增加费。

（3）计算该工程超高施工增加费工程量清单项目的综合单价。

3.4.3　任务实施

1. 分析

A 单元檐高为 19.85m，小于 20m，不计算超高施工增加费。B 单元檐高为 36.45m，大于 20m，应计算超高施工增加费。超高部分（B 单元）的首层及以上超高建筑面积 = 11620 - 1200 = 10420（m²）。清单中应描述超高部分的建筑面积和其中各种层高的建筑面积。

2. 编制工程超高施工增加费工程量清单

措施项目清单工程量表见表 3.14。

表 3.14　措施项目清单工程量表

序号	项目编码	项 目 名 称	单位	工程数量
1	011704001001	建筑物超高施工增加费： 人工降效、机械降效、超高施工加压水泵台班及其他； A 单元檐高 19.85m，建筑面积 4000m²； B 单元檐高 36.45m，建筑面积 11620m²，其中首层地坪及以上建筑面积 10420m²，包括 3.6m 层高，7020m²，4m 层高 2400m²，5m 层高 1000m²	m²	10420

3. 计算有关超高施工增加费的计算基数

根据题意列出有关超高施工增加费的计算基数：

超高面积占建筑物总面积的比例 $= \dfrac{10420}{4000+11620} \approx 0.6671$。

人工费 = 240×0.6671 = 160.1040（万元），机械费 = 150×0.6671 = 100.0650（万元）。

4. 选用定额，确定单价

根据给定定额规则计算超高施工增加费相关子目的工程量并套用定额。

定额（18-2）人工降效：1601040 元人工费 = 568÷10000 = 0.0568（元）。

定额（18-20）机械降效：1000650 元机械费 = 568÷10000 = 0.0568（元）。

定额（18-38）加压水泵及其他（层高 3.6m）：7020m²，材料费 = 1.82 元/m²，机械费 = 1.01 元/m²。

定额（18-38+55H）加压水泵及其他（层高4m）：2400m²，材料费=1.82元/m²，机械费=1.01+0.1082×（4-3.6）≈1.05（元/m²）。

定额（18-38+55H）加压水泵及其他（层高5m）：1000m²，材料费=1.82元/m²，机械费=1.01+0.1082×（5-3.6）≈1.16（元/m²）。

5. 计算该工程超高施工增加费工程量清单项目的综合单价

由表3.14计算得：综合单价=$\frac{226023}{10420}$≈21.69（元/m²）。

计算结果见表3.15。

表3.15 分部分项工程量清单项目综合单价计算表

工程名称：某工程   计量单位：m²

项目编码：011704001001   工程数量：10420m²

项目名称：超高施工增加   综合单价：21.69元

序号	定额编号	项目名称	单位	工程数量	人工费	材料费	机械费	企业管理费	利润	风险费用	小计
1	18-2	人工降效	元	1601040	90939	0	0	13641	9094	4547	118221
	18-20	机械降效	元	1000650	0	0	56837	8526	5684	2842	73889
	18-38	加压水泵及其他（层高3.6m）	m²	7020	0	12776	7090	1064	709	993	22632
	18-38+55H	加压水泵及其他（层高4m）	m²	2400	0	4368	2520	378	252	344	7862
	18-38+55H	加压水泵及其他（层高5m）	m²	1000	0	1820	1160	174	116	149	3419
合 计					90939	18964	67607	23783	15855	8875	226023

 单元练习

单元3自测

一、单选题

1. 不属于工程量清单项目工程量计算依据的是（   ）。

    A. 施工图纸   B. 招标文件   C. 工程量计算规则   D. 勘察报告

2. 将分项工程工程量乘以相应分项工程综合单价，经汇总即为建筑产品价格的预算编制方法是（   ）。

    A. 工料单价法   B. 综合单价法   C. 单价法   D. 实物法

3. 在编制措施项目清单时，关于钢筋混凝土模板及支架费项目应在清单中开明(　　　)。
  A. 项目编码   B. 计算基础   C. 取费费率   D. 工作内容

4. 《建设工程工程量清单计价规范》（GB 50500—2013）规定，分部分项工程量清单项目编码的第三级为表示（　　　）的顺序码。
  A. 分项工程   B. 扩大分项工程 C. 分部工程   D. 专业工程

5. 在编制措施项目清单时，关于混凝土模板及支架费项目，应在清单中列明（　　　）。
  A. 项目编码   B. 计算基础   C. 取费费率   D. 工作内容

6. 工程量清单项目编码应采用12位阿拉伯数字表示，前三、四位表示（　　　）。
  A. 专业工程代码   B. 附录分类顺序码
  C. 分部工程顺序码   D. 分项工程顺序码

7. 对分部分项工程项目特征描述时，必须描述的内容不包括（　　　）。
  A. 涉及结构要求的内容   B. 涉及正确计量的内容
  C. 涉及由施工措施解决的内容 D. 涉及安装方式的内容

8. 不同的计量单位汇总后的有效位数也不相同，以 t 为单位，应保留小数点后(　　　)数字。
  A. 取整   B. 两位   C. 三位   D. 四位

9. 以下不是工程量清单的组成的是（　　　）。
  A. 工程费用清单   B. 分部分项工程项目工程量清单
  C. 措施项目清单   D. 其他项目清单

10. 采用工程量清单计价方式招标时，对工程量清单的完整性和准确性负责的是(　　　)。
  A. 编制招标文件的招标代理人 B. 发布招标文件的招标人
  C. 编制清单的工程造价咨询人 D. 确定中标的投标人

11. 分部分项工程量清单项目的工程量应以实体工程量为准。对于施工中的各种损耗和需要增加的工程量，投标人投标报价时，应在（　　　）中考虑。
  A. 措施项目   B. 该项目清单的综合单价
  C. 其他项目清单   D. 规费

12. 以下不属于施工机械使用费的是（　　　）。
  A. 折旧费   B. 大修理费   C. 大型机械场外运费 D. 机上人工费

13. 工程量清单编制最基本的依据是（　　　）。
  A. 工程项目划分   B. 工程计量单位
  C. 工程量计算规则   D. 工程量清单前言

14. 工程量清单计价模式下，在招投标阶段对尚未确定的某分部分项工程费应列于（　　　）中。
  A. 暂列金额   B. 基本预备费
  C. 暂估价   D. 工程建设其他费

15. 在措施项目中，下列有关脚手架的叙述错误的是（　　　）。
  A. 综合脚手架，按建筑面积计算，单位：m²
  B. 外脚手架，按所服务对象垂直投影面积计算，单位：m²

C. 满堂脚手架，按搭设的水平投影面积计算，单位：m²

D. 挑脚手架，按搭设面积乘以搭设层数计算，单位：m²

16. 在措施项目中，下列有关混凝土模板清单工程量的计算规则，叙述错误的是(　)。

A. 按模板与现浇混凝土构件的接触面积计算，单位：m²

B. 原槽浇筑的混凝土基础，垫层应计算模板工程量

C. 柱、梁、墙、板相互连接的重叠部分，不计模板面积

D. 现将钢筋混凝土墙、板单孔面积≤0.3m²的孔洞不予扣除，洞侧壁模板也不增加

17. 在措施项目中，下列有关垂直运输清单工程量的计算规则，叙述错误的是（ 　 ）。

A. 垂直运输是指施工工程在合同工期内所需垂直运输机械

B. 可按建筑面积计算，单位：m²

C. 可按施工工期日历天数计算，单位：天

D. 计算时，当同一建筑物有不同檐高时，按不同檐高做纵向分割，分别计算面积并分别编码列项

18. 下列有关措施项目的叙述，错误的是（ 　 ）。

A. 大型机械设备进出场及安拆，按使用机械设备的数量计算，单位：台次

B. 成井，按设计图示尺寸以钻孔深度计算，单位：m

C. 排水、降水，按排水、降水的数量计算，单位：m³

D. 超高施工增加，按建筑物超高部分的建筑面积计算，单位：m²

二、多选题

1. 工程量清单计价通常由（ 　 ）组成。

A. 分部分项工程费　　B. 措施项目费　　　C. 项目开办费　　　D. 其他项目费

E. 规费和税金

2. 在我国现行的工程量清单计价办法中，投标报价中的分部分项工程单价中包含的内容有（ 　 ）。

A. 规费　　　　　　　B. 利润　　　　　　C. 措施费　　　　　D. 管理费

E. 税金

3. 综合单价计价未包括的费用有（ 　 ）。

A. 措施费　　　　　　B. 利润　　　　　　C. 税金　　　　　　D. 规费

E. 风险费用

4. 工程量清单的项目设置规则是为了统一（ 　 ）而制定的。

A. 项目名称　　　　　B. 项目特征　　　　C. 项目编码　　　　D. 计量单位

E. 工程量计算

5. 工程量清单的意义是（ 　 ）。

A. 招标文件的组成部分　　　　　　　B. 投标文件的组成部分

C. 清单计价的前提和基础　　　　　　D. 进行投资控制的前提和基础

E. 清单工程量作为工程量结算的依据

6. 下列关于脚手架措施项目说法，正确的有（ 　 ）。

A. 挑脚手架按水平投影面积计算

B. 综合脚手架按建筑面积计算

C. 满堂脚手架按建筑面积计算

D. 外脚手架按所服务对象的垂直投影面积计算

E. 里脚手架按建筑面积计算

7. 下列措施项目中，适宜于采用综合单价方式计价的有（　　　）。

A. 已完工程及设备保护　　　　　B. 大型机械设备进出场及安拆

C. 安全文明施工　　　　　　　　D. 混凝土、钢筋混凝土模板

E. 施工排水、降水

单元 4

土石方工程

> **单元知识**
>
> (1) 理解土方工程的基础知识。
>
> (2) 理解平整场地、挖土方、土方回填、土方运输等工程量计算规则。
>
> (3) 理解土方工程定额,使用土方工程定额计算工程直接费。
>
> (4) 理解土方工程清单项目,应用土方工程清单项目,计算综合单价。
>
> **单元能力**
>
> (1) 应用土石方工程量计算规则正确计算土石方工程量。
>
> (2) 能编制土石方工程工程量清单。
>
> (3) 使用土石方工程定额计算工程直接费。
>
> (4) 应用土石方工程清单指引,计算综合单价。
>
> (5) 编制土石方工程分部分项工程量清单计价表。

4.1 土石方工程基础知识

土方工程基础知识

4.1.1 土壤及岩石的分类

土石方工程与所挖的土壤及岩石的种类和性质有很大的关系,土壤的坚硬度、密实度、含水率等因素直接影响到土壤开挖的施工方法、功效及施工费用,要准确计算土石方费用,必须掌握土石方类别的划分方法。在《建设工程工程量清单计价规范》(GB 50500)中按土壤及岩石的名称、天然湿度下平均容重、极限压碎强度、开挖方法以及紧固系数等将土壤分为一类土、二类土、三类土和四类土,将岩石分为松石、次坚石和普坚石等。表 4.1 为土壤岩石预算定额分类与工程分类的对应关系表。

表 4.1 土壤岩石预算定额分类与工程分类的对应关系表

预算定额分类	工程分类	预算定额分类	工程分类
普硬土	I ~ III	次坚石	VI ~ VIII
坚硬土	IV	普坚石	IX、X
松石	V	特坚石	XI ~ XVI

4.1.2 土壤的天然密实体积

土壤的天然密实体积是指未经动的自然土体积,工程中规定挖土方、运土方、回填土方

建筑工程计量与计价实务

都必须折算为自然方计算。表4.2为土方体积折算表。

表4.2　土方体积折算表

虚方	天然密实	夯填	松填
1.00	0.77	0.67	0.83
1.30	1.00	0.87	1.08
1.50	1.15	1.00	1.25
1.20	0.92	0.80	1.00

4.1.3　沟槽、基坑与挖土方

沟槽、基坑与挖土方的定义按照以下规定执行：凡图示沟槽底宽在7m以内，且沟槽长大于槽宽3倍以上的为沟槽，如图4.1所示；凡图示基坑底面积在150m²以内，且沟槽长小于或等于槽宽3倍的为基坑，如图4.2所示；超出上述范围的为一般土方。土方、地坑、地槽开挖按照不同的土质又分为干土开挖和湿土开挖。干、湿土的划分根据地质勘测资料按地下常水位划分，地下常水位以上为干土，地下常水位以下为湿土。

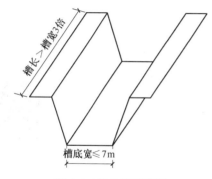

图4.1　挖沟槽示意图

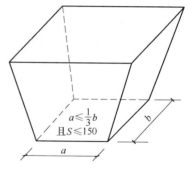

图4.2　基坑示意图

4.1.4　土方工程的放坡与工作面

在土方施工中为了防止土壁塌方，确保施工安全，当挖方超过一定深度或填方超过一定高度时，边沿应放出足够的边坡，工程中称为放坡。土方放坡的坡度以其放坡高度 H 与边坡宽度 D 之比来表示，如图4.3所示。

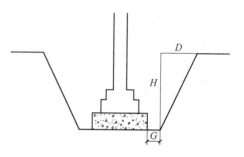

图4.3　挖土方边坡及工作面

$$土方坡度 = \frac{H}{D} = \frac{1}{\frac{D}{H}} = 1:\frac{D}{H}$$

令 $K = \dfrac{D}{H}$ ，为放坡系数，则土方坡度 = $1:K$ 。

土壤的类别和挖土的深度决定是否放坡，放坡系数的大小通常由施工组织设计确定，如果施工组织设计无规定时也可由当地建设主管部门所规定的土壤放坡系数确定。表 4.3 为挖土方、地槽、地坑的放坡起点及放坡系数。

表 4.3 挖土方、地槽、地坑的放坡起点及放坡系数

土的类别	放坡起点	人工挖土	机械挖土	
			在坑内作业	在坑外作业
一、二类土	1.2	1:0.50	1:0.33	1:0.75
三类土	1.5	1:0.33	1:0.25	1:0.67
四类土	2.0	1:0.25	1:0.10	1:0.33

建筑工程基础施工需要施工空间，该空间又称工作面，工作面是指工人在施工中所需的工作空间，如图 4.4 中所示的 c 为挖土工作面。不同的基础材料有不同的工作面宽度要求。表 4.4 列出了基础施工所需工作面宽度。

表 4.4 基础施工所需工作面宽度

基础材料	地槽、地坑每面增加工作面/mm
砖	200
浆砌毛石、条石	150
混凝土基础或垫层需支模板	300
基础垂直面做防水层	1000（防水层面）

在基础开挖中，沟槽、基坑与土方开挖根据实际施工方案，可以分为有放坡和无放坡两种情况，如图 4.4 所示，（a）、（b）、（c）为无放坡，（d）、（e）为有放坡。有放坡又分为有垫层和无垫层两种，施工中规定，在无垫层或垫层为混凝土时，放坡从底面开始，如图 4.5 所示；有垫层时，放坡从垫层的上表面开始，如图 4.6 所示。

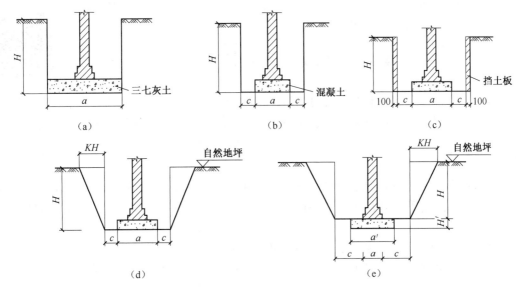

图 4.4 断面形式图

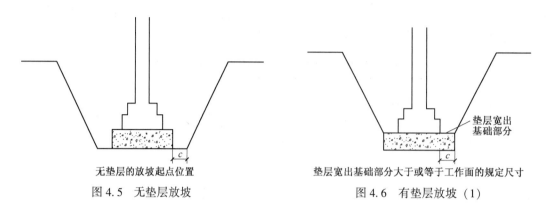

| 图 4.5　无垫层放坡 | 图 4.6　有垫层放坡（1） |

在有垫层的情况下，增加了工作面后的基础开挖有可能宽出垫层部分，也有可能小于垫层部分。图 4.6 所示为垫层宽出基础部分大于或等于工作面的规定尺寸时的放坡起点，图 4.7 所示为垫层宽出基础的尺寸小于规定的工作面宽度时的放坡起点。

实施中，由于施工场地狭窄等因素的原因不能放坡时，可采用支挡土板的方式保护土方边坡，挡土板的厚度一般为 10cm，如图 4.8 所示。

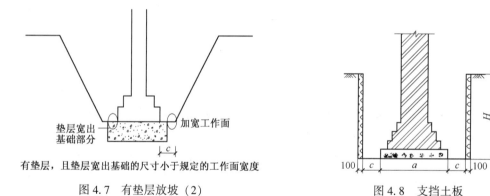

| 图 4.7　有垫层放坡（2） | 图 4.8　支挡土板 |

土方工程量计算

4.2　土石方工程量计算

建筑工程中，土石方工程量计算分为清单工程量计算和计价工程量计算。土石方工程量计算主要包括平整场地、挖基础土方、土石方回填工程与土石方运输等内容。

4.2.1　平整场地

平整场地是指在开挖建筑物基坑（槽）之前将天然地面改造成所要求的设计平面时所进行的土石方施工过程，适用于建筑场地厚度在 ±30cm 以内的挖、填、运、找平，如图 4.9 所示。

1. 平整场地清单项目工程量计算规则及相关规定

平整场地清单项目工程量见表 4.5。

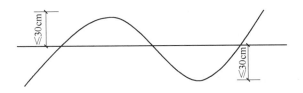

图 4.9 平整场地示意图

表 4.5 平整场地清单项目工程量

项目编码	010101001
工程内容	土方挖填、场地找平、土方运输等
项目特征	（1）土壤类别； （2）弃土运距； （3）取土运距
计算规则	按设计图示尺寸以建筑物首层建筑面积计算
计算规则解读	（1）首层面积是指首层建筑物所占面积，不一定等于首层建筑面积。 例如，落地阳台要计入平整场地面积，悬挑阳台不应计入平整场地面积；设地下室和半地下室的采光井等不计算建筑面积，但应计入平整场地面积；地上无建筑物的地下停车场按地下停车场外墙外边线外围面积计算平整场地面积，包括出入口、通风竖井和采光井。 （2）超面积平整场地，当施工方案要求的平整场地面积超出首层面积时，超出部分的面积应包括在报价内
计算方法	平整场地工程量（m²）=建筑物首层面积； 取（弃）土工程量（m³）=±300mm 内挖方量−填方量

2. 平整场地计价工程量计算规则及相关规定

计价工程量按建筑物外墙外边线向外增加 2m 范围的面积计算。为方便计算，对于不同的平面类型，可按以下情况简化计算。图 4.10 中分别为矩形平面、凹凸形平面和任意封闭形平面，工程量计算如下。

矩形平面：平整场地工程量=$(A+4)×(B+4)$=首层建筑面积+2×外墙外边线长+16。

凹凸形平面：平整场地工程量=首层建筑面积+2×外墙外边线长+16。

任意封闭形平面：平整场地工程量=$(A+4)×(B+4)$=首层建筑面积+2×（外围长+内围长）。

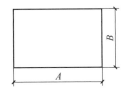

（a）矩形平面

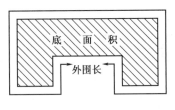

（b）凹凸形平面

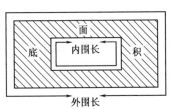

（c）任意封闭形平面

图 4.10 平整场地工程量计算示意图

4.2.2 挖基础土方

挖基础土方是指建筑物的带形基础、设备基础、满堂基础、独立基础、人工挖孔桩等土方，包括由招标人指定距离内的土方运输。

1. 挖基础土方清单工程量计算规则及相关规定

挖基础土方清单工程量见表 4.6。

表 4.6 挖基础土方清单工程量

项目编码	挖一般土方 01010102、挖基槽土方 010101003、挖基坑土方 010101004
工程内容	排地表水、土方开挖、支拆挡土板、基底钎探、土方运输等 （挖土方如需截桩头时，应按桩基工程相关项目列项）
项目特征	（1）土壤类别； （2）挖土深度； （3）弃土运距
计算规则	按设计图示尺寸以基础垫层底面积乘以挖土深度计算
计算规则解读	（1）计算挖基础土方清单工程量时不考虑实际施工时采用的施工方案，不包括放坡、留设工作面等情况； （2）挖土深度是以设计室外地坪以下的挖土深度计算的，如图 4.11 所示； （3）垫层长度：1）外墙按中心线；2）内墙按垫层净长线，如图 4.12 和图 4.13 所示； （4）柱间条形基础挖土长度按柱基础（垫层）之间的设计净长度计算； （5）内外墙突出部分按突出部分的中心线长度计算
计算方法	基础土方工程量＝基础垫层底面积×挖土深度

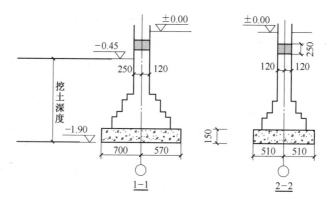

图 4.11 挖土深度示意图

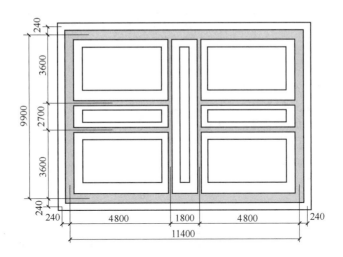

图 4.12　基础平面图

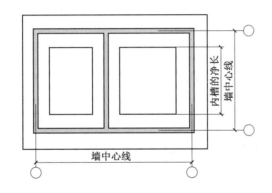

图 4.13　垫层长度示意图

2. 挖基础土方计价工程量计算规则及相关规定

计算基础土方计价工程量时，应将施工方案规定的放坡、操作工作面等增加的工作量考虑在内。基础土方计价工程量应根据不同的基础形式和尺寸分别按照基础土方、沟槽和地坑计算。其计算规则及相关规定参见表 4.7。

表 4.7　挖基础

挖基础类型	工程量计算规则及相关规定
挖沟槽、基坑工程量计算规则	定额工程量计算规则有关规定： （1）挖沟槽、基坑土方工程量需放坡时，放坡系数按表 4.3 计算； （2）挖沟槽、基坑需支挡土板时，其宽度按图示沟槽、基坑底宽，单面加 10cm，双面加 20cm 计算； （3）基坑施工所需工作面按表 4.4 计算

续表

挖基础类型	工程量计算规则及相关规定
计算公式	挖沟槽工程量＝沟槽长度×沟槽的断面面积 有放坡：$V = L(b + 2c + kh)h$ 无放坡：$V = L(b + 2c)h$ 带挡土板：$V = L(b + 0.2 + 2c)h$ 式中　V——基槽土方体积； 　　　L——基槽长度； 　　　b——基础宽度； 　　　c——增加工作面； 　　　k——放坡系数； 　　　h——挖土深度
计算规则解读	（1）外墙基槽长按中心线长度，内墙基槽按图示设计基础垫层间净长； （2）内外突出的垛、附墙烟囱等并入沟槽土方内计算； （3）两槽交接处重叠部分，因放坡产生的重复计算工程量，不予扣除，如图4.14所示； （4）挖土深度为基槽底面至室外地坪
挖基坑工程量计算公式	挖地坑 （1）不放坡和不带挡土板 挖地坑方形和长方形工程量：$V = hab$ 圆形：$V = h\pi r^2$ （2）正方形或长方形地坑放坡地坑：$V = h(a + 2c + kh)(b + 2c + kh) + \dfrac{1}{3}k^2 h^3$ （3）正方形或长方形地坑带挡土板地坑：$V = h(a + 2c + 0.2)(b + 2c + 0.2)$ （4）圆形地坑：$V = \pi h(r + 0.1)^2$ （5）不规则形状地坑：$V = \dfrac{h}{3}\left(S_上 + \sqrt{S_上 \times S_下} + S_下\right)$ 式中　V——地坑土方体积； 　　　a——坑基础长度； 　　　b——坑基础宽度； 　　　r——坑底半径； 　　　$S_上$——地坑或土方顶面面积； 　　　$S_下$——地坑或土方底面面积。 地坑计算如图4.15所示

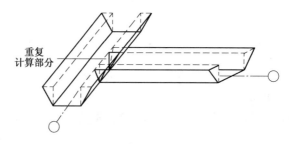

图4.14　两槽相交重叠示意图

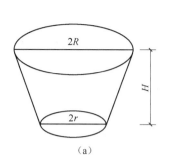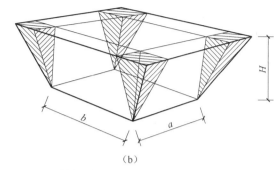

（a）　　　　　　　　　　　　　　　　（b）

图 4.15　地坑计算示意图

4.2.3　土石方回填工程与土石方运输

1. 土石方回填

土石方回填主要分为场地回填、室内回填和基础回填三类。其项目特征主要描述为以下几个方面：回填的密实度、填方材料的品种、填方粒径要求和填方来源、运距。

基础回填土地是指在基础施工完毕以后必须将槽、坑四周未做基础的部分进行回填至室外自然地坪。基础回填土工程量按挖方清单项目工程量减去自然地坪以下埋设的基础体积（包括基础垫层及其他构筑物）。其计算公式如下：

基础回填土工程量＝挖土方体积－室外自然地坪以下埋设的基础体积

室外自然地坪以下埋设的基础体积包括基础垫层及其他构筑物的体积。其中地下基础体积应从自然地面向下至基底的基础体积。

室内回填也叫房心回填，是指室外地坪至室内设计地坪垫层下表皮范围内的夯填土，如图 4.16 所示。工程量计算量为主墙间面积乘以回填土厚度，不扣除间隔墙。其计算公式如下：

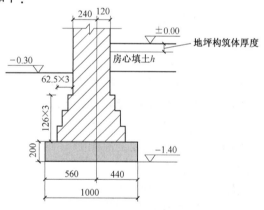

图 4.16　室内回填土示意图

室内回填土工程量＝主墙间净面积×回填厚度 h

回填厚度 h＝室内外高差－地坪构筑体厚度

这里的"主墙"是指结构厚度在 120mm 以上（不含 120mm）的各类墙体。地坪构筑体厚度应包括面层砂浆、块料及垫层等的厚度，按设计要求而定。

场地回填其工程量为回填面积乘平均回填厚度。

2. 余方弃置

余方弃置是指当回填土施工完毕后，如果还有多余的土，则需进行余土外运。项目特征是废弃料品种和运距。余土外运工程量按挖方清单项目工程量减去利用回填方体积计算。其计算公式如下：

余方弃置＝挖土总体积－回填土（天然密实）总体积

4.2.4　土石方工程量计算实例

例4.1　如图4.17所示，土壤类别为三类土，计算图中平整场地的工程量，图中尺寸均为外墙外边线。

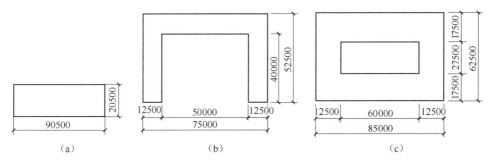

图4.17　建筑面积计算图形

解：

（1）计价工程量。

矩形 $= 90.5 \times 20.5 + (90.5 + 20.5) \times 2 \times 2 + 16 = 2315.25(\mathrm{m}^2)$；

凹形 $= (52.5 \times 12.5 \times 2 + 50 \times 12.5) + (75 + 52.5 + 40) \times 2 \times 2 + 16 = 2623.5(\mathrm{m}^2)$；

封闭形 $= (85.0 \times 62.5 - 60.0 \times 27.5) + (62.5 + 85.0 + 27.5 + 60.0) \times 2 \times 2 = 4602.5(\mathrm{m}^2)$。

（2）清单工程量。

矩形 $= 90.5 \times 20.5 = 1855.25(\mathrm{m}^2)$；

凹形 $= 52.5 \times 12.5 \times 2 + 50 \times 12.5 = 1937.5(\mathrm{m}^2)$；

封闭形 $= 85.0 \times 62.5 - 60.0 \times 27.5 = 3662.5(\mathrm{m}^2)$。

例4.2　基础平面及剖面如图4.18所示，土壤类别为三类土，工作面 $c=300\mathrm{mm}$。试计算挖土方工程量。

解：

（1）计价工程量。

1）挖基础土方，沟槽，三类土，挖土深度 $1.5-0.45=1.05$（m）$< 1.5\mathrm{m}$，不用放坡。挖土的工程量为 $[(12.6 + 9.0) \times 2 + (9.0 - 0.8 - 2 \times 0.3) + (4.2 - 0.8 - 2 \times 0.3) \times 2] \times (0.8 + 2 \times 0.3) \times 1.05 = 82.91(\mathrm{m}^3)$。

2）挖地坑三类土深1.05m的工程量为 $(1.4 + 2 \times 0.3) \times (1.4 + 2 \times 0.3) \times 1.05 = 4.2(\mathrm{m}^3)$。

（2）清单工程量。

1）挖基础工程量为 $[(12.6 + 9.0) \times 2 + (9.0 - 0.8) + (4.2 - 0.8) \times 2] \times 0.8 \times 1.05 \approx 48.89(\mathrm{m}^3)$。

2）挖地坑工程量为 $1.4 \times 1.4 \times 1.05 \approx 2.06$（m³）。

例4.3　构筑物平面及基础剖面图如图4.19所示。垫层底部标高为$-1.95\mathrm{m}$，工作面$c=300\mathrm{mm}$，土壤类别为三类土。试确定土石方工程定额项目并计算人工土石方工程量。

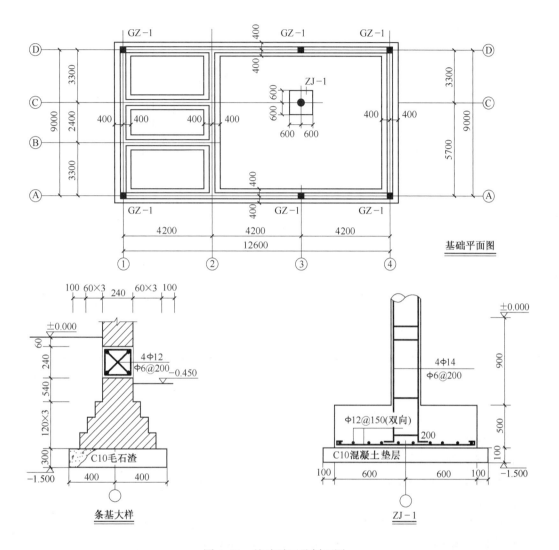

图 4.18 基础平面及剖面图

解：

（1）列项。本工程完成的与土石方工程相关的施工内容有平整场地、挖土。

从图 4.19 可以看出，挖土的槽底宽度为 0.4×2+2×0.3＝1.4（m）<7m，槽长>3×槽宽，故挖土应执行挖地槽项目。本分部工程应列的土石方工程定额项目为平整场地、挖沟槽。

（2）计价工程量计算。

1）基数计算。

$L_{外墙外} = (3.5 \times 2 + 0.24 + 3.3 \times 2 + 0.24) \times 2 = 28.16(\text{m})$；

$L_{外墙中} = (3.5 \times 2 + 3.3 \times 2) \times 2 = 27.2(\text{m})$；

$S_{建筑} = (3.5 \times 2 + 0.24) \times (3.3 \times 2 + 0.24) \approx 49.52(\text{m}^2)$。

2）平整场地。

平整场地工程量 $= S_{建筑} + 2 \times L_{外墙外} + 16 = 49.52 + 2 \times 28.16 + 16 = 121.84(\text{m}^2)$。

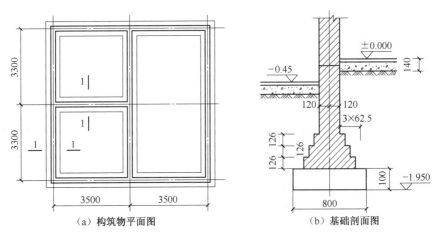

图 4.19 构筑物平面及基础剖面图

3）挖沟槽。

挖沟槽深度 = 1.95 − 0.45 = 1.50（m）>1.4m，故需放坡开挖沟槽。放坡系数 $K = 0.35$。

外墙挖沟槽工程量 $= (a + 2c + KH)H L_{外墙中} = (0.8 + 2 \times 0.3 + 0.35 \times 1.50) \times 1.50 \times 27.2 = 1.925 \times 1.50 \times 27.2 = 78.54（m^3）$；

内墙挖沟槽工程量 $= (a + 2c + KH)H \times$ 基底净长线 $= (0.8 + 2 \times 0.3 + 0.35 \times 1.50) \times 1.50 \times$
$$[(3.3 \times 2 - 0.4 \times 2 - 0.3 \times 2) + (3.5 - 0.4 \times 2 - 0.3 \times 2)] = 1.925 \times$$
$$1.50 \times 7.3 \approx 21.08（m^3）；$$

挖沟槽工程量 = 外墙挖沟槽工程量 + 内墙挖沟槽工程量 = 78.54 + 21.08 = 99.62（m³）。

（3）清单工程量计算。

1）平整场地。

平整场地工程量 $= S_{建筑} = 49.52 m^2$。

2）挖沟槽。

外墙挖沟槽工程量 = 0.8 × 27.2 × 1.5 = 32.64（m³）；

内墙挖沟槽工程量 = 0.8 × [(3.3 × 2 − 0.4 × 2) + (3.5 − 0.4 × 2)] × 1.5 = 10.20（m³）；

挖沟槽工程量 = 外墙挖沟槽工程量 + 内墙挖沟槽工程量 = 32.64 + 10.20 = 42.84（m³）。

例 4.4 如图 4.20 所示，基槽长 $L = 80m$，三类土。试计算挖地槽工程量。

解：

基槽（坑）深度范围内存在种类不同的土层，如需放坡时，应先计算出整个基槽（坑）深度范围内的平均坡度系数 K（高度对不同土类坡度系数的加权平均值），再分别计算不同土类的挖土量。

计算平均坡度系数 $K = (1.2 \times 0.33 + 1.8 \times 0.5) \div 3 = 0.4320$；

挖土深度 $h = 3m$。

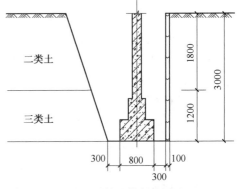

图 4.20 某基槽断面图示

（1）人工挖沟槽（三类土）。

$V = (0.8 + 0.6 + 0.1 + 0.432 \times 1.2 \div 2) \times 1.2 \times 80 \approx 168.88(\text{m}^3)$。

（2）人工挖沟槽（二类土，$h = 3\text{m}$）。

$V = (0.8 + 0.6 + 0.1 + 1.2 \times 0.432 + 0.432 \times 1.8 \div 2) \times 1.8 \times 80 \approx 346.64(\text{m}^3)$。

4.3　土石方工程分部分项工程计价

4.3.1　土石方工程定额计价

土方工程报价

1. 土石方工程定额

土石方工程定额分为人工土方、机械土方、石方、基础排水等。图 4.21 所示为土石方工程定额的分类。其中，单项定额适用于单独地下室土方、构筑物土方及房屋大开口挖土；综合定额适用于房屋工程基础土方及附属于房屋内的设备基础土方、地沟土方、局部满堂基础土方。综合定额的工作内容：平整场地、挖土、原土打夯、回填土、150m 以内运土。

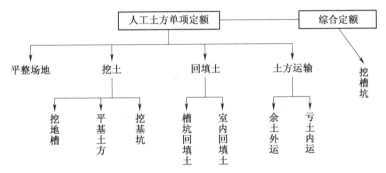

图 4.21　土石方工程定额的分类

2. 土石方定额使用说明

（1）土石方按天然密实体积计算。

（2）挖土方除淤泥、流沙为湿土外，均以干土为准。如挖运湿土，综合定额乘以系数 1.06，单项定额乘以系数 1.18。湿土排水应另列项目计算。

（3）挖土方工程量应扣除直径 800mm 及以上钻（冲）孔桩、人工挖孔桩等大口径桩及空钻（挖）所形成的未经回填桩孔所占的体积。挖桩承台土方时应乘以相应的系数，其中，人工挖土方综合定额乘以系数 1.08；人工挖土方单项定额乘以系数 1.25，机械挖土方定额乘以系数 1.1。

（4）人工挖房屋基础土方最大深度按 3m 计算，超过 3m 时，应按机械挖土考虑；如局部超过 3m 且仍采用人工，超深 3m 部分的土方，每增加 1m 按相应综合定额乘以系数 1.05；挖其他基础土方深度超过 3m 时，超过 3m 部分的土方，每增加 1m 按相应定额乘以系数 1.15 计算。

（5）房屋基槽、坑土方开挖，因工作面、放坡重叠造成槽、坑计算体积之和大于实际大开口挖土体积时，按大开口挖土体积计算，套用房屋综合土方定额。

（6）平整场地是指原地面与设计室外地坪标高平均相差 30cm 以内的原土找平。如原地面与设计室外地坪标高平均相差 30cm 以上，则应另按挖、运、填土方计算，不再计算平整场地。

（7）机械土方。

1）机械挖土方定额已包括人机配合所需的人工，遇地下室底板下翻构件等部位的机械开挖时，下翻部分工程量套用相应定额乘以系数1.3。如下翻部分实际采用人工施工时，套用人工土方综合定额乘以系数0.9，下翻开挖深度从地下室底板垫层底开始计算。

2）推土机、铲运机重车上坡，坡度大于5%时，运距按斜坡长度乘以表4.8所示的系数。

表 4.8　坡度系数

坡度/%	5~10	15 以内	20 以内	25 以内
系数	1.75	2.00	2.25	2.50

3）推土机、铲运机在土层平均厚度小于30cm的挖土区施工时，推土机定额乘以系数1.25，铲运机定额乘以系数1.17。

4）挖掘机在有支撑的大型基坑内挖土，挖土深度在6m以内时，相应定额乘以系数1.2；挖土深度在6m以上时，相应定额乘以系数1.4，如发生土方翻运，不再另行计算。挖掘机在垫板上进行工作时，定额乘以系数1.25，铺设垫板所增加的工料机械费用按每1000m³增加230元计算。

5）挖掘机挖含石子的黏质砂土按一、二类土定额计算；挖砂石按三类土定额计算；挖松散、风化的片岩、页岩或砂岩按四类土定额计算；推土机、铲运机推、铲未经压实的堆积土时，按推一、二类土乘以系数0.77。

6）本单元中的机械土方作业均以天然湿度土壤为准，定额中已包括含水率在25%以内的土方所需增加人工和机械；如含水率超过25%，则挖土定额乘以系数1.15；如含水率在40%以上则另行处理。机械运湿土，相应定额不乘以系数。

7）机械推土或铲运土方，凡土壤中含石量大于30%或多年沉积的砂砾以及含泥砾层石质时，推土机套用机械明挖出渣定额，铲运机按四类土定额乘以系数1.25。

（8）基础排水。

1）湿土排水：湿土工程量。

2）轻型井点：安拆工程量按"根"计算；使用工程量按"套·天"，每50根为一套，天数按施工组织设计要求。

3. 分部分项直接费

直接费包括人工费、材料费和机械台班使用费。直接费的计算方法是，首先计算工程量，然后查定额单价（基价），与相对应的分项工程相乘，得出各分项工程的人工费、材料费、机械台班使用费，再将各分项工程的上述费用相加，得出分部分项工程的直接费，见表4.9。

表 4.9　分部分项工程的直接费计算表

定额编号	项目名称	计量单位	工程数量	单价/元	合价/元
	小计				

4.3.2 土石方工程清单计价

1. 土石方工程清单项目

土石方工程在清单项目中分为土方工程（项目编码是010101）、石方工程（项目编码是010102）和回填工程（项目编码是010103）。土方工程内容包括平整场地（项目编码是010101001）、挖一般土方（项目编码是010101002）、挖沟槽土方（项目编码是010101003）、挖基坑土方（项目编码是010101004）、冻土开挖（项目编码是010101005）、挖淤泥流沙（项目编码是010101006）、管沟土方（项目编码是010101007）等。

2. 综合单价确定

分部分项工程清单计价就是确定分部分项工程综合单价，综合单价确定的步骤和方法如下。

（1）确定计算基础。计算基础主要包括消耗量的指标和生产要素的单价。

（2）分析每一个清单项目的工程内容。投标人应根据工程量清单中的项目特征描述，并结合施工现场情况和拟订的施工方案确定完成各清单项目实际应发生的工程内容。

（3）计算工程内容的工程数量与清单单位的含量。每一项工程内容都应根据所选定定额的工程量计算规则计算其工程数量，当定额的工程量计算规则与清单的工程量计算规则相一致时，可直接以工程量清单中工程量作为工程内容的工程数量。

当采用清单单位含量计算人工费、材料费、机械费时，还需要计算每一计量单位的清单项目所分摊的工程内容的工程数量，即清单单位含量。

$$清单单位含量 = \frac{某工程内容的计价工程量}{清单工程量}$$

（4）计算人工、材料、机械使用费。人工、材料、机械使用费是以完成每一计量单位的清单项目所需的人工、材料、机械消耗量为基础计算的，其计算公式为：

$$人工费 = 完成单位清单项目所需人工的工日数量 \times 每工日的人工日工资单价$$

$$材料费 = \sum(完成单位清单项目所需各种材料、半成品的数量 \times 各种材料、半成品单价)$$

$$机械使用费 = \sum(完成单位清单项目所需各种机械的台班数量 \times 各种机械台班单价)$$

（5）计算管理费、利润。管理费和利润都是在人工费的基础上乘以企业设定费率进行计算的，清单计价这些费率需要你自己设定，企业根据自身管理水平确定费率，这是报价竞争的主要内容之一。管理费和利润的计算也有采用人工、材料、机械或人工与机械使用费之和为基数计算的，在计算中可以参考当地取费的标准。下面的计算式中管理费及利润的取费基数为人机费。

$$管理费 = (人工费 + 机械使用费) \times 管理费费率(\%)$$

$$利润 = (人工费 + 材料费) \times 利润率(\%)$$

（6）计算综合单价。

$$综合单价 = 人工费 + 材料费 + 机械使用费 + 管理费 + 利润$$

4.3.3 土石方工程报价案例

例4.5 已知某多层砖混住宅基础工程，带形基础总长度为160m，基础上部为370实心砖墙，室外地坪标高以下埋设物的体积为404.48m³。如图4.22所示，其分部分项工程量清单见表4.10。某承包商拟对此项目进行投标，根据本企业的管理水平确定管理费的费率为

12%，利润率为 4.5%（以工料机与管理费之和为计算基数）。施工方案确定如下：基础土方采用人工放坡开挖，工作面每边为 300mm，自垫层上表面开始放坡，坡度系数为 0.33，余土全部采用翻斗车外运，运距为 200m。企业定额消耗量见表 4.11，市场价格信息资料见表 4.12，试计算挖基础土方工程量清单的综合单价。（室外地坪标高−0.600）

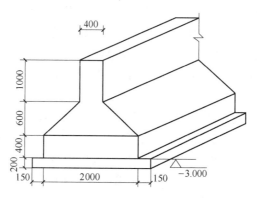

图 4.22　带形基础示意图

表 4.10　分部分项工程量清单

序号	项目编码	项目名称	项 目 特 征	计量单位	工程数量
1	010101003001	挖沟槽土方	三类土，挖土深度4m以内，弃土运距200m	m³	956.80

表 4.11　企业定额消耗量（部分）　　　　　　　　　　　　单位：m³

企业定额编号			1−9	1−10	1−12
项目名称		计量单位	人工挖三类土	回填土夯实	翻斗车运土
人工	综合工日	工日	0.661	0.294	0.100
材料	现浇混凝土	m³			
	草袋	m³			
	水	m³			
机械	混凝土搅拌机	台班			
	插入式振捣机				
	平板式振捣机				
	机动翻斗车			0.008	0.069
	电动打夯机				

表 4.12　市场价格信息资料

序号	资源名称	计量单位	价格/元	序号	资源名称	计量单位	价格/元
1	综合工日	工日	35.00	7	草袋	m³	2.20
2	325#	kg	320.00	8	混凝土搅拌机	台班	96.85
3	粗砂	m³	90.00	9	插入式振捣机	台班	10.74
4	砾石40	m³	52.00	10	平板式振捣机	台班	12.89
5	砾石20	m³	52.00	11	机动翻斗车	台班	83.31
6	水	m³	3.90	12	电动打夯机	台班	25.61

解：

（1）计算基础土方工程量。

1）人工挖基础土方工程量

$$V_挖 = \{(2.3 + 2 \times 0.3) \times 0.2 + [2.3 + 2 \times 0.3 + 0.33 \times (3 - 0.6)]$$
$$\times (3 - 0.6)\} \times 160 \approx 1510.50(\text{m}^3)。$$

2）基础回填土的工程量

$V_回填 = V_挖 -$ 室外地坪标高以下埋设物的体积 $= 1510.50 - 404.48 \approx 1106.02(\text{m}^3)$。

3）余土运输工程量

$V_运 = V_挖 - V_回填 = 1510.50 - 1106.02 = 404.48(\text{m}^3)$。

（2）依据表4.11企业定额消耗量，计算挖基础土方（含余土运输）的工料机消耗量。

人工工日：$1510.50 \times 0.661 + 1106.02 \times 0.294 + 404.48 \times 0.100 \approx 1364.11$（工日）。

材料消耗：无。

机动翻斗车：$1106.02 \times 0.008 + 404.48 \times 0.069 \approx 36.76$（台班）。

（3）根据表4.12分析计算人工与翻斗车的单价。

人工的工日单价为35元/工日。

机动翻斗车的台班单价为83.31元/台班。

（4）计算工料机费 $= 1364.11 \times 35 + 36.76 \times 83.31 \approx 50806.33$（元）。

（5）计算管理费 $= 50806.33 \times 12\% = 6096.76$（元）。

（6）计算利润 $= (50806.33 + 6096.76) \times 4.5\% = 2560.64$（元）。

（7）计算挖基础土方的总费用

$$50806.33 + 6096.76 + 2560.64 = 59463.73（元）。$$

（8）计算挖基础土方的工程量清单。

$$59463.73 \div 956.8 = 62.15（元/\text{m}^3）。$$

表 4.13　工程量清单综合单价分析表

项目编码	010101003001			项目名称		挖基础土方	计量单位	m³

清单综合单价组成明细

定额编号	定额名称	定额单位	工程数量	单价/元				合价/元			
				人工费	材料费	机械费	管理费和利润	人工费	材料费	机械费	管理费和利润
1-9	人工挖三类土	m³	1510.50	23.14	0	0	3.95	34952.97	0	0	5955.99
1-10	回填土夯实	m³	1106.02	10.29	0	0.67	1.87	11380.95	0	741.03	2064.64

续表

定额编号	定额名称	定额单位	工程数量	单价/元				合价/元			
				人工费	材料费	机械费	管理费和利润	人工费	材料费	机械费	管理费和利润
1-12	翻斗车运土	m³	404.48	3.5	0	5.75	1.58	1415.68	0	2325.76	639.08
小　计								47749.60	0	3066.79	8659.71
合　计								59476.10			
清单项目综合单价								59476.10÷956.80＝62.16（元/m³）			

4.4 单元任务

4.4.1 基本资料

某房屋工程基础平面及剖面如图4.23所示。已知：基底土质均衡，为二类土，地下常水位标高为-1.1m，土方含水率为30%；室外地坪设计标高-0.15m，交付施工的地坪标高-0.3m，基坑回填后余土弃运为5km，室外地坪标高以下埋设物的体积为36.09m³。企业拟订两个施工方案挖基槽和基坑土方，施工方案一为人工开挖基槽坑，按基坑边堆放、人工装车、自卸汽车运土考虑；施工方案二为机械大开口开挖，采用基坑上反铲挖土，土方堆于基坑周围，待回填后余土外运。

根据本企业的管理水平确定企业管理费按人工费及机械费之和的25%、利润按人工费及机械费之和的10%计算。

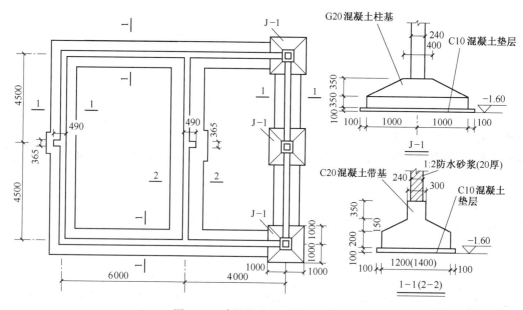

图4.23 建筑物基础平面及剖面图

4.4.2　任务要求

试编制土方工程分部分项工程量清单，并按拟订条件和表 4.14 中给定定额分析综合单价。

表 4.14　定额选用

金额单位：元

编码	类别	名称	单位	含量	工程量	单价	合价	主材费单价	人工费合价	材料费合价	机械费合价
一		整个项目					11 675.39		5 412	0	6 263.39
1-7	定	人工土方　挖地槽、地坑　深1.5 m以内 一、二类土	100 m³		1	708	708	0	708	0	0
1-65	定	机械土方　人工装土	1 000 m³		1	4 512	4 512	0	4 512	0	0
1-67	定	机械土方　自卸汽车运土1 000 m以内	1 000 m³		1	5 195.49	5 195.49	0	192	0	5 003.49
1-68	定	机械土方　自卸汽车运土每增加1 000 m	1 000 m³		1	1 259.9	1 259.9	0	0	0	1 259.9

编码	类别	名称	单位	含量	工程量	单价	合价	主材费单价	人工费合价	材料费合价	机械费合价
一		整个项目					14 117.57		5 840	0	8 277.57
1-29	定	机械土方　反铲挖掘机挖一、二类土　深度2 m以内	1 000 m³		1	3 150.18	3 150.18	0	1 136	0	2 014.18
1-65	定	机械土方　人工装土	1 000 m³		1	4 512	4 512	0	4 512	0	0
1-67	定	机械土方　自卸汽车运土1 000 m以内	1 000 m³		1	5 195.49	5 195.49	0	192	0	5 003.49
1-68	定	机械土方　自卸汽车运土每增加1 000 m	1 000 m³		1	1 259.9	1 259.9	0	0	0	1 259.9

4.4.3　任务实施

本工程基础槽坑开挖按基础类型有 1-1、2-2 和 J-1 三种，应分别列项。

（1）清单工程量计算：挖土深度 = 1.6-0.3 = 1.3（m），挖湿土深度 = 1.6-1.1 = 0.5（m）。

1）断面 1-1：$L_1 = (10 + 9) \times 2 - 1.1 \times 4 + 0.38 = 33.98(\text{m})$。

其中：0.38 为垛折加长度，$L = ab/d$，a、b 为附墙垛凸出部分断面的长、宽；d 为砖（石）墙厚。本案中 $L = 365 \times 250 \div 240 \approx 380.21$（mm）。

$V_1 = 33.98 \times 1.4 \times 1.3 \approx 61.84$（m³）。

其中：湿土 $V_{1湿} = 33.98 \times 1.4 \times 0.5 \approx 23.79(\text{m}^3)$；干土 $V_{1干} = 61.84 - 23.79 = 38.05(\text{m}^3)$。

2）断面 2-2：

$L_2 = 9 - 0.7 \times 2 + 0.38 = 7.98(\text{m})$；$V_2 = 7.98 \times 1.6 \times 1.3 \approx 16.60(\text{m}^3)$。

其中：湿土 $V_{2湿} = 7.98 \times 1.6 \times 0.5 \approx 6.38(\text{m}^3)$；干土 $V_{2干} = 16.60 - 6.38 = 10.22(\text{m}^3)$。

3）断面 J-1：

$V_J = 2.2 \times 2.2 \times 1.3 \times 3 \approx 18.88(\text{m}^3)$。

其中：湿土 $V_{J湿} = 2.2 \times 2.2 \times 0.5 \times 3 = 7.26(\text{m}^3)$；干土 $V_{J干} = 18.88 - 7.26 = 11.62(\text{m}^3)$。

（2）按照拟订施工方案一及采用的计价定额计算计价工程量。

查定额，二类土挖深大于 1.2m，$K = 0.5$，混凝土垫层工作面 $c = 0.3$m。

挖土深度 $H_总 = 1.6 - 0.15 = 1.45(\text{m})$。

其中：湿土 $H_湿 = 1.6 - 1.1 = 0.5(\text{m})$。

1）断面 1-1：

$V_总 = 33.98 \times (1.4 + 0.6 + 1.45 \times 0.5) \times 1.45 \approx 134.26(\text{m}^3)$；

$V_湿 = 33.98 \times (1.4 + 0.6 + 0.5 \times 0.5) \times 0.5 \approx 38.23(\text{m}^3)$；

$V_干 = V_总 - V_湿 = 134.26 - 38.23 = 96.03(\text{m}^3)$。

2）断面 2-2：

$L_{2净} = 9 - 0.7 \times 2 - 0.3 \times 2 + 0.38 = 7.38(\text{m})$；

$V_总 = 7.38 \times (1.6 + 0.6 + 1.45 \times 0.5) \times 1.45 \approx 31.3(\text{m}^3)$；

$V_湿 = 7.38 \times (1.6 + 0.6 + 0.5 \times 0.5) \times 0.5 \approx 9.04(\text{m}^3)$；

$V_干 = V_总 - V_湿 = 31.3 - 9.04 = 22.26(\text{m}^3)$。

3）断面 J-1，地坑计算公式：$V = h(a + 2c + kh)(b + 2c + kh) + \dfrac{1}{3}k^2h^3$。

$V_总 = [(2.2 + 0.6 + 1.45 \times 0.5)^2 \times 1.45 + 0.183] \times 3 \approx 54.60(\text{m}^3)$；

$V_湿 = [(2.2 + 0.6 + 0.5 \times 0.5)^2 \times 0.5 + 0.010] \times 3 \approx 13.98(\text{m}^3)$；

$V_干 = V_总 - V_湿 = 54.80 - 13.98 = 40.62(\text{m}^3)$。

（3）余土外运（按基坑边堆放、人工装车、自卸汽车运土考虑，回填后余土不考虑湿土因素）。弃土外运工程量为基槽坑内埋入体积数量，本例中假设：1-1、2-2、J-1 断面余土外运分别为 $V_{1外运} = 26.6\text{m}^3$、$V_{2外运} = 6.2\text{m}^3$、$V_{J外运} = 8.3\text{m}^3$。

（4）编制分部分项工程量清单表。根据工程量清单格式，编制该基础土方开挖工程量清单，见表 4.15 分部分项工程量清单表。

表 4.15 分部分项工程量清单

工程名称：××工程　　　　　　　　　　　　　　　　　　　　　　　　　　共 3 页　第 1 页

序号	项目编码	项 目 名 称	计量单位	工程数量
1	010101003001	挖沟槽土方，二类土，1-1 有梁式钢筋混凝土墙基，基底垫层宽度为 1.4m，开挖深度为 1.3m，湿土深度为 0.5m，土方含水率为 30%，弃土为 5km	m³	61.84

工程名称：××工程　　　　　　　　　　　　　　　　　　　　　　　　　　共 3 页　第 2 页

序号	项目编码	项 目 名 称	计量单位	工程数量
2	010101003002	挖沟槽土方，二类土，2-2 有梁式钢筋混凝土墙基，基底垫层宽度为 1.6m，开挖深度为 1.3m，湿土深度为 0.5m，土方含水率为 30%，弃土为 5km	m³	16.60

工程名称：××工程　　　　　　　　　　　　　　　　　　　　　　　　　　共 3 页　第 3 页

序号	项目编码	项 目 名 称	计量单位	工程数量
3	010101004001	挖基坑土方，二类土，J-1 有梁式钢筋混凝土墙基，基底垫层宽度为 2.2m，开挖深度为 1.3m，湿土深度为 0.5m，土方含水率为 30%，弃土为 5km	m³	18.88

（5）工程量清单综合单价分析，见表 4.16。

表 4.16 挖基础土方综合单价分析表

项目编码	010101003001		项目名称	挖沟槽土方	计量单位	m³

清单综合单价组成明细

定额编号	定额名称	定额单位	工程数量	单价/元				合价/元			
				人工费	材料费	机械费	管理费和利润	人工费	材料费	机械费	管理费和利润
1-7	人工挖二类土	100m³	0.96	708.00	0	0	247.80	679.96	0	0	237.99
1-7h	人工挖二类土	100m³	0.38	835.44	0	0	292.40	319.31	0	0	111.76
1-65	人工装土	1000m³	0.0266	4512.00	0	0	1579.20	120.02	0	0	42.01
1-67	自卸汽车运土1000m 以内	1000m³	0.0266	192.00	0	5003.49	1818.42	5.107	0	133.09	48.37
1-68	自卸汽车运土每增加1000m×4	1000m³	0.0266	0	0	5039.60	1763.86	0	0	134.05	46.92
小 计								1124.397	0	267.14	487.05
合 计								1878.59			
清单项目综合单价								30.38			

项目编码	010101003002		项目名称	挖沟槽土方	计量单位	m³

清单综合单价组成明细

定额编号	定额名称	定额单位	工程数量	单价/元				合价/元			
				人工费	材料费	机械费	管理费和利润	人工费	材料费	机械费	管理费和利润
1-7	人工挖二类土	100m³	0.2226	708.00	0	0	247.80	157.6	0	0	55.16
1-7h	人工挖二类土	100m³	0.0904	835.44	0	0	292.40	75.52	0	0	26.43
1-65	人工装土	1000m³	0.0062	4512.00	0	0	1579.20	27.97	0	0	9.79
1-67	自卸汽车运土1000m 以内	1000m³	0.0062	192.00	0	5003.49	1818.42	1.19	0	31.02	11.27
1-68	自卸汽车运土每增加1000m×4	1000m³	0.0062	0	0	5039.60	1763.86	0	0	31.24	10.94
小 计								262.28	0	62.26	113.59
合 计								438.13			
清单项目综合单价								26.39			

项目编码	010101004001			项目名称			挖基坑土方	计量单位	m³

清单综合单价组成明细

定额编号	定额名称	定额单位	工程数量	单价/元				合价/元			
				人工费	材料费	机械费	管理费和利润	人工费	材料费	机械费	管理费和利润
1-7	人工挖二类土	100m³	0.4062	708.00	0	0	247.80	289.01	0	0	101.15
1-7h	人工挖二类土	100m³	0.1398	835.44	0	0	292.40	116.79	0	0	40.88
1-65	人工装土	1000m³	0.0083	4512.00	0	0	1579.20	37.45	0	0	13.11
1-67	自卸汽车运土 1000m 以内	1000m³	0.0083	192.00	0	5003.49	1818.42	1.59	0	41.53	15.09
1-68	自卸汽车运土 每增加 1000m×4	1000m³	0.0083	0	0	5039.60	1763.86	0	0	41.83	14.64
小　　　计								444.84	0	83.36	184.87
合　　　计								713.07			
清单项目综合单价								37.77			

（6）按照拟订施工方案二采用基坑上反铲挖土，土方堆于基坑周围，待回填后余土外运；放坡按定额取定，工作面按基础垫层（不考虑墙垛凸出部位）外边线加 0.3m 考虑。经查定额：二类土挖深大于 1.2m，$K=0.75$，工作面 $c=0.3m$。

挖土深度 $H_总 = 1.6 - 0.15 = 1.45$（m）。

其中：湿土 $H_湿 = 1.6 - 1.1 = 0.5$（m）。

1）挖土工程量 $V_总 = (10 + 1.1 + 0.7 + 0.6 + 1.45 \times 0.75) \times (9 + 2.2 + 0.6 + 1.45 \times 0.75) \times 1.45 + 0.75^2 \times 1.45^3 \div 3 = 252.61$（m³）。

其中：$V_湿 = (11.1 + 0.7 + 0.6 + 0.5 \times 0.75) \times (11.2 + 0.6 + 0.5 \times 0.75) \times 0.5 + 0.75^2 \times 0.5^3 \div 3 \approx 77.79$（m³）；$V_干 = 252.61 - 77.79 = 174.82$（m³）。

按照清单各项目工程量进行分摊计算：

清单工程量合计 $V = 66.12 + 16.60 + 18.88 = 101.60$（m³）；

每 1m³ 清单工程量的干土计价工程量 $= 174.82 \div 101.60 \approx 1.72$；

每 1m³ 清单工程量的湿土计价工程量 $= 77.79 \div 101.60 \approx 0.77$。

断面 1-1 计价工程量：

$V_{1干} = 66.12 \times 1.72 \approx 113.73$（m³）；

$V_{1湿} = 66.12 \times 0.77 \approx 50.91$（m³）。

断面 2-2 计价工程量：

$V_{2干} = 16.60 \times 1.72 \approx 28.55$（m³）；

$V_{2湿} = 16.60 \times 0.77 \approx 12.78$（m³）。

J-1 断面基坑施工工程量：

$V_{干} = 18.88 \times 1.72 \approx 32.47 (\text{m}^3)$

$V_{湿} = 18.88 \times 0.77 \approx 14.54 (\text{m}^3)$。

假设，弃土外运数量同方案一。

2）计算断面1-1综合单价。

a. 机械挖二类干土套1-29定额：

人工费 = 113.73×1.136 ≈ 129.20（元）；

机械费 = 113.73×2.014 ≈ 229.05（元）。

b. 机械挖二类湿土（含水率30%）套1-29定额，定额规定湿土乘系数1.15：

人工费 = 46.75×1.136×1.15 ≈ 61.07（元）

机械费 = 46.75×2.014×1.15 ≈ 108.28（元）。

c. 余土外运、人工装土　套1-65定额：

人工费 = 26.6×4.512 ≈ 120.02（元）。

d. 自卸汽车运土，运距5km　套1-67定额+1-68定额乘以4倍：

人工费 = 26.6×0.192 ≈ 5.11（元）；

机械费 = 26.6×（5.00349+1.2599×4）= 267.15（元）。

e. 综合单价计算：

人工费合计 = 129.20+61.07+120.02+5.11 = 315.4（元）；

机械费合计 = 229.05+108.28+267.15 = 604.48（元）；

企业管理费及利润 = （315.4+604.48）×35% = 321.96（元）；

合计：1241.84元。

断面1-1基槽挖土综合单价 = 1241.84÷61.84 ≈ 20.08（元/m³）。

同上方法，可以计算断面2-2和J-1基坑挖土的合价与综合单价。

注意：

（1）本题没有考虑采用井点排水的施工方法，如果采用井点排水的施工方法，则不考虑30%含水率时的定额调整。

（2）采用机械施工时，土方机械应计算的进退场费用在施工措施项目清单内计价。

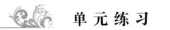 单　元　练　习

1. 根据《房屋建筑与装饰工程工程量计算规范》，下列基础土方的工程量计算，正确的是（　　）。

单元4自测

提高练习

A. 基础设计底面积×基础埋深

B. 基础设计底面积×基础设计高度

C. 基础垫层设计底面积×挖土深度埋深

D. 基础垫层设计底面积×基础设计高度和垫层厚度之和

2. 挖土方的工程量按设计图示尺寸的体积计算，此时的体积是指（　　）。

A. 虚方体积　　　B. 夯实后体积　　　C. 松填体积　　　D. 天然密实体积

3. 关于土方工程量的计算，下面说法不正确的是（　　）。

A. 场地平整按设计图示尺寸以建筑物首层建筑面积计算

    B. 挖基础土方按基础底面积乘以挖土深度计算

    C. 管沟土方按设计图示管底垫层面积乘以挖土深度以体积计算

    D. 冻土开挖以面积计算

4. 根据《房屋建筑与装饰工程工程量计算规范》，基础土石方的工程量是按(　　)的。

    A. 建筑物首层建筑面积乘以挖土深度计算

    B. 建筑物垫层底面积乘以挖土深度计算

    C. 建筑物基础底面积乘以挖土深度计算

    D. 建筑物基础断面积乘以中心线长度计算

5. 根据《房屋建筑与装饰工程工程量计算规范》，设备基础挖土方，设备混凝土垫层为 5m×5m 的正方形建筑面积，每边需工作面 0.3m，挖土深度 1m，其挖方量是(　　)m³。

    A. 18.63   B. 25   C. 20.28   D. 31.36

6. 下列关于土石方工程工程量计算的说法，正确的是 (　　)。

    A. 平整场地按设计图示尺寸以首层建筑面积计算

    B. 挖基础土方按设计图示尺寸以基础垫层底面积乘以挖土深度计算

    C. 冻土开挖按设计图示尺寸开挖面积乘以厚度以体积计算

    D. 管沟土方按平方米计算

    E. 场地回填按主墙间净面积乘以平均回填厚度计算

单元 5

砌筑工程

> **单元知识**

(1) 了解砌筑工程的基础知识。

(2) 理解砖石基础、常见砌体等工程量计算规则。

(3) 理解砌筑工程定额。

(4) 理解砌筑工程清单项目。

> **单元能力**

(1) 应用砌筑工程量计算规则正确计算砌筑工程量。

(2) 能编制砌筑工程工程量清单。

(3) 使用砌筑工程定额计算工程直接费。

(4) 应用砌筑工程清单指引，计算综合单价。

(5) 编制砌筑工程分部分项工程量清单计价表。

5.1 砌筑工程基础知识

砌筑工程
基础知识

砌筑工程是指用砖、石和各类砌块进行建筑物或构筑物的砌筑。其主要工作内容包括砖石基础、墙体、砖柱、砖烟囱等和其他零星砌体等的砌筑。

5.1.1 砌筑工程的主要材料

1. 砌体

砌筑工程常见的有砖砌体、砌块砌体和石材砌体等。

(1) 砖砌体。砖砌体是采用标准尺寸的烧结普通砖或非烧结硅酸盐砖与砂浆砌筑而成的砖砌体，又分为墙砌体和柱砌体。

(2) 砌块砌体。砌块砌体是用中小型混凝土砌块或硅酸盐砌块与砂浆砌筑而成的砌体，可用于定型设计的民用房屋及工业厂房的墙体。目前国内使用的为混凝土空心砌块砌体，小型砌块高度一般为 180~350mm；中型砌块高度一般为 360~900mm。

(3) 石材砌体。采用天然料石或毛石与砂浆砌筑的砌体称为天然石材砌体。

2. 砂浆

将砖、石、砌块等黏结成为砌体的砂浆称为砌筑砂浆。砌筑砂浆有水泥砂浆、石灰砂浆和混合砂浆。水泥砂浆和混合砂浆可用于砌筑潮湿环境和强度要求较高的砌体，但对于基础一般采用水泥砂浆。石灰砂浆宜用于砌筑干燥环境中以及强度要求不高的砌体，不宜用于潮湿环境的砌体及基础，因为石灰属气硬性胶凝材料，在潮湿环境中，石灰膏不但难以结硬，而且会出现溶解流散现象。

5.1.2 砖墙墙体厚度的确定

砖墙的厚度以我国标准黏土砖的长度为单位。我国现行黏土砖的规格是 240mm×115mm ×53mm（长×宽×厚）。现行墙体厚度用砖长作为确定依据，表 5.1 反映了标准砖砌体计算的大厦厚度。墙厚与砖规格的关系如图 5.1 所示。砖柱的尺寸为 240mm×370mm、370mm× 370mm、490mm×490mm、490mm×620mm 等。

表 5.1　标准砖砌体计算厚度

砖数（厚度）	1/4	1/2	3/4	1	1.5	2	5/2	3
计算厚度/mm	53	115	180	240	365	490	615	740

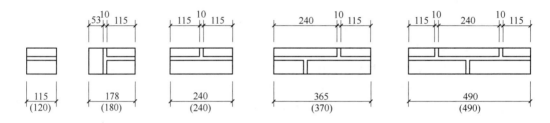

图 5.1　墙厚与砖规格的关系

5.2　砌筑工程工程量计算

砌筑工程量计算

砌筑工程工程量计算规则也分计价工程量计算和清单工程量计算，但绝大部分的砌筑工程量两者之间的计算规则是一致的，不同地区的定额工程量计算规则，只有极个别的与清单计价规则有区别。

5.2.1 砖基础工程量

砖基础，就是以砖为砌筑材料，形成的建筑物基础。砖基础按其形式可分为条形基础和独立基础。砖基础下部的扩大部分称为大放脚。砖基础是由基础墙和大放脚组成的，如图 5.2 所示。基础大放脚又有等高式大放脚和不等高式大放脚两种，图 5.3（a）所示为等高式大放脚，采用每两皮砖一收，两边各收进 1/4 砖长；图 5.3（b）所示为不等高式大放脚，采用两皮一收和一皮一收间隔，两边各收进 1/4 砖长。

工程中为了简便砖基础工程量的计算，将大放脚部分的面积折成相等墙基断面的面积或高度。表 5.2 反映了不同厚度的砖墙大放脚层次不同时，基础大放脚折加的高度值和增加面积。同理，对于砖柱基础，按照基础大放脚的形式也分成标准砖等高、不等高砖柱基础，其大放脚折加高度见表 5.3。

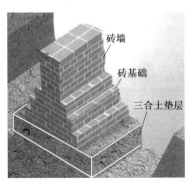

图 5.2　砖基础

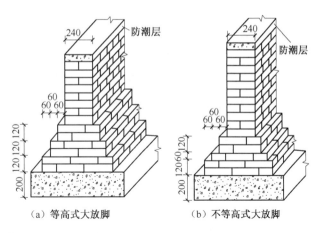

（a）等高式大放脚　　　　　（b）不等高式大放脚

图 5.3　砖基础大放脚

表 5.2　砖基础大放脚折算面积及折加高度

放脚层数	折加高度/m												增加断面/m²	
	1/2 砖（0.115）		1 砖（0.24）		1.5 砖（0.365）		2 砖（0.49）		2.5 砖（0.615）		3 砖（0.74）			
	等高	不等高	等高	不等高	等高	不等高	等高	不等高	等高	不等高	等高	不等高	等高	不等高
一			0.066	0.066	0.043	0.043	0.032	0.032	0.026	0.026	0.021	0.021	0.0158	0.0158
二			0.197	0.164	0.129	0.108	0.096	0.080	0.077	0.064	0.064	0.053	0.0473	0.0394
三			0.394	0.328	0.259	0.216	0.193	0.161	0.154	0.128	0.128	0.106	0.0945	0.0788
四			0.656	0.525	0.432	0.345	0.321	0.253	0.256	0.205	0.213	0.170	0.1575	0.1260
五	0.137	0.137	0.984	0.788	0.647	0.518	0.482	0.380	0.384	0.307	0.319	0.255	0.2363	0.1890
六	0.411	0.342	1.378	1.083	0.906	0.712	0.672	0.530	0.538	0.419	0.447	0.351	0.3308	0.2599
七			1.838	1.444	1.208	0.949	0.90	0.707	0.717	0.563	0.596	0.468	0.4410	0.3465
八			2.363	1.838	1.553	1.208	1.157	0.90	0.922	0.717	0.766	0.596	0.5670	0.4411
九			2.953	2.297	1.942	1.510	1.447	1.125	1.153	0.896	0.958	0.745	0.7088	0.5513
十			3.61	2.789	2.372	1.834	1.768	1.366	1.409	1.088	1.171	0.905	0.8663	0.6694

表 5.3　标准砖等高、不等高砖柱基础大放脚折加高度

砖柱几何特征		大放脚层数						
长×宽 /mm×mm	断面积 /m²	一层	二层		三层		四层	
		等高	等高	不等高	等高	不等高	等高	不等高
240×240	0.0576	0.168	0.565	0.366	1.271	1.068	2.344	1.602
365×240	0.0876	0.126	0.439	0.285	0.967	0.814	1.762	1.211
365×365	0.1332	0.099	0.332	0.217	0.725	0.609	1.306	0.900
490×365	0.1789	0.086	0.281	0.184	0.606	0.509	1.083	0.747
490×490	0.2401	0.073	0.234	0.154	0.501	0.420	0.889	0.614

砖柱几何特征		大放脚层数						
长×宽 /mm×mm	断面积 /m²	一层	二层		三层		四层	
		等高	等高	不等高	等高	不等高	等高	不等高
615×490	0.3014	0.063	0.206	0.135	0.438	0.367	0.774	0.535
615×615	0.3782	0.056	0.180	0.118	0.382	0.319	0.668	0.463
740×615	0.4551	0.052	0.162	0.107	0.342	0.286	0.599	0.415
740×740	0.5476	0.046	0.146	0.096	0.306	0.256	0.534	0.370

1. 砖基础工程量计算规则及其相关规定

砖基础工程量计算计价工程量与清单工程量计算规则基本相同。砖（石）基础工程量计算规则及相关规定见表5.4。

表5.4　砖（石）基础工程量计算规则及相关规定

项目编码	010401001
工程内容	（1）砂浆制作、运输； （2）砌砖； （3）防潮层铺设； （4）材料运输
项目特征	（1）砖的品种、规格、强度等级； （2）基础类型； （3）砂浆强度等级； （4）防潮层材料种类
计算规则	砖（石）基础工程量按图示尺寸以体积计算，包括附墙垛基础宽出部分体积，如图5.4所示，扣除地梁（圈梁）、构造柱所占体积，不扣除基础大放脚T形接头处的重叠部分及嵌入基础内的钢筋、铁件、管道、基础砂浆防潮层和单个面积0.3m²以内的孔洞所占体积，靠墙暖气沟的挑檐不增加。 基础长度：外墙按中心线，内墙基按内墙净长线计算
计算规则解读	（1）不扣除部分： 1）基础大放脚T形接头处的重叠部分；如图5.5所示为基础大放脚接头处； 2）嵌入基础的钢筋、铁件、管道、基础防层； 3）单个面积在0.3m²以内的孔洞所占的面积； 4）附墙垛凸出部分按折加长度合并计算，基础宽出部分体积，并入其所依附的基础工程量内。 （2）扣除部分： 1）地梁（圈梁）、构造柱所占体积； 2）0.3m²以上的孔洞所占体积。 （3）不增加部分：靠墙暖气沟的挑檐
计算公式	砖（石）基础工程量 V = 基础断面积(S)×基础长度(L)－$V_{扣除}$＋$V_{增加}$ 增加面积法：砖基础断面面积=基础墙厚度×基础高度+大放脚折算断面积 折加高度法：砖基础断面面积=基础墙厚度×（基础高度+大放脚折加高度）

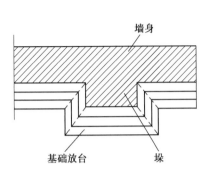

图 5.4　附墙垛基础宽出部分示意图

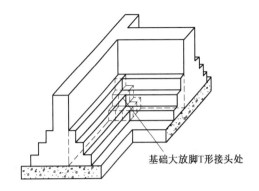

图 5.5　基础大放脚接头示意图

2. 砖基础工程量计算取值

（1）砖基础长度。基础长度按照外墙和内墙分别确定。外墙的基础长度按外墙的中心线计算，内墙的基础长度按内墙的净长线计算。

（2）砖基础墙的厚度。砖基础墙的厚度为基础主墙身的厚度。使用标准砖时，基础墙厚度按标准砖砌体计算厚度取值；使用非标准砖时，其砌体厚度应按砖实际规格和设计厚度取值。

（3）砖基础高度的确定。

1）基础与墙（柱）身使用同一种材料时，以设计室内地面为界；有地下室者，以地下室室内设计地面为界，以下为基础，以上为墙（柱）身，如图 5.6 所示。

2）基础与墙身使用不同材料时，当材料分界线位于设计室内地面±300mm 以内时，以不同材料分界线为界，如图 5.7（a）所示；超过±300mm 时，以设计室内地面为分界线，如图 5.7（b）所示。

3）砖（石）围墙以设计室外地坪为分界线，以下为基础，以上为墙身。

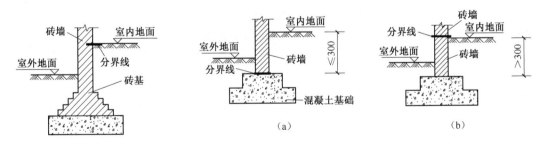

图 5.6　砖基与砖墙划分　　　　　图 5.7　材料不同时基础与墙的划分

5.2.2　砌体墙工程量计算规则

1. 实心砖墙、多孔砖墙、空心墙

（1）砌体墙工程量计算规则及相关规定。实心砖墙工程量计算规则及相关规定，见表5.5。多孔砖墙、空心墙工程量计算规则与实心砖墙相同。

表 5.5 实心砖墙工程量计算规则及相关规定

项目编码	010401003
工程内容	(1) 砂浆制作、运输； (2) 砌砖； (3) 勾缝； (4) 砖压顶砌筑； (5) 材料运输
项目特征	(1) 砖的品种、规格、强度等级； (2) 墙体类型； (3) 砂浆强度等级、配合比
计算规则	按设计图示尺寸以体积计算。 扣除部分：门窗洞口、过人洞、空圈、嵌入墙内的钢筋混凝土柱、梁、圈梁、挑梁、过梁及凹进墙内的壁龛、管槽、暖气槽、消火栓箱所占的体积，如图 5.8 所示。 不扣除部分：梁头、板头、檩头、垫木、木楞头、沿缘木、木砖、门窗走头、砖墙内加固钢筋、木筋、铁件、钢管及单个面积 0.3m² 以内的孔洞所占体积，如图 5.9 所示。 不增加部分：凸出墙面的腰线、挑檐、压顶、窗台线、虎头砖，门窗套的体积，如图 5.10 所示。 并入部分：凸出墙面的砖垛并入墙体体积内计算，如图 5.11 所示
计算规则解读	墙体长度： 外墙长度：按外墙中心线长度 $L_{中}$ 计算； 内墙长度：按内墙净长线 $L_{内}$ 计算； 女儿墙长：女儿墙中心线长度。 墙体厚度： 按标准砖砌体计算厚度取值。 墙体高度： 外墙：下界起点为基础与墙身的分界线，一般±0.000m； 内墙：下界起点底层与外墙身相同；二层及以上以楼板面为起点
计算公式	V=墙长×墙高×墙厚-应扣除嵌入墙体的其他构件体积+应增加的突出墙面的体积

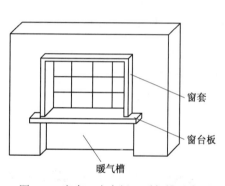

图 5.8 窗套、窗台板、暖气槽示意图

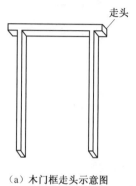

（a）木门框走头示意图

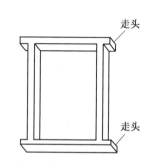

（b）木窗框走头示意图

图 5.9 木门框、木窗框走头示意图

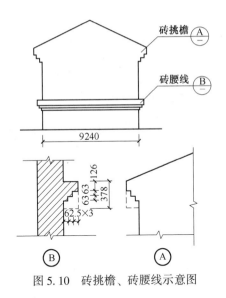

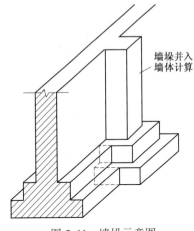

图 5.10　砖挑檐、砖腰线示意图

图 5.11　墙垛示意图

（2）墙体高度的确定。墙体高度上界根据不同的屋面形式，有外墙高度和内墙高度之分。

1）外墙高度依据屋面形式确定上界止点。

a. 平屋面算至钢筋混凝土板底，如图 5.12 所示。

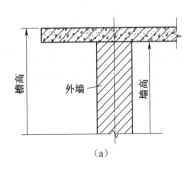

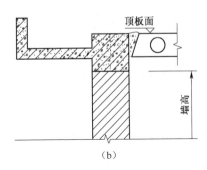

图 5.12　平屋顶有挑檐、天沟示意图

b. 坡屋顶无檐口天棚者，算至屋面板底，如图 5.13 所示。

c. 坡屋顶有屋架且室内外均有天棚者，算至屋架下弦底面另加 200mm；无天棚者算至屋架下弦底面另加 300mm；出檐宽度超过 600mm 时应按实砌高度计算，如图 5.14 所示。

d. 女儿墙高度，从屋面板上表面算至女儿墙顶面（如有混凝土压顶时算至压顶下表面），如图 5.15 所示。

2）内墙身高度依据屋面形式确定上界止点。

内墙下界起点是底层墙体与基础的分界线，对于二层及二层以上，楼板面为起点。

a. 有框架梁时算至梁底面，如图 5.16 所示。

b. 有钢筋混凝土楼板隔层者算至板底，如图 5.17 所示。

c. 无屋架者，算至天棚底另加 100mm，如图 5.18 所示。

d. 位于屋架下弦者，其高度算至屋架底，如图 5.19 所示。

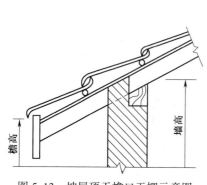

图 5.13　坡屋顶无檐口天棚示意图

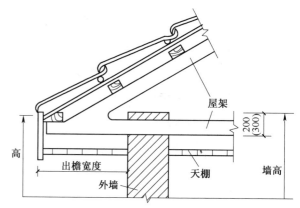

图 5.14　坡屋顶有屋架外墙墙高示意图

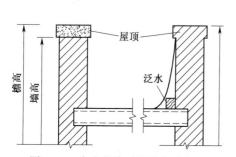

图 5.15　有女儿墙时外墙高示意图

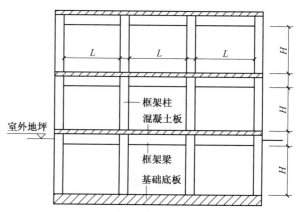

图 5.16　框架结构内墙高示意图

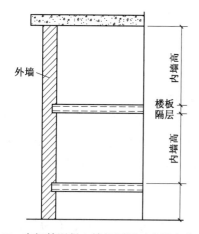

图 5.17　有钢筋混凝土楼板隔层时内墙高度示意图

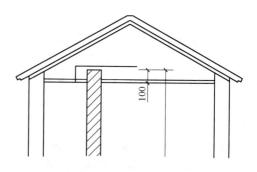

图 5.18　无屋架时内墙高度示意图

3）内外山墙、墙身高度：按其平均高度计算，如图 5.20 所示。

4）围墙高度确定：高度算至压顶下表面，围墙柱并入围墙体积内。

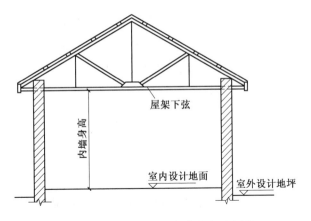

图 5.19　屋架正弦时的内墙高度示意图

图 5.20　内墙计算高度

2. 其他砌体工程量计算规则

（1）空斗墙。空斗墙工程量按设计图示尺寸以空斗墙外形体积计算。墙角、内外墙交接处、门窗洞口立边、窗台砖、屋檐处的实砌部分体积并入空斗墙内，如图 5.21 所示。

（2）空花墙。空花墙按设计图示尺寸以空花部分外形体积计算，不扣除空洞所占体积，如图 5.22 所示。

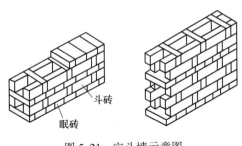

图 5.21　空斗墙示意图

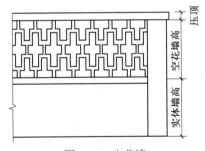

图 5.22　空花墙

（3）填充墙。填充墙按设计图示尺寸以填充墙外形体积计算。

（4）实心砖柱、多孔砖柱。实心砖柱、多孔砖柱按设计图示尺寸以体积计算，扣除混凝土及钢筋混凝土梁垫、梁头、板头所占面积。

（5）附墙烟囱、通风道、垃圾道，按设计图示尺寸以体积（扣除孔洞所占体积）计算并入所依附的墙身体积内。设计规定孔洞内需抹灰时，应按规范附录中零星抹灰项目编码列项。

（6）台阶、台阶挡墙、梯带、锅台、炉灶、蹲台、池槽、池槽腿、砖胎模、花台、花池、楼梯栏板、阳台栏板、地垄墙、≤0.3m² 的孔洞填塞等，应按零星砌砖项目编码列项。砖砌锅台与炉灶可按外形尺寸以个计算，砖砌台阶可按水平投影面积以平方米（m²）计算，小便槽、地垄墙可按长度计算、其他工程以立方米（m³）计算。

（7）砖窨井、检查井、砖水池、化粪池按设计图示数量计算。

（8）砖散水、地坪按设计图示尺寸以面积计算，如图 5.23 所示。

（9）砖地沟、明沟以米（m）计算，按设计图示以中心线长度计算，如图 5.24 所示。

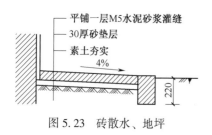

图 5.23 砖散水、地坪

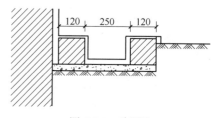

图 5.24 砖明沟

5.2.3 砌体工程工程量计算实例

例 5.1 试计算图 5.25 所示砖基础断面面积。已知：砖基础高度为 1.2m，基础墙厚度为 0.24m。

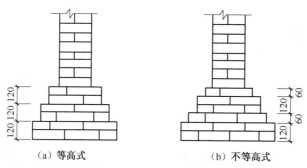

（a）等高式　　　　（b）不等高式

图 5.25 砖基础剖面示意图

解：

（1）按折加高度计算。

查表 5.2 得知，三层等高大放脚折加高度为 0.394；四层不等高大放脚折加高度为 0.525。

（2）计算砖基础断面面积。

三层等高大放脚：$S = 0.24 \times (1.2 + 0.394) \approx 0.383(\text{m}^2)$；

四层不等高大放脚：$S = 0.24 \times (1.2 + 0.525) = 0.414(\text{m}^2)$。

例 5.2 某砖柱断面尺寸为 490mm×365mm，砖柱全高为 3.25m，当基础分别采用等高和不等高四层大放脚砖基础砌筑时，其相应的砖柱体积是多少？

解：

由表 5.3 查得，砖柱断面积为 0.1789m²，四层等高大放脚折加高度为 1.083m，四层不等高大放脚折加高度为 0.747m，由此便得：等高大放脚砖柱体积为 $0.1789 \times (3.25 + 1.083) \approx 0.7752(\text{m}^3)$；不等高大放脚砖柱体积为 $0.1789 \times (3.25 + 0.747) \approx 0.715(\text{m}^3)$。

例 5.3 某构筑物基础平面图及砖基础剖面图，外墙墙厚为 360。如图 5.26 和图 5.27 所示，计算内外墙砖基础工程量。

解：

（1）计算基础长度。

由图可知，外墙墙厚为 360mm，有偏轴线应将轴线移为中心线计算。

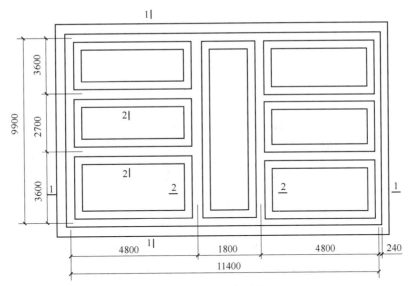

图 5.26　基础平面图

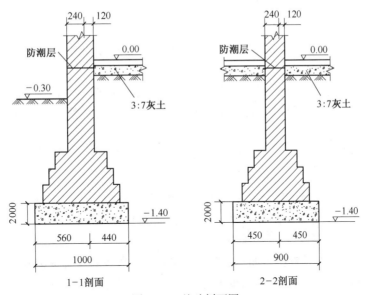

1—1剖面　　2—2剖面

图 5.27　基础剖面图

$L_{中} = (11.4 + 9.9) \times 2 + 8 \times 0.06 = 43.08(\text{m})$;

$L_{内} = (4.8 - 0.12 \times 2) \times 4 + (9.9 - 0.12 \times 2) \times 2 = 37.56(\text{m})$。

（2）计算内外墙基础断面积。

$S_{内} = 0.24 \times (1.2 + 0.394) \approx 0.383(\text{m}^2)$;

$S_{外} = 0.365 \times (1.2 + 0.259) \approx 0.533(\text{m}^2)$。

（3）计算墙基础的工程量。

外墙基础 $V_{外} = 43.08 \times 0.533 \approx 22.96(\text{m}^3)$;

内墙基础 $V_{内} = 37.56 \times 0.383 \approx 14.39(\text{m}^3)$;

墙基础 $V = V_{外} + V_{内} = 22.96 + 14.39 = 37.35(\text{m}^3)$。

5.3 砌筑工程分部分项工程计价

5.3.1 砌筑工程定额计价

1. 砌筑工程

砌筑工程包括砂石垫层和砖石基础砌筑、主体砌筑、构筑物砌筑。其中砂石垫层和砖石基础砌筑包括砂石垫层、砖石基础。主体砌筑包括混凝土类砖、轻集料混凝土类砖、烧结类砖、蒸压类砖、轻集料混凝土类空心砌筑、烧结类空心砌块、蒸压加气混凝土类砌块、轻质砌块专用连接件、柔性材料嵌缝、块石。构筑物砌筑包括砖烟囱及砖加工、砖砌烟囱内衬及烟道内衬等。

砌筑工程计价

2. 砌筑工程定额使用说明（部分）

（1）定额中砖及砌块的用量按标准和常用规格计算，实际规格与定额不同时，砖、砌块及砌筑（黏结）材料用量应作调整，其余用量不变；定额所列砌筑砂浆种类和强度等级、砌块专用砌筑黏结剂及砌块专用砌筑砂浆品种，如设计与定额不同时，应作换算。

（2）砖墙及砌块墙定额中已包括立门窗框的调直用工以及腰线、窗台线、挑沿等一般出线用工。

（3）砖墙及砌块墙不分清水、混水和艺术形式，也不分内外墙，均执行对应品种及规格砖和砌块的同一定额。

（4）除圆弧形构筑物以外，各类砖及砌块的砌筑定额均按直形砌筑编制，如为圆弧形砌筑者，按相应定额人工用量乘以系数1.10，砖（砌块）及砂浆（黏结剂）用量乘以系数1.03。

5.3.2 砌筑工程清单计价

1. 项目设置

砌筑工程清单共分5节29个项目，包括砖基础、砖砌体、砖构筑物、砌块砌体、石砌体、砖散水、地坪、地沟等，适用于建筑物、构筑物的砌筑工程。

2. 项目说明（部分）

（1）"砌筑工程"中设置项目如实心砖墙、空心砖墙等项目名称在编制项目特征、工程内容、定额指引不能够完全对应，编制清单过程中应依据《建设工程工程量清单计价规范》执行。

（2）垫层包括在砖基础项目内。

（3）台阶、台阶挡墙、梯带、锅台、炉灶等以及0.3m²以内的孔洞填塞等，应按零星砌砖项目编码列项，砖砌台阶可按水平投影面积以平方米计算。

5.3.3 砌筑工程报价案例

例5.4 如图5.28所示，某工程为M10水泥砂浆砌筑水泥实心砖墙基（规格为240mm×115mm×53mm），砖砌体内无混凝土构件，其中1-2-3轴为Ⅰ-Ⅰ截面，*A-C*轴为Ⅱ-Ⅱ截面，基底垫层为C10混凝土，附墙砖垛凸出半砖，宽一砖半。标高-0.06m处设有1∶2防水砂浆20厚防潮层。试按表5.6中给定定额编制该砖基础砌筑项目清单，并分析综合单价。假设人工单价同定额，其余未说明均同定额单价（综合费以人工费和机械费之和为计算基数，企管费 15%，利润 10%，不考虑风险费用）。

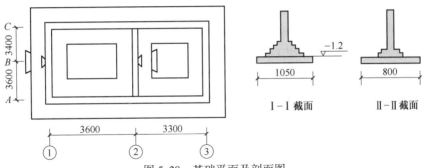

图 5.28　基础平面及剖面图

表 5.6　定额计价

金额单位：元

	编码	类别	名称	单位	含量	工程量	单价	合价	主材费单价	人工费合价	材料费合价	机械费合价
一			整个项目					3 189.98		438.6	2 708.62	42.76
1	3-13	定	砖石基础　混凝土实心砖基础	10 m³		1	2 502.73	2 502.73	0	438.6	2 041.87	22.26
2	7-40	定	刚性防水、防潮　防水砂浆防潮层　砖基础	100 m²		1	687.25	687.25	0	0	666.75	20.5

解：

（1）清单编制。该工程砖基础有两种截面规格，应分别列项。工程数量计算如下。

Ⅰ-Ⅰ截面：

砖基础高度 $h = 1.2$ m；

砖基础长度 $L = 7 \times 3 - 0.24 + 2 \times (0.365 - 0.24) \times 0.365 \div 0.24 = 21.14$（m）。

其中：$(0.365 - 0.24) \times 0.365 \div 0.24 \approx 0.19$（m）为砖垛折加长度。

砖基础工程量：

$$V = L(hd + S_{大放脚}) - V_{应扣}；$$

$$V = 21.14 \times (1.2 \times 0.24 + 0.1575) \approx 9.42（\text{m}^3）。$$

Ⅱ-Ⅱ截面：

砖基础高度 $h = 1.2$ m；

砖基础长度 $L = (3.6 + 3.3) \times 2 = 13.8$（m）；

砖基础工程量 $V = 13.8 \times (1.2 \times 0.24 + 0.04725) \approx 4.63$（m³）。

分部分项工程量清单见表 5.7。

表 5.7　分部分项工程量清单

序号	项目编码	项目名称	项 目 特 征	计量单位	工程数量
1	010401001001	砖基础	1-1 墙基 M10 水泥砂浆（240mm×115mm×53mm）水泥实心砖一砖条形基础，四层等高式大放脚；-1.2m 基底，-0.06m 标高处 1∶2 防水砂浆 20 厚防潮层	m³	9.42
2	010401001002	砖基础	2-2 墙基 M10 水泥砂浆（240mm×115mm×53mm）水泥实心砖一砖条形基础，二层等高式大放脚；-1.2m 基底，-0.06m 标高处 1∶2 防水砂浆 20 厚防潮层	m³	4.63

（2）清单计价。

1）计价工程量计算。

Ⅰ—Ⅰ：防潮层长度 $L=21.14m$；防潮层面积 $S=21.14×0.24≈5.07$（m^2）；

Ⅱ—Ⅱ：防潮层长度 $L=13.8m$；防潮层面积 $S=13.8×0.24≈3.31$（m^2）。

2）综合单价计算。Ⅰ—Ⅰ断面砖基础综合单价见表5.8。

表5.8 分部分项工程量清单项目综合单价计算表（1）

工程名称：××××   计量单位：m^3

项目编码：010401001001   工程数量：9.42m^3

项目名称：砖基础   综合单价：265.52 元

序号	定额编码	定额名称	计量单位	工程数量	人工费/元	材料费/元	机械使用费/元	管理费利润/元	小计/元
1	3-13	砌砖基础	m^3	9.42	413.16	1923.44	20.97	108.53	2466.1
2	7-40	防潮层	m^2	5.07	0	33.8	1.04	0.26	35.1
合 计									2501.2

Ⅱ—Ⅱ断面砖基础综合单价见表5.9。

表5.9 分部分项工程量清单项目综合单价计算表（2）

工程名称：××××   计量单位：m^3

项目编码：010401001002   工程数量：4.63m^3

项目名称：砖基础   综合单价：266.77 元

序号	定额编码	定额名称	计量单位	工程数量	人工费/元	材料费/元	机械使用费/元	管理费利润/元	小计/元
1	3-13	砌砖基础	m^3	4.63	203.7	945.39	10.31	53.50	1212.26
2	7-40	防潮层	m^2	3.31	0	22.07	0.68	0.17	22.89
合 计									1235.15

5.4 单 元 任 务

5.4.1 基本资料

某砖混结构基础平面图、基础剖面图如图5.29所示，二层住宅的首层平面图、二层平面图如图5.30所示。内墙砖基础为二步等高大放脚；外墙构造柱从钢筋混凝土基础上生根；外墙砖基础中构造柱的体积为1.2m^3；外墙高6m，内墙每层高3m，内外墙厚均为240mm；外墙上均有女儿墙，高600mm，厚240mm；外墙上的过梁、圈梁、构造柱体积为2.5m^3，内墙上的过梁体积1.2m^3，圈梁体积为1.5m^3；门窗框外围尺寸：C1为1500mm×1200mm，M1为900mm×2000mm，M2为1000mm×2100mm。±0.000m以下用M5水泥砂浆、混凝土实心砖砌筑，以上用M7.5混合砂浆、标准砖砌筑，砖墙面做混合砂浆抹灰。假设人工单价同定额，其余未说明均同定额单价（综合费以人工费和机械费之和为计算基数，企管费为15%，利润为10%，不考虑风险费用）。

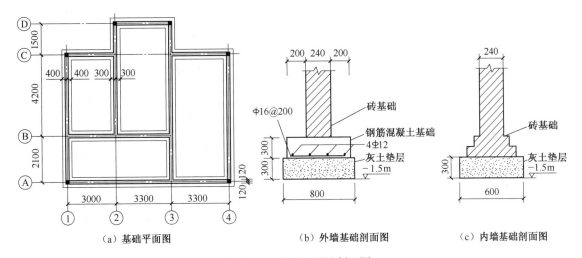

（a）基础平面图　　　（b）外墙基础剖面图　　　（c）内墙基础剖面图

图 5.29　基础平面图及剖面图

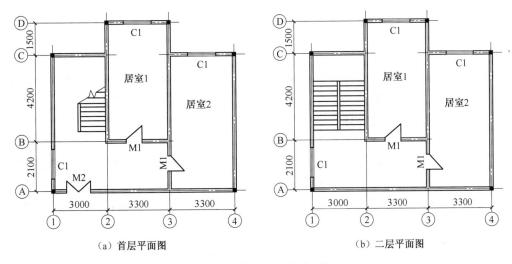

（a）首层平面图　　　　　　　（b）二层平面图

图 5.30　首层及二层平面图

5.4.2　任务要求

编写砌筑工程分部分项工程工程量清单，并根据表 5.10 给定定额及相关条件计算招标控制价的分部分项工程费。

表 5.10　定额表

金额单位：元

	编码	类别	名称	单位	含量	工程量	单价	合价	主材费单价	人工费合价	材料费合价	机械费合价
一			整个项目					3 189.98		438.6	2 708.62	42.76
1	3-13	定	砖石基础　混凝土实心砖基础	10 m³		1	2 502.73	2 502.73	0	438.6	2 041.87	22.26
2	7-40	定	刚性防水、防潮　防水砂浆防潮层　砖基础上	100 m²		1	687.25	687.25	0		666.75	20.50

编码	类别	名称	单位	含量	工程量	单价	合价	主材费单价	人工费合价	材料费合价	机械费合价
		整个项目					5 406.98		1 001.9	4 359.98	45.10
3-13 HB001031 8 001011	换	砖基础　混凝土实心砖基础　换为【水泥砂浆 M5.0】	10 m³		1	2 479.96	2 479.96	0	438.6	2 019.10	22.26
3-45	定	烧结普通砖　墙厚 1砖墙	10 m³		1	2 927.02	2 927.02	0	563.3	2 340.88	22.84

5.4.3 任务实施

1. 编制分部分项工程工程量清单

（1）列出清单项目，按照砌筑工程工程量清单，本案应列两个清单项目：砖基础和实心砖墙。

（2）工程量计算。

1）砖基础工程量。

外墙砖基础中心线长 $L_{中基} = (3 + 3.3 + 3.3 + 2.1 + 4.2 + 1.5) \times 2 = 34.80(m)$；

内墙砖基础净长线 $L_{净基} = 4.2 - 0.12 \times 2 + (3.3 + 3) - 0.12 \times 2 + (4.2 + 2.1) - 0.12 \times 2 = 16.08(m)$；

外墙砖基础工程量 $V_1 = 0.24 \times (1.5 - 0.3 - 0.3) \times L_{中基} - $ 外墙基础内埋件体积 $= 7.52 - 1.2 = 6.32(m^3)$；

内墙砖基础工程量 $V_2 = 0.24 \times (1.5 - 0.3 + 0.197) \times L_{净基} - $ 内墙基础内埋件体积 $= 5.39(m^3)$；

基础砌筑工程量 $= 6.32 + 5.39 = 11.71(m^3)$。

2）墙体工程量。

外墙中心线长 $L_{中墙} = (3 + 3.3 + 3.3 + 2.1 + 4.2 + 1.5) \times 2 = 34.80(m)$；

内墙净长线 $L_{净墙} = 4.2 + (4.2 + 2.1 - 0.12 \times 2) + (3.3 + 3 - 0.12 \times 2) = 16.32(m)$；

墙内门窗面积 $= 1.5 \times 1.2 \times 3 \times 2 + 1 \times 2.1 + 0.9 \times 2 \times 2 \times 2 = 20.10(m^2)$；

墙内过梁、圈梁、构造柱体积 $= 2.5 + 1.5 + 1.2 = 5.20(m^3)$；

女儿墙体积 $= L_{中墙} \times 0.6 \times 0.24 = 5.01(m^3)$；

墙体砌筑量 $= [(L_{净墙} + L_{中墙}) \times 6 - $ 门窗面积 $] \times 0.24 - $ 墙内埋件体积 $+ $ 女儿墙体积 $= [(16.32 + 34.80) \times 6 - 20.10] \times 0.24 - 5.20 + 5.01 = 68.599(m^3)$。

这两个清单项目工程量计算规则与定额项目的工程量计算规则相同，所以清单工程量与定额工程量是相同的。分部分项工程量清单见表 5.11。

表 5.11　分部分项工程量清单

序号	项目编码	项目名称	项 目 特 征	计量单位	工程数量
1	010401001001	砖基础	（1）砖品种规格：混凝土实心砖； （2）基础类型：大放脚带形基础； （3）基础深度：1.2m； （4）砂浆强度等级：M5.0 水泥砂浆； （5）防潮层：1∶2 防水砂浆，厚度 20mm	m³	11.71
2	010402003001	实心砖墙	（1）砖品种规格：标准砖； （2）墙体类型：1 砖混水墙； （3）墙体高度：3m； （4）砂浆强度等级：M7.5 混合砂浆	m³	68.599

2. 计算综合单价

（1）根据清单项目特征，砖基础对应的定额项目是砖基础和防水砂浆防潮层。实心砖对应的定额项目是混合砂浆 1 砖混水墙。

（2）计算砌筑工程计价工程量。混凝土实心砖基础与标准砖墙工程量见例 5.3。

$$S_{防潮层} = L_{中基} + L_{净基} = (34.80 + 16.08) \times 0.24 \approx 12.21 (m^2)。$$

计价工程量见表 5.12。

表 5.12　计价工程量

序号	定额编号	分 项 名 称	计量单位	工程数量
1	3-13（H）	M5.0 水泥砂浆混凝土实心砖基础	m^3	11.71
2	7-40	防水砂浆防潮层	m^2	12.13
3	3-45	M7.5 混合砂浆标准砖一砖墙	m^3	68.599

注：防潮层定额见例 5.1。

（3）计算综合单价。分部分项工程量清单综合单价计算见表 5.13 和表 5.14。

表 5.13　分部分项工程量清单综合单价计算（1）

工程名称：×××　　　　　　　　　　　　　　　　　　　　　　　　　第×页　共×页

项目编码	010401001001			项目名称			砖基础	计量单位		m^3

清单综合单价组成明细

定额编号	定额名称	定额单位	数量	单价/元				合价/元			
				人工费	材料费	机械费	管理费和利润	人工费	材料费	机械费	管理费和利润
3-13(H)	砖基础	$10m^3$	1.171	436.8	2041.87	22.26	114.77	513.6	2364.37	26.07	134.4
7-40	防潮层	$100m^2$	0.12	0	666.75	20.5	5.13	0	80.88	2.49	0.62
小　　　计								513.6	2445.25	28.56	135.02
合　　　计								3122.43			
清单项目综合单价								3122.43÷11.71≈266.65（元/m^3）			

表 5.14　分部分项工程量清单综合单价计算（2）

工程名称：×××　　　　　　　　　　　　　　　　　　　　　　　　　第×页　共×页

项目编码	010402003001			项目名称			实心砖墙	计量单位		m^3

清单综合单价组成明细

定额编号	定额名称	定额单位	数量	单价/元				合价/元			
				人工费	材料费	机械费	管理费和利润	人工费	材料费	机械费	管理费和利润
3-45	实心砖墙	m^3	68.599	563.3	2340.88	22.84	146.53	3864.18	16058.2	156.68	1005.22
合　　　计								21084.28			
清单项目综合单价								21084.28÷68.599≈307.36（元/m^3）			

3. 编制分部分项工程量清单与计价表

分部分项工程量清单计价见表 5.15。

表 5.15　分部分项工程量清单计价

工程名称：×××

序号	项目编码	项目名称	项 目 特 征	计量单位	工程数量	金额/元 综合单价	金额/元 合价
1	0104010 01001	砖基础	（1）砖品种规格：混凝土实心； （2）基础类型：大放脚带形基础； （3）基础深度：1.2m； （4）砂浆强度等级：M5.0 水泥砂浆； （5）防潮层：1∶2 防水砂浆，厚度 20mm	m³	11.71	266.6	3121.89
2	0104020 03001	实心砖墙	（1）砖品种规格：标准砖； （2）墙体类型：1 砖混水墙； （3）墙体高度：3m； （4）砂浆强度等级：M7.5 混合砂浆	m³	68.599	307.36	21084.59
合计							24206.48

 单元练习

1. 根据《房屋建筑与装饰工程工程量计算规范》（GB 50854—2013）附录，关于实心砖墙高度计算的说法，正确的是（　　）。

A. 有屋架且室内外均有天棚者，外墙高度算至屋架下弦底另加 100mm

B. 有屋架且无天棚者，外墙高度算至屋架下弦底另加 200mm

C. 无屋架者，内墙高度算至天棚底另加 300mm

D. 女儿墙高度从屋面板上表面算至混凝土压顶下表面

单元5自测

2. 根据《房屋建筑与装饰工程工程量计算规范》（GB 50854—2013），计算砖围墙砖基础工程量时，其基础与砖墙的界限划分应为（　　）。

A. 以室外地坪为界

B. 以不同材料界面为界

C. 以围墙内地坪为界

D. 以室内地坪以上 300mm 为界

提高练习

3. 根据《房屋建筑与装饰工程工程量计算规范》（GB 50854—2013），实心砖外墙高度的计算，正确的是（　　）。

A. 坡屋面无檐口天棚的算至屋面板底

B. 坡屋面有屋架且有天棚的算至屋架下弦底

    C. 坡屋面有屋架无天棚的算至屋架下弦底另加 200mm

    D. 平屋面算至钢筋混凝土板顶

4. 根据《房屋建筑与装饰工程工程量计算规范》（GB 50854—2013），实心砖外墙高度的计算，正确的是（　　）。

    A. 平屋面算至钢筋混凝土板顶

    B. 无天棚者算至屋架下弦底另加 200mm

    C. 内外山墙按其平均高度计算

    D. 有屋架且室内外均有天棚者算至屋架下弦底另加 300mm

5. 根据《房屋建筑与装饰工程工程量计算规范》（GB 50854—2013），零星砌砖项目中的台阶工程量的计算，正确的是（　　）。

    A. 按实砌体积并入基础工程量中计算

    B. 按砌筑纵向长度以米计算

    C. 按水平投影面积以平方米计算

    D. 按设计尺寸体积以立方米计算

6. 计算砖墙工程量时，（　　）的体积应该并入墙体体积内计算。

    A. 窗台虎头砖　　　　　　　　　　B. 门窗套

    C. 三皮砖以上的腰线、挑檐　　　　D. 凸出墙面的墙垛

7. 根据《建设工程工程量清单计价规范》，下列关于砖基础工程量计算中基础与墙身的划分，正确的是（　　）。

    A. 以设计室内地坪为界（包括有地下室建筑）

    B. 基础与墙身使用材料不同时，以材料界面为界

    C. 基础与墙身使用材料不同时，以材料界面另加 300mm 为界

    D. 围墙基础应以设计室外地坪为界

8. 基础与墙体使用不同材料时，工程量计算规则规定，以不同材料为界分别计算基础和墙体工程量，范围是（　　）。

    A. 室内地坪±300mm 以内　　　　　B. 室内地坪+300mm 以外

    C. 室外地坪±300mm 以内　　　　　D. 室外地坪±300mm 以外

9. 根据《建设工程工程量清单计价规范》，零星砌砖项目中的台阶工程量的计算，正确的是（　　）。

    A. 按实砌体积并入基础工程量中计算　　B. 按砌筑纵向长度以米计算

    C. 按水平投影面积以平方米计算　　　　D. 按设计尺寸体积以立方米计算

10. 根据《建设工程工程量清单计价规范》，以下关于砖砌体工程量的计算，正确的说法是（　　）。

    A. 砖砌台阶按设计图示尺寸以体积计算

    B. 砖散水按设计图示尺寸以体积计算

    C. 砖地沟按设计图示尺寸以中心线长度计算

    D. 砖明沟按设计图示尺寸以水平面积计算

11. 根据《房屋建筑与装饰工程工程量计算规范》，砖基础砌筑工程量按设计图示尺寸以体积计算，但应扣除（　　）。

A. 地梁所占体积   B. 构造柱所占体积

C. 嵌入基础内的管道所占体积   D. 砂浆防潮层所占体积

E. 圈梁所占体积

12. 根据《房屋建筑与装饰工程工程量计算规范》（GB 50854—2013），砖基础工程量计算正确的有（   ）。

A. 按设计图示尺寸以体积计算

B. 扣除大放脚 T 形接头处的重叠部分

C. 内墙基础长度按净长线计算

D. 材料相同时，基础与墙身划分通常以设计室内地坪为界

E. 基础工程量不扣除构造柱所占面积

13. 砌块墙体按长度乘以厚度再乘以高度，以 m³ 计算，应扣除（   ）等所占体积。

A. 混凝土柱、过梁、圈梁   B. 外墙板头、梁头

C. 过人洞、空圈   D. 门窗洞口

E. 面积在 0.3m² 以内的孔洞的体积

14. 下列关于石砌体的说法，不正确的是（   ）。

A. 基础垫层包括在基础项目内计算工程量

B. 石墙长度，外墙按外边线、内墙按净长线计算

C. 外墙高度，平屋面算至钢筋混凝土板底

D. 内外山墙按平均高度计算

E. 围墙柱独立列项

单元 6

桩基础工程

> ➤ 单元知识
(1) 了解桩基础工程的基础知识。
(2) 理解桩基础工程量计算规则。
(3) 理解桩基础工程定额。
(4) 理解桩基础工程清单项目。

> ➤ 单元能力
(1) 应用桩基础工程量计算规则正确计算桩基础工程量。
(2) 能编制桩基础工程工程量清单。
(3) 使用桩基础工程定额计算工程直接费。
(4) 应用桩基础工程清单指引，计算综合单价。
(5) 编制桩基础工程分部分项工程量清单计价表。

6.1 桩基础工程基础知识

6.1.1 桩与桩基础

桩基础工程

桩是置于岩土中的柱形构件。桩基础是用承台或梁将沉入土中的若干个单桩的顶部联系起来，以承受上部结构的一种常用的基础形式。桩的作用是将上部建筑物的荷载传递到深处承载力较大的土层上，或将软弱土层挤密以提高地基土的承载力及密实度。在设计时，遇到地基软弱土层较厚、上部荷载较大，用天然地基无法满足建筑物对地基变形和强度方面的要求时，常用桩基础。一般房屋基础中，桩基础的主要作用是将承受的上部竖向荷载，通过较弱地层传至深部较坚硬的、压缩性小的土层或岩层。图 6.1 所示为桩基础示意图。

6.1.2 桩的类型

桩按施工工艺分为预制混凝土桩、灌注混凝土桩和人工挖孔桩。预制混凝土桩是指在工厂或大型施工现场专用工作面上预制成的桩，利用沉桩设备将桩沉入土中。灌注混凝土桩是指在施工现场的桩位上，用各种成孔机械成孔，再向孔内吊放钢筋笼，最后浇筑混凝土成桩。

1. 预制混凝土桩

预制混凝土桩根据断面形状可分为实心方桩、空心方桩和预应力空心管桩，如图 6.2 所示。按沉桩方式可分为打桩和静压桩。预制混凝土桩的施工包括制桩（或购成品桩）、运桩、沉桩三个过程。沉桩主要有锤击沉桩、静力压沉桩等。锤击沉桩依靠桩锤的冲击能量将桩打入土中，锤击沉桩一般适用于中密砂类土、黏性土；静力压沉桩是指在软土地基中，用静力（或液压）压桩机无振动地将桩压入土中。

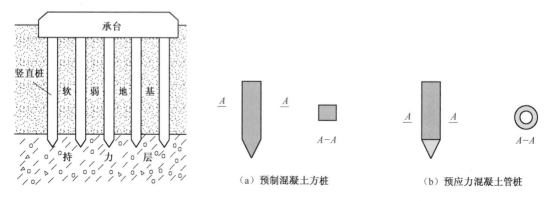

图 6.1　桩基础示意图　　　　　图 6.2　预制混凝土桩的断面形式

当单节桩不能满足设计要求时应接桩，接桩通常是由 2~3 段连接成一根完整工程桩，接头方式常用的是电焊法和硫黄胶泥锚接法两种。电焊接头就是用角钢或钢板将上、下两节桩头的预埋钢帽对齐固定后用电焊焊牢。电焊接头主要有包角钢和包钢板两种形式，如图 6.3 所示。硫黄胶泥接头又叫锚接法接头，如图 6.4 所示，其特点是节约钢材，操作简便，节省时间，提高工效。

当桩顶标高要求在自然地坪以下时应送桩，因为桩架操作平台一般高于自然地面（设计室外地面）0.5m 左右，所以沉桩时桩顶的极限位置是平台高度，为了将预制桩沉入平台以下直至埋入自然地面以下一定深度的标高，必须用一节短桩压在桩顶上将其送入所需深度后，再将短桩拔出来。这一过程称为送桩。

2. 灌注混凝土桩

灌注混凝土桩生产工艺是成孔→吊安钢筋笼→浇灌混凝土。按成孔工艺可以分成打孔（沉管）灌注混凝土桩、钻（冲）孔灌注混凝土桩等。

（1）打孔（沉管）灌注混凝土桩。打孔（沉管）灌注混凝土桩是利用锤击式打桩机或振动式打桩机，将带有活瓣式桩靴的钢管（或先埋置预制钢筋混凝土桩尖，在桩尖顶端套上钢管）打入土中，然后在钢管内灌入混凝土或砂、碎石等材料，边灌混凝土，边振动、拔管而成。

（2）钻（冲）孔灌注混凝土桩。钻（冲）孔灌注混凝土桩是用螺旋钻孔机等机械先在桩位上钻成桩孔，桩孔成形方法有干作业成孔和泥浆护壁成孔两种，成孔后在桩孔内放入钢筋骨架，再灌注混凝土。

3. 人工挖孔桩

人工挖孔桩就是采用人工在桩位挖孔，排出孔中的土方，一般采用分段挖土法施工。为了防止桩周围土方塌方，每段挖土深度不能太深，当第一段桩孔挖土完成后，就可以进行支模及浇筑护壁混凝土，再进行第二段挖土，如此周而复始地分段进行，一直挖到设计标高后，即放入钢筋骨架并浇灌桩身混凝土，使桩身成形，如图 6.5 所示。

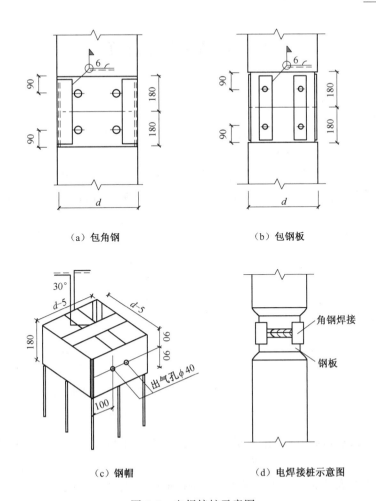

（a）包角钢　　　　　　　　　　（b）包钢板

（c）钢帽　　　　　　（d）电焊接桩示意图

图 6.3　电焊接桩示意图

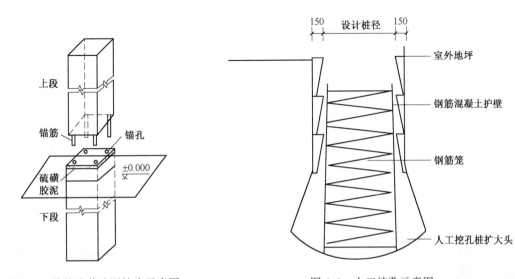

图 6.4　接桩硫黄胶泥接头示意图　　　　图 6.5　人工挖孔示意图

6.2 桩基工程量计算

6.2.1 预制钢筋混凝土桩

预制钢筋混凝土桩工程量计算规则分为计价工程量计算规则和清单工程量计算规则。

1. 预制钢筋混凝土桩计价工程量

桩基础
工程量计算

（1）打桩。打预制钢筋混凝土桩（含管桩），按设计桩长（包括桩尖，不扣除桩尖虚体积），如图 6.6 所示，乘以桩截面面积以立方米（m^3）计算。管桩的空心体积应扣除。工程量计算公式如下。

打（压）方桩工程量 $\qquad V = A \times B \times L \times n$

打管桩工程量 $\qquad V = [\pi \times R^2 \times L - \pi \times r^2 \times (L-h)] \times n$

式中 $\quad n$——打桩根数。

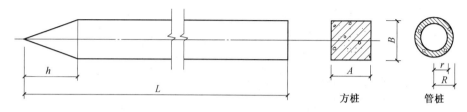

图 6.6 预制钢筋混凝土桩示意图

（2）送桩。按桩截面面积乘以送桩长度（打桩架底至桩顶高度或自桩顶面至自然地平面另加 0.5m）以立方米（m^3）计算。

送钢筋混凝土方桩工程量 $V = $ 桩截面面积×（送桩长度+0.5m）

送桩长度 h 为设计桩顶标高至自然地坪，如图 6.7 所示。

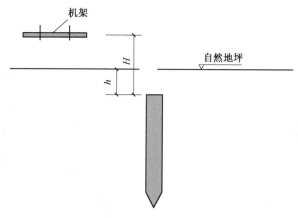

图 6.7 送桩示意图

（3）接桩。电焊接桩按设计接头以个为单位计算；或按包角钢或包钢板质量以吨（t）为单位计算。

硫黄胶泥按桩断面以平方米（m^2）计算。

2. 预制钢筋混凝土桩清单工程量

桩基工程中对预制钢筋混凝土桩工程量为打桩工程量。预制钢筋混凝土方桩项目编码为010301001，预制钢筋混凝土管桩项目编码为010301002。其项目特征如下：地层情况、送桩深度及桩长、桩外径及壁后、桩倾斜度、沉桩方法、桩尖类型、混凝土强度等级、填充材料种类、防护材料种类。

预制钢筋混凝土桩清单工程量计算有三种方法，具体采用哪一种按实际需要取用。第一种以米（m）为单位计量，按设计图示尺寸以桩长（包括桩尖）计算；第二种以立方米（m³）为单位计量，按设计图示尺寸截面面积乘以桩长（包括桩尖）以实体体积计算；第三种以根为单位计量，按设计图示数量计算。

6.2.2　混凝土灌注桩

确定混凝土灌注桩的工程量前需要确定土质级别、施工方法、工艺流程、采用机型、桩、土壤泥浆运距等。

1. 打孔灌注桩计价工程量计算规则

（1）混凝土桩、砂桩、碎石桩的体积按设计桩长（包括桩尖，不扣除桩尖虚体积）加上设计超灌长度乘以钢管管箍外径截面面积计算。

（2）扩大（复打）桩的体积按单桩体积乘以次数计算。

（3）打孔时，先埋入预制混凝土桩尖，再灌注混凝土者，桩尖要按钢筋混凝土章节规定计算体积，灌注桩按设计长度（自桩尖顶面至桩设计顶面高度）乘以钢管管箍外径截面面积计算。

2. 钻孔灌注桩计价工程量计算规则

钻孔灌注桩计价工程量包括成孔工程量、成桩工程量、桩孔回填工程量以及泥浆池建拆与泥浆运输工程量。

（1）成孔工程量。

1）钻孔桩。钻孔桩的成孔工程量按成孔长度乘以设计桩径截面面积。成孔长度为自然地坪至设计桩底的长度。钻孔进入岩石层增加的工程量按实际进入岩石层数量以立方米（m³）为单位计算。

$$V = 桩径截面面积 \times 成孔长度$$

$$V_{入岩增加} = 桩径截面面积 \times 入岩长度$$

式中　成孔长度——自然地坪至设计桩底标高；

入岩长度——实际进入岩石层的长度。

2）冲孔钻。冲孔工程量要分别按照进入不同种类土层、岩石层分别计算。工程量为成孔长度乘以设计桩径截面面积，以立方米（m³）为单位计算。

$$V_{砂黏土层} = 桩径截面面积 \times 砂黏土层长度$$

$$V_{碎卵石层} = 桩径截面面积 \times 碎卵石层长度$$

$$V_{岩石层} = 桩径截面面积 \times 岩石层长度$$

式中，砂黏土层长度+碎卵石层长度+岩石层长度=成孔长度。

（2）成桩工程量。灌注水下混凝土工程量按桩长乘以设计桩径截面面积计算。

$$桩长=设计桩长+设计加灌长度$$

设计未规定加灌长度时，加灌长度为 0.25，计量单位为 m^3。

$$V = 桩径截面面积 \times 有效桩长$$
$$有效桩长 = 设计桩长 + 加灌长度$$

式中　设计桩长——桩顶标高至桩底标高；

加灌长度——按设计要求，如无设计规定，按 0.25 计算。

（3）桩孔回填工程量。桩孔回填工程量按加灌长度顶面至自然地坪的长度乘以桩孔截面面积，以立方米（m^3）为单位计算。

$$V = 桩径截面面积 \times 回填深度$$
$$回填深度 = 自然地坪至加灌长度顶面$$

（4）泥浆池建拆与泥浆运输工程量。泥浆池建造和拆除、泥浆运输工程量，按成孔工程量计算，计量单位为 m^3。

3. 混凝土灌注桩清单工程量

混凝土灌注桩包括泥浆护壁成孔灌注桩、沉管灌注桩、干作业成孔灌注桩和人工挖孔灌注桩。

（1）泥浆护壁成孔灌注桩的项目特征包括地层情况、空桩长度及桩长、桩径、成孔方法、护筒类型及长度、混凝土种类及强度等级。

（2）沉管灌注桩的项目特征包括地层情况、空桩长度及桩长、复打长度、桩径、沉管方法、桩尖类型、混凝土种类及强度等级。

（3）干作业成孔灌注桩是指不用泥浆护壁和套管护壁的情况下，用钻机成孔后，下钢筋笼，灌注混凝土的桩，适用于地下水位以上的土层使用。其项目特征有地层情况、空桩长度及桩长、桩径、扩孔直径及高度、成孔方法、混凝土种类及强度等级。

以上三种灌注桩的工程量计算规则：第一种以米（m）为单位计量，按设计图示尺寸以桩长（包括桩尖）计算；第二种以立方米（m^3）为单位计量，按设计图示尺寸截面面积乘以桩长（包括桩尖）以实体体积计算；第三种以根为单位计量，按设计图示数量计算。

（4）人工挖孔灌注桩的项目特征包括桩芯长度、桩芯直径及扩底直径和扩底高度、护壁厚度和高度、护壁混凝土种类和强度等级、桩芯采用的混凝土种类和强度等级。

其工程量计算规则：第一，以立方米（m^3）为单位计量，按桩芯混凝土体积计算；第二，以根为单位计量，按设计图示数量计算。

6.2.3　桩基工程量实例

例 6.1　某工程用截面 400mm×400mm、长 18m 预制钢筋混凝土方桩 280 根，设计桩长 24m（包括桩尖），采用轨道式柴油打桩机，土壤级别为一类土，采用包钢板焊接接桩，已知桩顶标高为-4.1m，室外设计地面标高为-0.30m，试计算桩基础的工程量。

解：

（1）一类土 18m 桩长轨道式柴油打桩机打预制方桩。

$L = 24 \times 280 = 6720(m)$；

定额工程量：$V = 6720 \times 0.4 \times 0.4 = 1075.2$（$m^3$）；

清单工程量：280 根。

（2）柴油打桩机送桩。

$L_{送}$ =（4.1-0.3+0.5）×280=1204（m）；

$V_{送}$ =1204×0.4×0.4=192.64（m³）。

（3）预制桩包钢板焊接接桩。

N =280 个（定额与清单相同）。

例 6.2 如图 6.8 所示，履带式柴油打桩机打预制钢筋混凝土管桩 20 根，二类土。试计算打预制钢筋混凝土管桩的工程量。

图 6.8 预制钢筋混凝土管桩

解：

柴油打桩机打预制钢筋混凝土管桩工程量按设计桩长（包括桩尖，不扣除桩尖虚体积）乘以桩截面面积，以立方米（m³）计。

打预制钢筋混凝土管桩工程量 V =（3.14×0.25²×21.0-3.14×0.15²×20.2）×20 ≈53.88（m³）；

清单工程量=20 根。

例 6.3 某工程有直径 1500mm 钻孔灌注桩（C30 商品混凝土水下混凝土）40 根，已知自然地坪标高-0.50m，桩顶标高-4.50m，桩底标高-30m，进入岩石层平均标高-25m，试计算：

（1）成孔工程量；

（2）成桩工程量；

（3）孔径回填土工程量；

（4）泥浆池建拆与泥浆运输工程量。

解：

（1）成孔工程量 $V_{成孔}$ =桩径截面面积×成孔长度×根数=1/4×π×1.5²×（30-0.5）×40≈2084.18（m³）；

$V_{入岩增加}$ =桩径截面面积×入岩长度×根数=1/4×π×1.5²×（30-25）×40=353.25（m³）。

（2）成桩工程量 V =桩径截面面积×有效桩长×根数=1/4×π×1.5²×（30-4.5+0.25）×40≈1819.24（m³）。

（3）孔径回填土工程量 V =桩径截面面积×回填深度×根数=1/4×π×1.5²×（4.5-0.5-0.25）×40≈264.94（m³）。

（4）泥浆池建拆与泥浆运输工程量 V = $V_{成孔}$ =桩径截面面积×成孔长度×根数=2 084.18（m³）；

清单工程量：40 根。

6.3　桩基础工程分部分项工程计价

6.3.1　桩基础工程定额说明

桩基础
工程报价

1. 混凝土预制桩

（1）打、压预制钢筋混凝土 T 方桩（空心方桩），定额按购入构件考虑，已包含了场内必需的就位供桩，发生时不再另行计算。如采用现场制桩，场内供运桩不论采用何种运输工具，均按混凝土及钢筋混凝土工程中规定的混凝土构件汽车运输定额执行，运距在 500m 以内，定额乘以系数 0.5。

（2）打、压预制钢筋混凝土方桩定额已综合了接桩所需的打桩机台班，但未包括接桩本身费用，发生时套用相应定额。打、压预应力钢筋混凝土管桩定额已包括接桩费用，不另行计算。

（3）打、压预制钢筋混凝土方桩（空心方桩），单节长度超过 20m 时，按相应定额乘以系数 1.2。

（4）打、压预应力管桩，定额按购入成品构件考虑，已包含了场内必需的就位供桩，发生时不再另行计算。桩头灌芯部分按人工挖孔桩灌桩芯定额执行；设计要求设置的钢骨架、钢托板分别按混凝土及钢筋混凝土工程中的桩钢筋笼和预埋铁件相应定额执行。

2. 灌注桩

（1）转盘式钻孔桩机成孔、旋挖桩机成孔定额按桩径划分子目，定额已综合考虑了穿越砂（黏）土层碎（卵）石层的因素，如设计要求进入岩石层时，套用相应定额计算入岩增加费。

（2）冲孔打桩机冲抓（击）锤冲孔定额分别按桩长及进入各类土层、岩石层划分套用相应定额。

（3）泥浆池建造和拆除按成孔体积套用相应定额，泥浆场外运输按成孔体积和实际运距套用泥浆运输定额。挖桩的土方场外运输按成孔体积和实际运距分别套用相应土方装车、运输定额。

（4）桩孔空钻部分回填应根据施工组织设计要求套用相应定额，填土者按土方工程松填土方定额计算，填碎石者按砌筑工程碎石垫层定额乘以系数 0.7 计算。

（5）灌注桩定额均已包括混凝土灌注充盈量，实际不同时不予调整。

6.3.2　桩基础工程清单项目

桩基础工程按清单规范附录 C 列项，共 2 节 11 个项目。

1. 预制钢筋混凝土桩

预制钢筋混凝土桩包括预制钢筋混凝土方桩（项目编码：010301001）和预制钢筋混凝土管桩（项目编码：010301002）。

（1）预制钢筋混凝土方桩项目工作内容包括工作平台搭拆、桩机竖拆位移、沉桩、接桩和送桩。

预制钢筋混凝土方桩应描述：地层情况、送桩深度、桩长、桩截面、沉桩方法、接桩方式、混凝土强度等级；管桩填充材料种类；桩倾斜度；混凝土强度等级；防护材料种类。

（2）预制钢筋混凝土管桩除方桩需要描述的外，还需要桩外径、壁厚、桩尖类型、填充材料种类和防护材料种类。

2. 灌注桩

灌注桩包括泥浆护壁成孔灌注桩（编号：010302001）、沉管灌注桩（编号：010302002）、干作业混凝土灌注桩（编号：010302003）、挖孔桩（土石方）（编号：010302004）、人工挖孔灌注桩（编号：010302005）、钻孔压浆桩（编号：010302006）、灌注桩后压浆（编号：010302007）。

混凝土灌注桩的项目根据不同的种类，其描述要求不同，具体参见清单计价规范。

6.3.3　案例分析

例 6.4　已知方桩共 20 根，具体尺寸如图 6.9 所示，方桩运到现场市场价为 430 元/m³，分两节沉桩，采用电焊接桩，每个接头角钢质量为 2kg，桩顶标高为 -2m，自然地坪标高为 -0.3m，用步履式柴油打桩机打桩。试根据表 6.1 中给定定额，求人工、材料及机械使用费。

表 6.1　定额计价表（1）

金额单位：元

编码	类别	名称	单位	含量	工程量	单价	合价	主材费单价	人工费合价	材料费合价	机械费合价
		整个项目					9 504.27		1 901.14	4 517.88	3 085.25
1	2-2 R×1.25，J×1.25	换	预制桩 打预制钢筋混凝土方桩 打方桩 桩长25m以内 预制钢筋混凝土方桩、空心方桩打桩量小于200 m³ 机械×1.25，人工×1.25	10 m³		1	1 530.28	1 530.28	4 300	372.49	55.3	1 102.49
2	2-6 R×1.25，J×1.25	换	预制桩 打预制钢筋混凝土方桩 送方桩 桩长25m以内 预制钢筋混凝土方桩、空心方桩打桩量小于200 m³ 机械×1.25，人工×1.25	10 m³		1	1 339.23	1 339.23	0	402.05	11.4	925.78
3	2-17	定	预制桩 预制方桩接桩 电焊接桩 包角钢	t			6 634.76	6 634.76	0	1 126.6	4 451.18	1 056.98

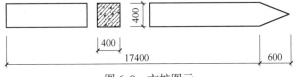

图 6.9　方桩图示

解：（1）沉桩工程量计算。

$V_{沉桩工程量} = 0.4 \times 0.4 \times (17.4 + 0.6) \times 20 = 57.6$（m³）；

$V_{接桩工程量} = 2 \times 20 \div 1000 = 0.04$（t）；

$V_{送桩工程量} = 0.4 \times 0.4 \times (2 - 0.3 + 0.5) \times 20 = 7.04$（m³）。

（2）套定额计算直接工程费。桩工程人工、材料及机械使用费计算表见表 6.2。

表 6.2　桩工程直接费计算表

序号	定额编号	分部分项工程名称	计量单位	工程数量	基价/元	合价/元
1	2-2H	打方桩 桩长25m以内	m³	57.6	153.02+430	33581.95
2	2-6H	送方桩 桩长25m以内	m³	7.04	133.92	942.82
3	2-17	接桩 包角钢	m³	0.04	6634.76	265.39
		合　　计				34790.16

注：计算中不要忘记主材费，因为在材料费合价中，没有包括方桩的费用。

例6.5 已知灌注桩桩径为300mm，长为20m，共50根，桩顶标高为−2m，自然地坪为−0.5m，采用振动式沉拔桩机套管成孔，灌注C20商品混凝土，安放钢筋笼。试根据表6.3中给定定额，计算灌注桩成孔工程人工、材料及机械使用费（钢筋笼及桩尖费用暂不考虑）。

表6.3 定额计价表（2）

金额单位：元

	编码	类别	名称	单位	含量	工程量	单价	合价	主材费单价	人工费合价	材料费合价	机械费合价
			整个项目					4 637.34		656.56	3 456.33	524.45
1	2-82	定	钻（冲）孔灌注桩 沉管桩 商品混凝土	10 m³		1	3 558.24	3 558.24	0	180.6	3 377.64	0
2	2-43 J×1.25,R× 1.25,R×1.15,J× 1.15	换	沉管灌注桩 混凝土桩 振动式桩长25 m以内 沉管灌注桩、钻孔（旋挖成孔）灌注打桩量小于150 m³ 机械×1.25,人工×1.25 放钢筋笼 机械×1.15,人工×1.15	10 m³		1	1 079.1	1 079.1	0	475.96	78.69	524.45

解：

（1）灌注桩工程量计算。

成孔工程量 $V_{成孔} = (20 + 1.5) × 3.14 × 0.15^2 × 50 ≈ 75.95(m^3)$；

沉管灌注桩混凝土灌注工程量 $V_{混凝土灌注} = (20 + 0.25) × 3.14 × 0.15^2 × 50 ≈ 71.53(m^3)$。

（2）套定额计算人工、材料及机械使用费。

沉管灌注桩人工、材料及机械使用费计算表见表6.4。

表6.4 沉管灌注桩人工、材料及机械使用费计算表

序号	定额编号	分部分项工程名称	计量单位	工程数量	基价/元	合价/元
1	2-43H	沉管灌注桩 混凝土桩 振动式桩长25m以内	m³	75.95	107.91	7718.8
2	2-82	钻（冲）孔灌注桩 沉管桩 商品混凝土	m³	71.53	355.82	27024.83
		合　计				34743.63

6.4　单元任务

6.4.1　基本资料

某工程采用预制钢筋混凝土方桩100根，单桩长度为28m，一节长度为14m，采用电焊接桩，每个接头质量为9.391kg。桩截面为400mm×400mm。混凝土强度等级要求为C40，桩顶标高为−2.5m，现场自然地坪标高为−0.3m；现场施工场地不能满足桩基堆放，需在离单体工程平均距离350m以外制作、堆放；地基土以中等密实的黏土为主，其中含砂夹层连续厚度为2.2m，设计要求5%的桩位需单独试桩。

根据企业设定的投标方案，混凝土桩自行在现场制作，制作点按照施工平面确定平均为400m，根据桩长采用3000kN净力压桩机一台压桩，现场采用15t载重汽车配以两台15t履带式起重机吊运；工程消耗工料机价格按表6.5中给定定额，施工取费以人工加机械为基数，企业管理费率为12%、利润费率为8%计算（不再考虑其他风险）。

表 6.5　定额计价表（1）

金额单位：元

	编码	类别	名称	单位	含量	工程量	单价	合价	主材费单价	人工费合价	材料费合价	机械费合价
			整个项目					22 346.78		5 264.28	11 265.53	5 816.97
1	⊞ 2-11	定	预制桩 静力压预制钢筋混凝土方桩 压方桩 桩长45 m以内	10 m³	1	1	864.54	864.54	0	151.36	56.05	657.13
2	2-15	定	预制桩 静力压预制钢筋混凝土方桩 压送方桩 桩长45 m以内	10 m³	1	1	1 073.90	1 073.90	0	222.31	30.25	821.34
3	4-319	定	预制、预应力构件混凝土浇捣 槽瓦	10 m³	1	1	4 746.45	4 746.45	0	1 251.30	3 239.00	256.15
4	4-444 + 4-445 × -5,×0.5	换	混凝土构件运输 I类构件 运距5 km 实际运距(km):0.35 现场制桩、场内供运距 小于500 m 单价×0.5	10 m³	1	1	415.44	415.44	0	34.40	23.45	357.59
5	⊞ 2-11 R×1.5,J× 1.5	换	预制桩 静力压预制钢筋混凝土方桩 压方桩 桩长45 m以内 单独打试桩、锚桩 机械×1.5,人工×1.5	10 m³	1	1	1 268.79	1 268.79	0	227.04	56.05	985.70
6	2-15 R×1.5,J× 1.5	换	预制桩 静力压预制钢筋混凝土方桩 压送方桩 桩长45 m以内 单独打试桩、锚桩 机械×1.5,人工×1.5	10 m³	1	1	1 595.73	1 595.73	0	333.47	30.25	1 232.01
7	4-444 + 4-445 × -5	换	混凝土构件运输 I类构件 运距5 km 实际运距(km):0.35	10 m³	1	1	830.88	830.88	0	68.80	46.90	715.18
8	2-18	定	预制桩 预制方桩接桩 电焊接桩 包钢板	t		1	6 804.60	6 804.60	0	1 724.30	4 544.58	535.72

6.4.2　任务要求

根据企业设定的投标方案，给定定额，完成以下几个方面任务要求。

（1）编制桩基础的工程量清单。

（2）分析桩基础工程综合单价。

（3）为桩基础工程报价（不含钢筋）。

（4）列出措施项目清单。

6.4.3　任务实施

1. 编制工程量清单

（1）预制钢筋混凝土方桩 400mm×400mm。因设计桩基础只有一个规格标准，可以按"根"作为计算单位。其中，打预制桩：100−5＝95（根）；打试桩：100×5%＝5（根）。

（2）接桩。每根桩一个接头，共100个，其中试桩接桩5个。分部分项工程量清单见表6.6。

表 6.6　分部分项工程量清单

序号	项目编码	项 目 名 称	计量单位	工程数量
1	010301001001	预制钢筋混凝土桩：二级土；单桩长度（14+14）m，桩截面为400mm×400mm；C40混凝土制作；现场运输≥350m；桩顶标高为−2.5m，自然地坪标高为−0.3m；普通方桩接桩：4 L75×6 焊接，长340mm（或每个接头角钢质量为9.4kg）	根	95
2	010301001002	预制钢筋混凝土桩：试桩；二级土；单桩长度（14+14）m，桩截面为400mm×400mm；C40混凝土制作；现场运输≥350m；桩顶标高为−2.5m，自然地坪标高为−0.3m；普通方桩接桩：4 L75×6 焊接，长340mm（或每个接头角钢质量为9.4kg）	根	5

2. 计算预制方桩计价工程量

计算计价工程量有两种办法：一种是计算出每个清单项目计价工程量的总数量；另一种是将分部分项计价工程量折算至清单工程量每个单位的含量。表 6.7 为分部分项工程计价工程量的总量计算表。表 6.8 为将分部分项计价工程量折算至清单工程量每个单位的含量的工程量计算表。

表 6.7 分部分项工程计价工程量的总量计算表

序号	项目名称	工程量计算式	计量单位	工程数量
1	压（沉）桩	95×28×0.4×0.4	m³	425.6
	送桩	95×0.4×0.4×（2.5−0.3+0.5）	m³	41.04
	C40 预制方桩	425.6×（1+1.5%损耗率）	m³	431.98
	汽车运输 400m	425.6	m³	425.6
2	压（沉）试桩	5×28×0.4×0.4	m³	22.4
	送桩	5×0.4×0.4×（2.5−0.3+0.5）	m³	2.16
	C40 预制方桩	22.4×（1+1.5%损耗率）	m³	22.74
	汽车运输 400m	22.4	m³	22.4
3	角钢接桩	95×9.391	kg	892
4	试桩角钢接桩	5×9.391	kg	47
		措施项目工程量计算		
	预制方桩模板	431.98+22.74	m³	454.72
	桩机进退场费	1 台	台次	1
	桩机安拆费	1 台	台次	1
	15t 履带吊进退场	2 台	台次	2

表 6.8 清单项目计价工程量含量计算表

序号	项目名称	工程量计算式	计量单位	工程数量
1	压（沉）桩	28×0.4×0.4	m³/根	4.48
	送桩	0.4×0.4×（2.5−0.3+0.5）	m³/根	0.432
	C40 预制方桩	4.48×（1+1.5%损耗率）	m³/根	4.547
	汽车运输 400m	4.48	m³/根	4.48
2	压（沉）试桩	28×0.4×0.4	m³/根	4.48
3	送桩	0.4×0.4×（2.5−0.3+0.5）	m³/根	0.432
4	C40 预制方桩	4.48×（1+1.5%损耗率）	m³/根	4.547
5	汽车运输 400m	4.48	m³/根	4.48
6	角钢接桩	9.391	kg/个	9.391
7	试桩角钢接桩	9.391	kg/个	9.391

（措施项目同表 6.7，只算出总量即可）

注：如为购入成品桩，则表 6.8 中桩的损耗率按 1%计算。

3. 预制方桩综合单价分析

按表 6.8 方法，套用计价定额，计算每个分部分项清单项目的综合单价，见表 6.9。

表 6.9 综合单价分析表　　　　　　　　　　　　单位：元

序号	项目编码或定额编号	项目名称	计量单位	工程数量	人工费	材料费	机械费	企业管理费	利润	综合单价
1	010301001001	预制桩	根	1	661.79	1509.7	606.54	152.20	101.47	3031.70
	2-11	压桩	m³	4.48	67.81	25.11	294.39	43.46	28.98	459.75
	2-15	送桩	m³	0.432	9.60	1.31	35.48	5.41	3.61	55.41
	4-319	制桩	m³	4.547	568.97	1472.77	116.47	82.25	54.84	2295.30
	4-444H	运桩	m³	4.48	15.41	10.51	160.2	21.07	14.05	221.24
	2-18	角钢接桩	kg	9.39	16.21	42.72	5.04	2.55	1.70	77.61
2	010301001002	预制桩	根	1	700.50	1509.70	771.48	176.64	117.76	3276.08
	2-11H	压试桩	m³	4.48	101.71	25.11	441.59	65.20	43.46	677.07
	2-15H	送试桩	m³	0.432	14.41	1.31	53.22	8.12	5.41	82.47
	4-319	制桩	m³	4.547	568.97	1472.77	116.47	82.25	54.84	2295.30
	4-444H	运桩	m³	4.48	15.41	10.51	160.20	21.07	14.05	221.24
	2-18	角钢接桩	kg	9.39	16.21	42.72	5.04	2.55	1.70	68.22

4. 分部分项工程量清单计价

按照确定的综合单价，填报分部分项工程量清单计价表，见表 6.10。

表 6.10 分部分项工程量清单计价表

序号	项目编码	项目名称	计量单位	工程数量	金额/元 综合单价	金额/元 合价
1	010301001001	预制钢筋混凝土桩：二级土；单桩长度为（14+14）m，桩截面 400mm×400mm；C40 混凝土制作；现场运输≥350m；桩顶标高为 -2.5m，自然地坪标高为 -0.3m	根	95	3099.91	294491.45
2	010301001002	预制钢筋混凝土桩：试桩；二级土；单桩长度为（14+14）m，桩截面为 400mm×400mm；C40 混凝土制作；现场运输≥350m；桩顶标高为 -2.5m，自然地坪标高为 -0.3m	根	5	3344.30	16721.5
		合　计				311212.95

5. 措施项目计价

措施项目计价取费定额按表 6.11 取定。

表 6.11 定额计价表（2）

金额单位：元

	编码	类别	名称	单位	含量	工程量	单价	合价	主材费单价	人工费合价	材料费合价	机械费合价
-			整个项目					31 596.82		5 237.4	5 809.94	20 549.48
1	4-334	定	预制、预应力构件模板,地、胎模 桩 方桩	10 m³		1	912.34	912.34	0	593.4	263.84	55.1
2	2011	定	安装、拆卸费用 静力压桩机 3 000 kN	台次		1	11 774.44	11 774.44	0	3 096.0	26.47	8 651.97
3	3015×0.6	换	场外运输费用 静力压桩机 3 000 kN 特、大型机械转移距离300 m 500 m 单价×0.6	台次		1	15 899.96	15 899.96	0	1 238.4	4 587.73	10 073.83
4	3005×0.6	换	场外运输费用 履带式起重机 30 t 特、大型机械转移距离300 m 500 m 单价×0.6	台次		1	3 010.08	3 010.08	0	309.6	931.90	1 768.58

（1）桩制作模板。桩制作模板未考虑现场地模不同调整因素，套用 4-238 定额计价。

人工费 = 454.72×59.34 ≈ 26983.08（元）；

材料费 = 454.72×26.38 ≈ 11995.51（元）；

机械费 = 454.72×5.51 ≈ 2505.51（元）；

企业管理费 = (26983.08+2505.51)×12% ≈ 3538.63（元）；

利润 = (26983.08+2505.51)×8% ≈ 2359.09（元）；

合计 = 47381.82 元。

（2）大型机械进退场及安拆费。大型机械进退场及安拆费套用定额相应价格计算，其中工料机价格标准同分部分项工程计价，按照施工取费定额，不计企管费和利润。措施项目清单计价表见表 6.12。

1）3000kN 压桩机安拆及进退场费采用定额编号（2011+3015）。

人工费 = 3096+1238.4 = 4334.4（元）；

材料费 = 26.2+66.1 = 92.3（元）；

机械费 = 8732.35+22857.74 = 31590.09（元）；

合计 = 36016.79 元。

2）15t 履带式起重机进退场费。

人工费 = 309.6 元；

材料费 = 931.9 元；

机械费 = 1768.58 元；

合计 = 3010.8 元。

表 6.12 措施项目清单计价表

序号	项 目 名 称	金额/元
1	模板工程	47381.81
2	3000kN 压桩机安拆及进退场费	36016.79
3	15t 履带式起重机进退场费	3010.80
	合　计	86409.40

单元6自测　　提高练习

混凝土及钢筋混凝土工程

➤ 单元知识

（1）熟悉钢筋混凝土工程的基础知识。

（2）理解模板工程量计算规则。

（3）理解钢筋工程量计算规则。

（4）熟悉平法识图知识。

（5）理解混凝土工程工程量计算规则。

（6）理解钢筋混凝土工程定额。

（7）理解钢筋混凝土工程工程量清单项目。

➤ 单元能力

（1）应用混凝土工程量计算规则正确计算混凝土工程工程量。

（2）能编制混凝土工程工程量清单。

（3）使用混凝土工程定额计算工程直接费。

（4）应用混凝土工程清单指引，计算综合单价。

（5）编制混凝土工程分部分项工程量清单计价表。

（6）应用混凝土模板工程量计算规则正确计算混凝土模板工程量。

（7）应用钢筋工程量计算规则计算给定条件的钢筋工程量。

7.1 混凝土模板及支架

7.1.1 模板工程计价工程量的相关规定

混凝土模板
及支架

1. 现浇混凝土及钢筋混凝土构件模板工程量的计算

（1）现浇混凝土及钢筋混凝土构件模板工程量，除另有规定者外，均应区别模板的不同材质，按混凝土与模板的接触面积以平方米（m²）计算。

（2）现浇钢筋混凝土柱、梁、板、墙的支模高度（室外地坪至板底或板面至板底之间的高度）以3.6m以内为准，超过3.6m以上部分，另按超过部分计算增加支撑工程量。

（3）现浇混凝土墙、板上单孔洞面积在0.3m²以内的孔洞不予扣除，洞侧壁板也不增加，单孔洞面积在0.3m²以外时应予扣除，洞侧壁模板面积并入墙、板模板工程量之内计算。

（4）现浇混凝土框架应分别按柱、梁、板、墙有关规定计算模板工程量。附墙柱支模工程量并入所在墙的模板工程量内。

（5）杯形基础杯口高度大于杯口大边长度的，套高杯基础定额项目。

（6）柱与梁、柱与墙、梁与梁等连接的重叠部分以及伸入墙内的梁头、板头部分均不计算模板面积。

（7）构造柱外露面应按图示外露部分计算模板面积。构造柱与墙接触面不计算模板面积。

（8）现浇钢筋混凝土悬挑板（雨篷、阳台）按图示外挑部分尺寸的水平投影面积计算支模工程量。挑出墙外的牛腿梁及板的边模板不另计算面积。

（9）现浇钢筋混凝土楼梯，以图示明露面尺寸的水平投影面积计算支模工程量，不扣除小于500mm宽的楼梯井所占面积，楼梯踏步、踏步板、平台梁等侧面面积不另计算。

（10）混凝土台阶不包括梯带，按图示台阶尺寸的水平投影面积计算，台阶端头两侧不另计算支模面积。

（11）钢筋混凝土小型池槽按构件外围体积计算，池槽内外侧及底部的模板不另计算。

2. 《房屋建筑与装饰工程工程量计算规范》（GB 50854—2013）模板工程量计算规则及说明

现浇混凝土模板按照模板与现浇混凝土构件的接触面积计算，根据以下规则计算。

（1）现浇钢筋混凝土墙、板，单孔面积≤0.3m² 的孔洞不予扣除，洞侧壁模板也不增加；单孔面积>0.3m² 时应予扣除，洞侧壁模板面积并入墙、板工程量内计算。

（2）现浇框架分别按梁、板、柱有关规定计算；附墙柱、暗梁、暗柱并入墙内工程量内计算。

（3）柱、梁、墙、板相互连接的重叠部分，均不计算模板面积。

（4）构造柱：按图示外露部分计算模板面积。

（5）天沟、檐沟：按模板与现浇混凝土构件的接触面积计算。

（6）雨篷、悬挑板、阳台板：按图示外挑部分尺寸的水平投影面积计算，挑出墙外的悬臂梁及板边不另计算。

（7）楼梯：按楼梯（包括休息平台、平台梁、斜梁和楼层板的连接梁）的水平投影面积计算，不扣除宽度≤500mm的楼梯井所占面积，楼梯踏步、踏步板、平台梁等侧面模板不另计算，伸入墙内部分也不增加。

（8）台阶：按图示台阶水平投影面积计算，台阶端头两侧不另计算模板面积。架空式混凝土台阶，按现浇楼梯计算。

（9）散水：按模板与散水的接触面积计算。

其余现浇混凝土模板工程量计算规则请参阅《房屋建筑与装饰工程工程量计算规范》（GB 50854—2013）。需要注意的是，当现浇混凝土梁、板支撑高度超过3.6m时，项目特征应描述支撑高度。

3. 预制混凝土及钢筋混凝土构件模板工程量的计算

（1）预制钢筋混凝土模板工程量，除另有规定者外，均按混凝土实体积以立方米（m³）计算。

（2）小型池槽按外形体积以立方米（m³）计算。

（3）预制桩尖按虚体积（不扣除桩尖虚体积部分）以立方米（m³）计算。

7.1.2 利用含模量估算混凝土模板工程量

这种方法是根据施工典型案例测算了各种混凝土构件施工时，混凝土与模板用量之间的对应消耗关系，可快速计算模板工程量。

　　表7.1为常用现浇混凝土构件的模板工程量含模量参考表，该表的使用是以混凝土的用量来估算的。当计算出相应构件的混凝土用量时，就可估算出模板的大约含量。方便使用者估价时提供一定的参考。

　　利用含模量估算混凝土模板工程量的方法：模板工程量=构件体积×相应项目含模量

表7.1　常用现浇混凝土构件的模板工程量含模量参考表

单位：m^2/m^3 混凝土

项　目　名　称			含模量	项　目　名　称			含模量
基础部分	基础垫层		1.38	主体结构	基础梁		6.40
	无梁式带形基础	毛石混凝土	2.00		矩形梁	30cm 以内	13
		无筋混凝土	2.50			60cm 以内	10.60
		钢筋混凝土	0.74		梁高	60cm 以上	8.10
	有梁式带形基础		2.17		异形梁		8.77
	独立基础	毛石混凝土	1.86		薄腹屋面梁		14.99
		无筋混凝土	2.54		吊车梁		8.50
		钢筋混凝土	2.12		圈过梁		7.28
		桩承台	1.99		单独过梁		11.24
	杯形基础	低杯	2.10		板	平板及有梁板（梯梁）10cm 以内	12.06
		高杯	3.56			平板及有梁板（梯梁）10cm 以上	8.04
	满堂基础	有梁式	1.41			密肋、井字板	10
		无梁式	0.36			无梁板	4.20
	设备基础	2m³ 以内	3.30			拱形板	8.04
		5m³ 以内	2.82		墙	10	18.60
		20m³ 以内	2.23			20	9.30
		100m³ 以内	1.50		墙厚 cm 以内	40	7.44
主体结构	矩形柱	1.2	14.31			60	4.56
		1.8	9.92			80	3.20
	周长 m 以内	2.4	6.80			100	2.52
		3.2	5.10	其他	栏板及反沿		19.09
		4.0	4.10		天沟、挑檐		18.50
	异形柱		8.56		小型、池槽		30.03
	圆形柱	直径/cm 50 以内	11.43		地沟、电缆沟		8
		50 以外	5.33		小型构件		25.25
	构造柱		6.67		屋顶水箱		9.69

7.1.3 模板工程量计算实例

例7.1 某工程设有钢筋混凝土柱20根，柱下独立基础形式如图7.1所示，试计算该工程独立基础模板工程量。

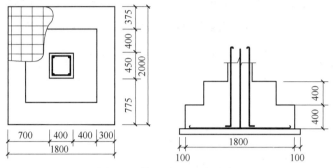

图7.1 柱下独立基础形式

解：

由图7.1可知，该独立基础为阶梯形，其模板接触面积应分阶计算如下：

$S_{上} = (1.2+1.25) \times 2 \times 0.4 = 1.96$（$m^2$）；

$S_{下} = (1.8+2.0) \times 2 \times 0.4 = 3.04$（$m^2$）；

独立基础模板工程量$S = (1.96+3.04) \times 20 = 100$（$m^2$）。

例7.2 某工程有20根现浇钢筋混凝土矩形单梁L_1，其截面和配筋如图7.2所示，试计算该工程现浇单梁模板的工程量。

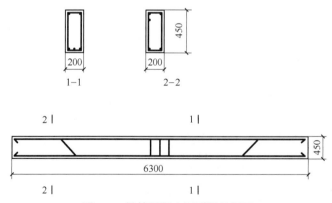

图7.2 钢筋混凝土矩形梁及剖面

解：

根据图7.2所示，计算如下。

梁底模：$6.3 \times 0.2 = 1.26$（m^2）；

梁侧模：$6.3 \times 0.45 \times 2 = 5.67$（$m^2$）；

模板工程量：$(1.26+5.67) \times 20 = 138.6$（$m^2$）。

例7.3 某工程在图7.3所示的位置上设置了构造柱。已知构造柱尺寸为240mm×240mm，柱支模高度为3.0m，墙厚度为240mm。试计算构造柱模板工程量。

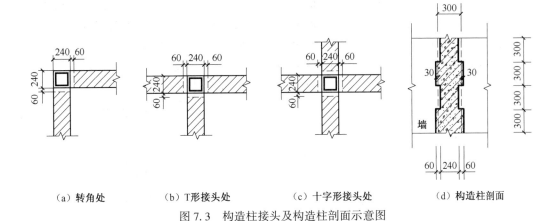

（a）转角处　　　（b）T形接头处　　　（c）十字形接头处　　　（d）构造柱剖面

图 7.3　构造柱接头及构造柱剖面示意图

解：

转角处　$S=[(0.24+0.06)×2+0.06×2]×3.0=2.16$（$m^2$）；

T 形接头处　$S=(0.24+0.06×2+0.06×2×2)×3.0=1.8$（$m^2$）；

十字接头处　$S=0.06×2×4×3.0=1.44$（m^2）；

构造柱模板工程量 $=2.16+1.8+1.44=5.4$（m^2）。

例 7.4　计算现浇有梁式满堂基础的模板工程量。已知底板厚度为 300mm，梁断面为 240mm×550mm，如图 7.4 和图 7.5 所示。

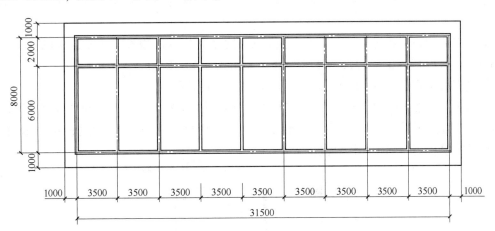

图 7.4　梁式满堂基础平面图

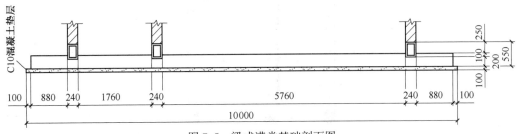

图 7.5　梁式满堂基础剖面图

解： 模板工程量按接触面积计算。

模板工程量 = (33.5 + 10.0) × 3 × 0.3 + (31.5 + 0.24) × 0.25 × 2 + (3.5 − 0.24) × 0.25 × 36 + (8.0 + 0.24) × 0.25 × 2 + (8.0 − 0.24 × 2) × 0.25 × 18 = 122.32(m²)。

例 7.5 某屋面挑檐的平面图及剖面图如图 7.6 所示。试计算挑檐模板工程量。

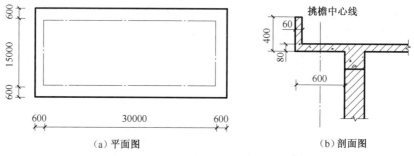

（a）平面图　　　　　　　　　　　（b）剖面图

图 7.6　某屋面挑檐的平面图及剖面图

解：挑檐的支模位置有三处：挑檐板底、挑檐立板两侧。这三处模板由于位置不同，其支模长度不相等，故应分别计算。

挑檐板底模板工程量 = 挑檐宽度 × 挑檐板底的中心线长 = 0.6 × (30 + 0.6 + 15 + 0.6) × 2 = 0.6 × 92.4 = 55.44 （m²）。

挑檐立板工程量：

挑檐立板模板工程量 = 立板外侧工程量 + 立板内侧工程量；

立板外侧模板工程量 = 挑檐立板外侧高度 × 挑檐立板外侧周长 = 0.4 × (30 + 0.6 × 2 + 15 + 0.6 × 2) × 2 = 0.4 × 94.8 = 37.92 （m²）；

立板内侧模板工程量 = 挑檐立板内侧高度 × 挑檐立板内侧周长 = (0.4 − 0.08) × [30 + (0.6 − 0.06) × 2 + 15 + (0.6 − 0.06) × 2] × 2 = 0.32 × 94.32 ≈ 30.18 （m²）；

挑檐模板工程量 = 55.44 + 37.92 + 30.18 = 123.54 （m²）。

例 7.6 某现浇框架结构房屋的三层结构平面如图 7.7 所示。已知二层板顶标高为 3.3m，三层板顶标高为 6.6m，板厚 100mm，构件断面尺寸见表 7.2。试对图中所示钢筋混凝土构件的模板进行列项并计算其工程量。

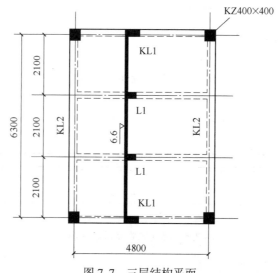

图 7.7　三层结构平面

表7.2 构件断面尺寸

构件名称	构件尺寸/（mm×mm）
KZ	400×400
KL1	250×550（宽×高）
KL2	300×600（宽×高）
L1	250×500（宽×高）

解：由已知条件可知，图中钢筋混凝土构件有框架柱（KZ）、框架梁（KL）、梁（L）及板，且支模高度=6.6-3.3=3.3（m）＜3.6m，模板列项为矩形柱（KZ）、框架梁、梁以及板。

（1）柱模板工程量。

矩形柱模板工程量 S = 柱周长×柱高度 = 0.4×4×（6.6-3.3-0.1）×4（根）= 20.48（m^2）。

（2）板的模板工程量。

板模板工程量=板长度×板宽度-柱所占面积-梁所占面积

= （4.8+0.2×2）×（6.3+0.2×2）-0.4×0.4×4-［0.25×（4.8-0.2×2）×2（KL1）

+0.3×（6.3-0.2×2）×2（KL2）］+0.25×（4.8+0.2×2-0.3×2）×2（L1）

= 30.76（m^2）

（3）梁的模板工程量。

梁模板工程量=梁底的面积+梁两侧的面积

KL1 模板工程量 = （0.25+0.55+0.55-0.1）×（4.8-0.2×2）×2=11（m^2）；

KL2 模板工程量 = （0.3+0.6+0.6-0.1）×（6.3-0.2×2）×2-0.25

×（0.5-0.1）×4（与L1交接处）= 16.12（m^2）；

L1 模板工程量 = ［0.25+（0.5-0.1）×2］×（4.8+0.2×2-0.3×2）×2=9.66（m^2）。

（4）有梁板模板工程量。

有梁板模板工程量 S = 板模 $S_{板}$ +梁侧模板 $S_{梁侧}$；

$S_{板}$ = （4.8-0.2×2）×（6.3-0.2×2）= 25.96（m^2）；

$S_{梁侧}$ =梁净长度×梁净高度；

KL1：（4.8-0.2×2）×（0.55+0.55-0.1）×2=8.80（m^2）；

KL2：（6.3-0.2×2）×（0.6+0.6-0.1）×2=12.98（m^2）；

L1：（4.8+0.2×2-0.3×2）×（0.5-0.1）×2×2=7.36（m^2）；

梁模板工程量=11+12.98+9.66=33.64（m^2）；

有梁板模板合计=25.96+8.80+7.36=42.12（m^2）。

7.2 钢 筋 工 程

混凝土及钢筋混凝土工程包括钢筋工程和混凝土工程两个部分。混凝土工程包括配料、搅拌、运输、浇捣、养护等过程。混凝土工程根据施工方法不同可分为现场现制、现场预制和构件加工厂预制三种类型。

钢筋工程包括配筋、加工、捆绑和安装。有时还要进行冷拉、冷拔等冷加工；预应力还要张拉。在进行钢筋工程量计算时可把钢筋混凝土构件分成两类：一是对于预制混凝土标准构件，可直接由标准图中查出单位用量；二是对于非标准的预制构件或现浇构件，应按结构施工图的配筋详图区别钢筋级别和规格，分别计算与汇总。

7.2.1 影响钢筋工程量计算的因素

1. 影响钢筋计算的因素

钢筋工程量的计算与结构抗震等级、混凝土等级、钢筋直径、钢筋级别、搭接形式、混凝土保护层厚度等因素有关，当这些因素确定后，就可知道锚固长度、弯钩长度和搭接长度，从而确定钢筋长度。

2. 结构抗震等级

抗震等级是多层和高层钢筋混凝土结构、构件根据抗震烈度、结构类型和房屋高度等，进行抗震设计计算和确定构造措施的标准。抗震等级的高低，体现了对抗震性能要求的严格程度。不同的抗震等级有不同的抗震计算和构造措施要求，钢筋混凝土框架结构从四级到一级，抗震要求依次提高。抗震烈度是指按国家规定的权限批准作为一个地区抗震设防依据的地震烈度。一般情况下，取 50 年内超越概率 10% 的地震烈度。表 7.3 为现浇钢筋混凝土房屋的抗震等级。

表 7.3　现浇钢筋混凝土房屋的抗震等级

结 构 类 型		烈　　　度						
		6		7		8		9
	高度/m	≤30	>30	≤30	>30	≤30	>30	≤25
框架结构	框架	四	三	三	二	二	一	一
	剧场、体育馆等大跨度公共建筑	三		二		一		一

7.2.2 钢筋工程基本知识

1. 钢筋的符号及标注

（1）钢筋的符号。钢筋混凝土用钢筋是指钢筋混凝土配筋用的直条或盘条状钢材，其外形分为光圆钢筋和变形钢筋两种。钢筋的牌号及符号见表 7.4。其中：H 代表热轧钢筋，P 代表光圆钢筋，B 代表钢筋，R 代表带肋钢筋，F 代表细晶粒热轧带肋钢筋。

（2）钢筋标注。在结构施工图中，构件的钢筋标注要遵循一定的规范。

1）钢筋根数、直径和等级的标注，如 4C25：4 表示钢筋的根数；25 表示钢筋的直径；C 表示钢筋的等级为 HRB400 钢筋。

2）钢筋等级、直径和相邻钢筋中心距离的标注，如 Φ10@100：10 表示钢筋直径；@ 表示相等中心距符号；100 表示相邻钢筋的中心距离；Φ表示钢筋的等级为 HPB300 钢筋。

2. 混凝土结构的环境类别

国家建筑标准设计图集 11G101 规定，混凝土结构的环境类别分为五级，见表 7.5。

表7.4 钢筋的牌号及符号

种　类	牌　号	符号	说　明	图纸中表示
普通热轧带肋钢筋	HPB300	Φ	强度级别为 300MPa 的热轧光圆钢筋	A（Ⅰ级）
细晶粒热轧带肋钢筋	HRB335	⊈	强度级别为 335MPa 的普通热轧带肋钢筋	B（Ⅱ级）
普通热轧带肋钢筋	HRBF335		强度级别为 335MPa 的细晶粒热轧带肋钢筋	
细晶粒热轧带肋钢筋	HRB400	⊕	强度级别为 400MPa 的普通热轧带肋钢筋	C（Ⅲ级）
余热处理带肋钢筋	HRBF400		强度级别为 400MPa 的细晶粒热轧带肋钢筋	
普通热轧带肋钢筋	HRB500	⊉	强度级别为 500MPa 的普通热轧带肋钢筋	D（Ⅳ级）
细晶粒热轧带肋钢筋	HRBF500		强度级别为 500MPa 的细晶粒热轧带肋钢筋	

表7.5 混凝土结构的环境类别

环境类别	条　件
一	室内干燥环境； 永久的无侵蚀性静水浸没环境
二 a	室内潮湿环境； 非严寒和非寒冷地区的露天环境； 非严寒和非寒冷地区与无侵蚀性的水或土壤直接接触的环境； 寒冷和严寒地区的冰冻线以下与无侵蚀性的水或土壤直接接触的环境
二 b	干湿交替环境； 水位频繁变动环境； 严寒和寒冷地区的露天环境； 严寒和寒冷地区的冰冻线以上与无侵蚀性的水或土壤直接接触的环境
三 a	严寒和寒冷地区冬季水位冰冻区环境； 受除冰盐影响环境； 海风环境
三 b	盐渍土环境； 受除冰盐影响环境； 海岸环境
四	海水环境
五	受人为或自然的侵蚀性物质影响的环境

3. 混凝土保护层

混凝土保护层是指混凝土构件中，最外层钢筋外边缘至混凝土外表面的距离，混凝土保护层的最小厚度是以混凝土标号>C25 为基准编制的，当标号≤C25 时，厚度增加 5mm。混凝土保护层的最小厚度见表7.6。

表 7.6　混凝土保护层的最小厚度　　　　　单位：mm

环境类别	板、墙	梁、柱
一	15	20
二 a	20	25
二 b	25	35
三 a	30	40
三 b	40	50

4. 钢筋的锚固及其弯钩

钢筋混凝土结构中钢筋能够受力主要是依靠钢筋和混凝土之间的黏结锚固作用，因此钢筋的锚固是混凝土结构受力的基础。如锚固失效，则结构将丧失承载能力并由此导致结构破坏。《混凝土结构设计规范》（GB 50010—2010）中关于受拉钢筋锚固包括基本锚固长度 l_{ab}、锚固长度 l_a、抗震锚固长度 l_{aE} 以及抗震锚固基本长度 l_{abE}。其中，l_a、l_{aE} 用于钢筋直锚或总锚固长度情况；l_{ab}、l_{abE} 用于钢筋弯折锚固或机械锚固情况，施工中应按 G101 系列图集中标准构造图样所标注的长度进行下料。

受拉钢筋的基本锚固长度 l_{ab} 见表 7.7，受拉钢筋抗震基本锚固长度 l_{abE} 见表 7.8，表 7.9 为受拉钢筋锚固长度 l_a 的取值，表 7.10 为受拉钢筋的抗震锚固长度 l_{aE} 的取值。

表 7.7　受拉钢筋的基本锚固长度 l_{ab}　　　　　单位：mm

钢 筋 种 类	混凝土强度等级								
	C20	C25	C30	C35	C40	C45	C50	C55	≥C60
HPB300	39d	34d	30d	28d	25d	24d	23d	22d	21d
HRB335、HRBF335	38d	33d	29d	27d	25d	23d	22d	21d	21d
HRB400、HRBF400、RRB400	—	40d	35d	32d	29d	28d	27d	26d	25d
HRB500、HRBF500	—	48d	43d	39d	36d	34d	32d	31d	30d

表 7.8　受拉钢筋抗震基本锚固长度 l_{abE}

钢筋种类	抗震等级	混凝土强度等级								
		C20	C25	C30	C35	C40	C45	C50	C55	≥C60
HPB300	一、二级（l_{abE}）	45d	39d	35d	32d	29d	28d	26d	25d	24d
	三级（l_{abE}）	41d	36d	32d	29d	26d	25d	24d	23d	22d
	四级（l_{abE}）、非抗震（l_{ab}）	39d	34d	30d	28d	25d	24d	23d	22d	21d
HRB335、HRBF335	一、二级（l_{abE}）	44d	38d	33d	31d	29d	26d	25d	24d	24d
	三级（l_{abE}）	40d	35d	31d	28d	26d	24d	23d	22d	22d
	四级（l_{abE}）、非抗震（l_{ab}）	38d	33d	29d	27d	25d	23d	22d	21d	21d

钢筋种类	抗震等级	混凝土强度等级								
		C20	C25	C30	C35	C40	C45	C50	C55	≥C60
HRB400、HRBF400、RRB400	一、二级（l_{abE}）		46d	40d	37d	33d	32d	31d	30d	29d
	三级（l_{abE}）		42d	37d	34d	30d	29d	28d	27d	26d
	四级（l_{abE}）、非抗震（l_{ab}）		40d	35d	32d	29d	28d	27d	26d	25d
HRB500、HRBF500	一、二级（l_{abE}）		55d	49d	45d	41d	39d	37d	36d	35d
	三级（l_{abE}）		50d	45d	41d	38d	36d	34d	33d	32d
	四级（l_{abE}）、非抗震（l_{ab}）		48d	43d	39d	36d	34d	32d	31d	30d

注：

（1）表中计算值同时不应小于200；

（2）四级抗震时 $l_{abE} = l_{ab}$；

（3）当为环氧树脂涂层带肋钢筋时，表中数据尚应乘以1.25；

（4）当纵向受力钢筋在施工过程中易受扰动时，表中数据尚应乘以1.1；

（5）当纵向受力钢筋锚固区内保护层厚度不小于 3d 时，可按 13G101—11 第1.2条考虑保护层厚度修正。

表7.9 受拉钢筋锚固长度 l_a　　　　　　单位：mm

钢筋种类	混凝土强度等级																
	C20		C25		C30		C35		C40		C45		C50		C55		≥C60	
	d≤25	d>25	d≤25	d>25	d≤25	d>25	d≤25	d>25	d≤25	d>25	d≤25	d>25	d≤25	d>25	d≤25	d>25	d≤25	d>25
HPB300	39d	—	34d	—	30d	—	28d	—	25d	—	24d	—	23d	—	22d	—	21d	—
HRB335、HRBF335	38d	42d	33d	36d	29d	32d	27d	30d	25d	28d	23d	25d	22d	24d	21d	23d	21d	23d
HRB400、HRBF400、RRB400	—	—	40d	44d	35d	39d	32d	35d	29d	32d	28d	31d	27d	30d	26d	29d	25d	28d
HRB500、HRBF500	—	—	48d	53d	43d	47d	39d	43d	36d	40d	34d	37d	32d	35d	31d	34d	30d	33d

5. 钢筋的连接

钢筋的连接是指钢筋长度不够，需要接长所发生的驳接。钢筋的连接有绑扎搭接、焊接、机械连接三种形式。

6. 计算钢筋工程量的有关规定

（1）钢筋工程应区别现浇、预制构件、不同钢种和规格，分别按设计长度乘以单位质量，以吨（t）计算。钢筋直径每米质量见表7.11。

$$钢筋工程量 = 钢筋长度（m）×根数×钢筋每米理论质量（kg/m）$$

$$钢筋长度 = 构件长度 - 保护层厚度 + 节点锚固 + 搭接 + 弯钩（一级钢筋）$$

$$钢筋每米理论质量 = 0.00617d^2$$

式中　d——钢筋直径，mm。

表 7.10　受拉钢筋的抗震锚固长度 l_{aE}　　　　　单位：mm

钢筋种类		混凝土强度等级																
		C20		C25		C30		C35		C40		C45		C50		C55		≥C60
		$d\leqslant25$	$d>25$	$d\leqslant25$	$d>25$	$d\leqslant25$	$d>25$	$d\leqslant25$	$d>25$	$d\leqslant25$	$d>25$	$d\leqslant25$	$d>25$	$d\leqslant25$	$d>25$	$d\leqslant25$	$d>25$	$d\leqslant25$	$d>25$
HPB300	一、二级	45d	—	29d	—	35d	—	32d	—	29d	—	28d	—	26d	—	25d	—	24d	—
	三级	41d	—	36d	—	32d	—	29d	—	26d	—	25d	—	24d	—	23d	—	22d	—
HRB335、HRBF335	一、二级	44d	48d	38d	41d	33d	37d	31d	35d	29d	32d	26d	29d	25d	28d	24d	26d	24d	25d
	三级	40d	44d	35d	38d	30d	34d	28d	32d	26d	29d	24d	26d	23d	25d	22d	24d	22d	24d
HRB400、HRBF400、RRB400	一、二级	—	—	46d	51d	40d	45d	37d	40d	33d	37d	32d	36d	31d	35d	30d	33d	29d	32d
	三级	—	—	42d	46d	37d	41d	34d	37d	30d	34d	29d	33d	28d	32d	27d	30d	26d	29d
HRB500、HRBF500	一、二级	—	—	55d	61d	49d	54d	45d	49d	41d	46d	39d	43d	37d	40d	36d	39d	35d	38d
	三级	—	—	50d	56d	45d	49d	41d	45d	38d	42d	36d	39d	34d	37d	33d	36d	32d	35d

表 7.11　钢筋直径每米质量表

钢筋直径/mm	4	6	6.5	8	10	12	14
每米质量/(kg/m)	0.099	0.222	0.261	0.395	0.617	0.888	1.209
钢筋直径/mm	16	18	20	22	25	28	30
每米质量/(kg/m)	1.580	1.999	2.468	2.986	3.856	4.837	5.553

（2）计算钢筋工程量时，设计已规定钢筋搭接长度的，按规定搭接长度计算，设计未规定搭接长度的，已包括在钢筋的损耗率之内，不另计算搭接长度。钢筋电渣压力焊接、套筒挤压等接头，以个计算。

7. 钢筋工程量计算步骤

（1）确定构件混凝土的强度等级和抗震级别。

（2）确定钢筋保护层的厚度。

（3）计算钢筋的锚固长度 l_a、抗震锚固长度 l_{aE}、钢筋的搭接长度 l_l、抗震搭接长度 l_{lE}。

（4）计算钢筋的长度和质量。

（5）按不同直径和钢种分别汇总现浇构件钢筋质量。

（6）计算或查用标准图集确定预制构件钢筋质量。

（7）按不同直径和钢种分别汇总预制构件钢筋质量。

7.2.3　梁构件平法识图与钢筋计算

梁中的钢筋包括支座钢筋、架立钢筋或跨中钢筋、箍筋、上通筋、侧面钢筋、下部钢筋

(通长或不通长)，如图 7.8 所示。梁的标注方式分为平面标注方式和截面标注方式，其标注内容如图 7.9 所示。

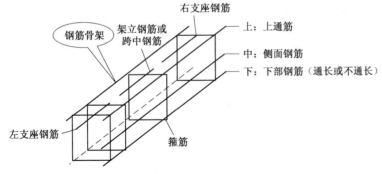

结构中的梁钢筋平法标注

图 7.8 梁中钢筋的类型

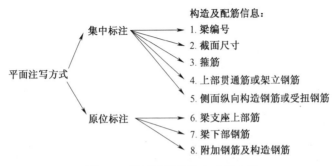

图 7.9 梁平法的标注方式及内容

1. 梁的平面标注方式

平面标注方式是在梁平面布置图上，分别在不同编号的梁中各选一根梁，在其上标注截面尺寸和配筋具体数值的方式来表达梁平法施工图。

平面标注包括集中标注和原位标注，集中标注表达梁的通用数值，原位标注表达梁的特殊数值。当集中标注中的某项数值不适用于梁的某部位时，则将该项具体数值原位标注，施工时，原位标注取值优先。

（1）集中标注。集中标注表达的梁通用数值包括梁编号、梁截面尺寸、梁箍筋、上部通长筋、梁侧面纵向构造筋（或受扭钢筋）和标高 6 项，梁集中标注的内容前 5 项为必注值，后一项为选注值，如图 7.10 所示。

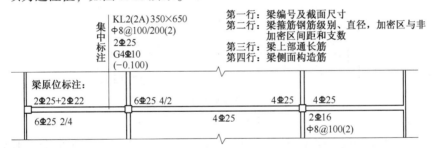

图 7.10 梁平法标注一般表示方法

1）梁编号。在表7.12中列出了梁的各种类型的代号，同时给出了各种梁的特征。

表7.12　梁类型、代号及特征

梁的类型	代号	序号	跨数及是否带有悬挑	特　征
楼层框架梁	KL	××	（××）、（××A）或（××B）	框架梁就是由柱支撑的梁来承重的结构，由梁来承受荷载，并将荷载传达到柱子上；楼层框架梁一般是指非顶层的框架梁
屋面框架梁	WKL	××	（××）、（××A）或（××B）	一般是顶层的框架梁，按抗震等级分为一、二、三、四级抗震及非抗震
框支梁	KZL	××	（××）、（××A）或（××B）	框支剪力墙结构通过在某些楼层的剪力墙上开洞获得需要的大空间，上部楼层的部分剪力墙不能直接连续贯通落地，需设置结构转换构件，其中的转换梁就是框支梁
非框架梁	L	××	（××）、（××A）或（××B）	一般是以框架梁或框支梁为支座的梁，没有抗震等级要求，按非抗震等级构造要求配筋
悬挑梁	XL	××		一端有支座，一端悬空的梁称为悬挑梁
井字梁	LZL	××	（××）、（××A）或（××B）	由同一平面内相互正交或斜交的梁所组成的结构构件

注：（××A）为一端有悬挑，（××B）为两端有悬挑，悬挑不计入跨数。例如，KL2（3A）表示第2号框架梁，3跨，一端有悬挑。

2）梁截面尺寸。当为等截面梁时，用 $b×h$ 表示；当为竖向加腋梁时，用 $b×h$ $GYc_1×c_2$ 表示，其中 c_1 为腋长，c_2 为腋高；当为水平加腋梁时，一侧加腋时用 $b×h$ $PYc_1×c_2$ 表示，其中 c_1 为腋长，c_2 为腋宽。如图7.11所示，图7.11(a)为竖向加腋梁示意图，图7.11(b)为水平加腋梁示意图；当有悬挑梁且根部和端部的高度不同时，用斜线分隔根部与端部的高度值，即为 $b×h_1/h_2$。

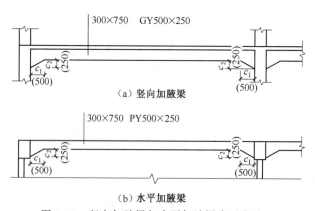

（a）竖向加腋梁
（b）水平加腋梁
图7.11　竖向加腋梁与水平加腋梁表示方法

3）梁箍筋。梁箍筋标注时包括钢筋级别、直径、加密区与非加密区间距及肢数。箍筋加密区与非加密区的不同间距及肢数用斜线（/）分隔；当梁箍筋为同一种间距及肢数时，则不需用斜线；当加密区与非加密区的箍筋肢数相同时，则将肢数标注一次；箍筋肢数写在括号内。

例如，φ6@100/200（2）表示箍筋直径为6，加密区间距为100，非加密区间距为200，双肢箍。梁箍筋平法标注示例如图7.12所示。

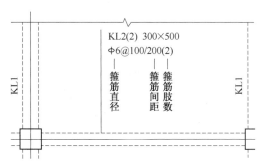

图7.12 梁箍筋平法标注示例

4）梁上部通长筋或架立筋配置。通长筋是指直径不一定相同但必须采用搭接、焊接或机械连接接长且两端不一定在端支座锚固的钢筋。当同排纵筋中既有通长筋又有架立筋时，用加号（+）将通长筋和架立筋相连。标注时将角部纵筋写在加号的前面，架立筋写在加号后面的括号内，以示不同直径及与通长筋的区别。当全部采用架立筋时，则将其写入括号内。

图7.13中2Φ20+（2Φ12）表示，2Φ20为通长筋，2Φ12为架立筋。当梁上部同排纵筋仅为架立筋时，仅将架立筋写在括号内即可。当梁的上部纵筋和下部纵筋为全跨相同，且多数跨配筋相同时，此项可加注下部纵筋的配筋值，用分号（；）将上部与下部纵筋的配筋值分隔开来。

例如，4C22；3C20表示梁的上部配置4C22的通长筋，梁的下部配置3C20的通长筋。

5）梁侧面纵向构造钢筋或受扭钢筋配置。当梁腹板高度>450mm时，需配置纵向构造钢筋。此项标注值以大写字母G打头，标注值是梁两个侧面的总配筋值，是对称配置的。梁侧面抗扭筋平法标注示例如图7.14所示。

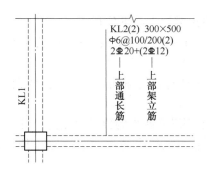

图7.13 梁上部通长筋或架立筋平法标注示例

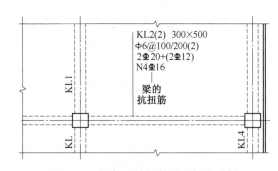

图7.14 梁侧面抗扭筋平法标注示例

例如，G4Φ12表示梁的两个侧面共配置4Φ12的纵向构造钢筋，每侧各配置2Φ12。

当梁侧面需配置受扭纵向钢筋时，此项标注值以大写字母N打头，接续标注配置在梁两个侧面的总配筋值，且对称配置。

例如，N4B16表示梁的两个侧面共配置N4B16的抗扭筋，每侧各配置2B16。

（2）原位标注。原位标注表达梁的特殊数值。当集中标注中的某项数值不适用于梁的某部位时，则将该项数值原位标注。例如，梁支座上部纵筋、梁下部纵筋施工时原位标注取值优先。梁原位标注如图 7.15 所示。

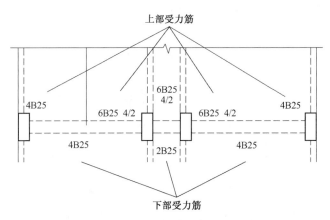

图 7.15 梁上下部受力筋原位标注

1）梁支座上部纵筋。梁支座上部纵筋包含上部通长筋在内的所有通过支座的纵筋。梁上部钢筋原位标注示例如图 7.15 所示。

a. 当上部纵筋多于一排时，用斜线（/）将各排纵筋自上而下分开。

例如，梁支座上部纵筋标注为 6B25 4/2，则表示上一排纵筋为 4B25，下一排纵筋为 2B25。

b. 当同排纵筋有两种直径时，用加号（+）将两种直径的纵筋相连，标注时将角部纵筋写在前面。

例如，梁支座上部标注为 4C25+2C22，表示梁支座上部有 6 根纵筋，4C25 放在角部，2C22 放在中部。

c. 当梁中间支座两边的上部纵筋不同时，需在支座两边分别标注；当梁中间支座两边的上部纵筋相同时，只会在支座的一边标注配筋值，另一边省去不注。

2）梁下部纵筋。

a. 当下部纵筋多于一排时，用斜线（/）将各排纵筋自上而下分开。

例如，梁下部纵筋标注为 6B25 2/4，则表示上一排纵筋为 2B25，下一排纵筋为 4B25，全部伸入支座。

b. 当同排纵筋有两种直径时，用加号（+）将两种直径的纵筋相连，标注时角筋写在前面。

c. 当梁下部纵筋不全部伸入支座时，将梁支座下部纵筋减少的数量写在括号内。

例如，梁下部纵筋标注为 6C20 2（−2）/4，则表示上排纵筋为 2C20，且不伸入支座；下一排纵筋为 4C20，全部伸入支座。

例如，梁下部纵筋标注为 2C20+3C20（−3）/5C20，则表示上排纵筋为 2C20 和 3C20，其中 3C20 不伸入支座；下一排纵筋为 5C20，全部伸入支座。

d. 当梁的集中标注中已分别标注了梁上部和下部均为通长的纵筋值时，则不会再在梁下部重复做原位标注。

e. 当梁设置竖向加腋时，加腋部位下部斜纵筋应在加腋支座下部以 Y 打头标注在括号内。当梁设置水平加腋时，水平加腋内上下部斜纵筋应在加腋支座上部以 Y 打头标注在括号内，上下部用斜线（/）分隔。

2. 梁的截面标注方式

梁的截面标注方式是指在分标准层绘制的梁平面布置图上，分别在不同编号的梁中各选择一根梁用剖面号引出配筋图，并在配筋图上标注截面尺寸和配筋具体数值的方式来表达梁平法施工图，如图 7.16 所示。

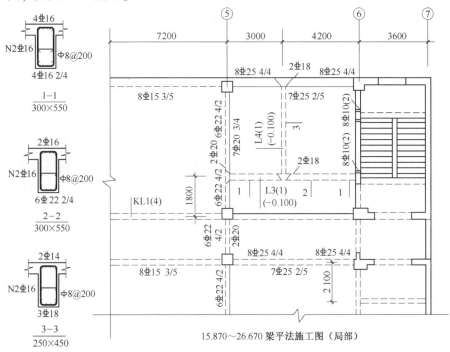

图 7.16 梁平法施工图截面标注示例

3. 梁钢筋构造图解与计算

（1）上部通长筋。梁上部通长筋的计算如图 7.17 所示。图中 d 为锚固钢筋的最大直径。

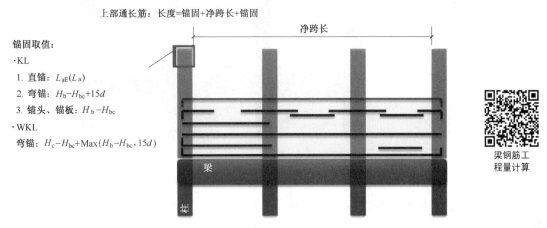

图 7.17 梁上部通长筋的计算

（2）梁下部钢筋。梁下部钢筋长度的计算如图 7.18 和图 7.19 所示。

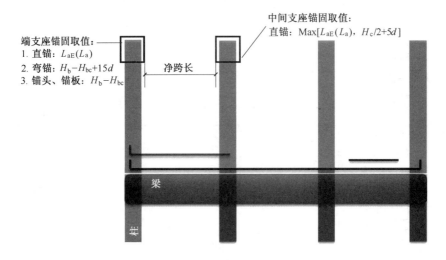

图 7.18　梁下部钢筋长度的计算（1）

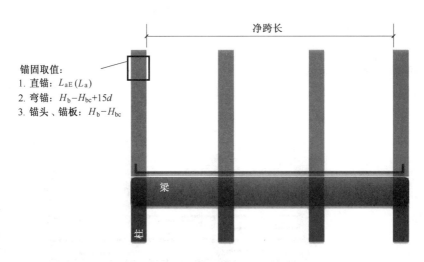

图 7.19　梁下部钢筋长度的计算（2）

（3）不伸入支座下部钢筋长度的计算。不伸入支座下部钢筋长度的计算如图 7.20 所示。

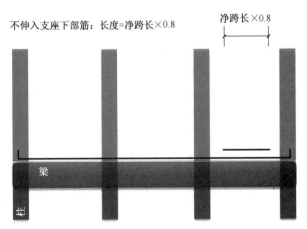

图 7.20 不伸入支座下部钢筋长度的计算

（4）框架梁端支座钢筋。框架梁端支座钢筋的计算如图 7.21 所示。

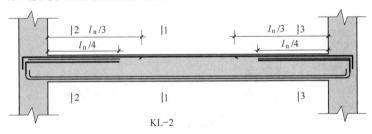

图 7.21 框架梁端支座钢筋的计算

（5）框架梁中间支座钢筋。框架梁中间支座钢筋的计算如图 7.22 所示。

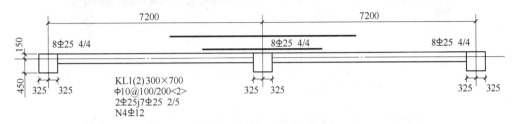

图 7.22 框架梁中间支座钢筋的计算

（6）构造钢筋或抗扭钢筋。梁腹板高度 ≥450mm，梁的两个侧面沿高度需要配置构造钢筋。

$$侧面纵向钢筋 = 净跨长 + 锚固长度 \times 2$$

式中：构造筋锚固长度 $= 15d$；受扭筋锚固长度 $= L_{aE}/L_a$。

（7）架立筋。架立筋是构造配置的非受力钢筋，主要是用于固定箍筋和受力筋位置的，当配置有负筋时，架立筋可只布置在梁的跨中，两端与负筋来搭接，但也可以是贯通全梁，一般在梁的上部。

$$梁架立钢筋长度＝架立筋长度＝净跨长－两边负筋净长+150×2$$

（8）箍筋根数。箍筋的长度计算如图7.23所示。其计算公式为：

$$长度＝周长+弯钩×2$$

$$周长 = (B 边长 - H_b × 2 + H 边长 - H_b × 2) × 2$$

$$弯钩长度 = 11.9d，H_b 为保护层$$

$$箍筋工程量＝一根箍筋的长度×箍筋的根数×钢筋每米的质量$$

$$一根箍筋的长度 = 2 × (H - 2 × 25 + B - 2 × 25) + 2 × 11.9d$$

$$腰筋箍筋(又称拉筋)长度 = 梁宽 - 2 × 保护层 + 2 × 11.9d$$

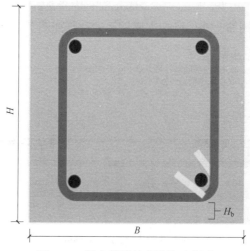

图7.23　梁中箍筋长度计算示意图

箍筋根数的计算如图7.24所示。

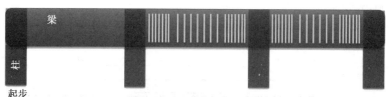

起步
加密区箍筋根数：[(加密区长度-50)/箍筋加密区间距　向上取整加1]×2
非加密区箍筋根数：(梁净跨长-加密区长度×2)/箍筋非加密区间距　向上取整-1
加密区长度：一级抗震：Max(2H_b，500)
　　　　　　二～四级抗震：Max(1.5H_b，500)

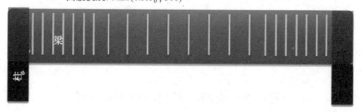

图7.24　箍筋根数的计算

7.2.4 柱构件平法识图与钢筋计算

柱平法标注

1. 柱构件平法标注

柱构件平法标注有柱列（表）标注方式和柱截面标注方式两种。

（1）柱列（表）标注方式。柱列（表）标注方式是在柱的平面布置图上分别在同一编号的柱中选择一个或几个截面标注代号，在柱列（表）中标注柱编号、柱段起止标高、几何尺寸（包括柱截面对轴线的偏心尺寸）与配筋的具体数值，并配以各种柱截面形状及其箍筋类型图的方式，来表达柱的平法施工图。图7.25所示为柱列（表）标注示意图。

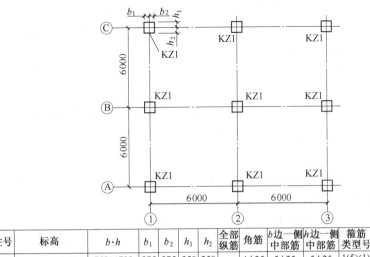

柱号	标高	b·h	b_1	b_2	h_1	h_2	全部纵筋	角筋	b边一侧中部筋	h边一侧中部筋	箍筋类型号	箍筋
KZ1	−4.53～15.87	750×700	375	375	350	350		4Φ25	5Φ25	5Φ25	1(5×1)	Φ10@100/200

−4.53～15.87柱平法施工图

图7.25 柱列（表）标注示意图

1）柱编号。柱的类型、代号参见表7.13。

表7.13 柱的类型、代号

柱类型	代号	序号
框架柱	KZ	××
框支柱	KZZ	××
芯柱	XZ	××
梁上柱	LZ	××
剪力墙上柱	QZ	××

2）各段柱起止标高的标注。柱施工图的列（表）标注方式标注柱的各段起止标高时，自柱根部往上以变截面位置或截面未变但配筋改变处为界分段标注。框架柱和框支柱的根部标高是指基础顶面标高，芯柱的根部标高是指根据结构实际需要而定的起始位置标高，梁上柱的根部标高是指梁顶面标高；剪力墙上柱的根部标高为墙顶面标高。

3）柱截面尺寸的标注。常见的框架柱截面形式有矩形和圆形对于矩形柱截面尺寸 $b×h$

及与轴线关系的几何参数，代号 b_1、b_2 和 h_1、h_2 的具体数值需对应于各段柱分别标注。其中 b、h 为长方形柱截面的边长，b_1、b_2 为柱截面形心距横向轴线的距离；h_1、h_2 为柱截面形心距纵向轴线的距离，$b=b_1+b_2$，$h=h_1+h_2$。对于圆柱 $b×h$ 栏改为在圆柱直径数字前加 D 表示。对于圆柱截面与轴线的关系仍然用矩形截面柱的表示方式，即 $D=b_1+b_2=h_1+h_2$。

4）柱纵向受力钢筋的标注。柱纵向受力钢筋为柱的主要受力钢筋，纵向钢筋根数至少应保证在每个阳角处设置一根。当柱纵筋直径相同，各边根数也相同时（包括矩形柱、圆柱和芯柱），将纵筋标注在"全部纵筋"一栏中；否则，就需要柱纵筋分角筋、截面 b 边中部筋、截面 h 边中部筋三项分别标注。

5）柱箍筋的标注。柱箍筋的标注包括钢筋级别、型号、箍筋肢数、直径与间距。当为抗震设计时，用斜线（/）区分柱端箍筋加密区与柱身非加密区箍筋的不同间距。当圆柱采用螺旋箍筋时，需在箍筋前加 L 表示。

例如：ϕ10@100/200，表示箍筋为 HPB300 级钢筋，直径 ϕ10，加密区间距为 100，非加密区间距为 200。

又例如：ϕ10@100/200（ϕ12@100），表示柱中箍筋为 HPB300 级钢筋，直径 ϕ10，加密区间距为 100，非加密区间距为 200。框架节点核心区箍筋为 HPB300 级钢筋，直径 ϕ12，间距为 100。

再例如：Lϕ10@100/220，表示采用螺旋箍筋，HPB300 级钢筋，直径 ϕ10，加密区间距为 100，非加密区间距为 220。

（2）柱截面标注方式。柱截面标注方式是在柱平面布置图的柱截面上分别在同一编号的柱中选择一个截面以直接标注截面尺寸和配筋具体数值的方式来表达柱平法施工图。从相同编号的柱中选择一个截面，按另一种比例原位放大绘制柱截面配筋图，并在各配筋图上继其编号后再标注截面尺寸 $b×h$、角筋或全部纵筋、箍筋的具体数值以及在柱截面配筋图上标注柱截面与轴线关系 b_1、b_2、h_1、h_2 的具体数值。柱截面标注示例如图 7.26 所示。

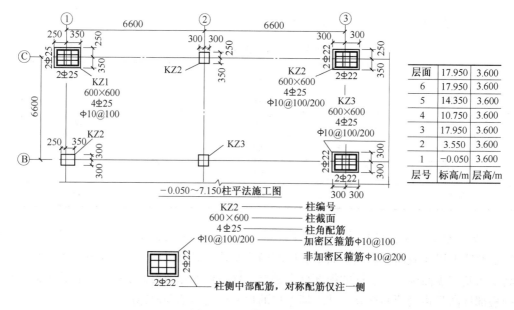

图 7.26　柱截面标注示例

2. 框架柱钢筋构造图解与计算

柱中计算钢筋的类型按照钢筋所在位置及功能不同可以分为纵筋和箍筋两大部分。柱的纵向钢筋又包括基础插筋、首层纵筋、中间层纵筋和顶层纵筋，如图 7.27 所示。

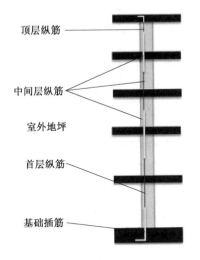

框架结构柱中
钢筋计算

图 7.27 柱中计算的纵向钢筋

（1）框架柱底层钢筋（请参考 11G101-3 图集第 59 页）。

1）底层纵筋计算。底层纵筋的长度由弯折长度、纵筋插入长度和底部非连接区长度三部分组成，三部分长度的取值按照构造要求，如图 7.28 所示，图中 H_n 为柱在本层的净高，H_c 为柱长边尺寸。嵌固部位按以下确定：无地下室时，嵌固在基础顶；有地下室时，嵌固在地下室顶，基础顶是否嵌固由设计者标明。

底层纵筋的长度 = 弯折长度 + 纵筋插入长度 + 底部非连接区长度

2）柱底层箍筋计算。柱底层箍筋为非复合箍。箍筋基础顶面上起步为 50mm，箍筋基础顶面下起步为 100mm。箍筋配置按构造要求，底层箍筋计算图如图 7.29 所示。

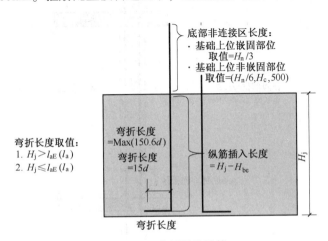

图 7.28 底层纵筋计算

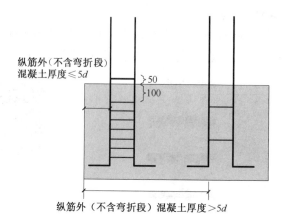

图 7.29 底层箍筋计算图

a. 纵筋外（不含弯折段）混凝土厚度≤5d：

$$箍筋间距＝Min（10d，100）（d 为插筋最小直径）$$

$$箍筋直径≥D/4（D 为插筋最大直径）$$

$$根数＝(H_j-H_{bc}-100)/Min(10d，100)-1$$

b. 纵筋外（不含弯折段）混凝土厚度>5d：

$$箍筋间距≤500 且不少于 2 根$$

$$根数＝(H_j-H_{bc}-100)/500-1$$

（2）框架柱中间层钢筋（请参考 11G101-1 图集第 58 页）。

1）中间层柱子纵筋。中间层柱子纵筋计算图如图 7.30 所示。

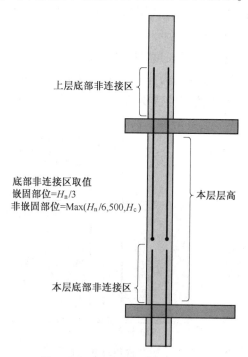

图 7.30 中间层柱子纵筋计算图

中间层钢筋长度=本层层高−本层底部非连接区+上层底部非连接区+搭接长度

2）中间层柱箍筋根数计算。中间层柱箍筋计算图如图7.31所示。

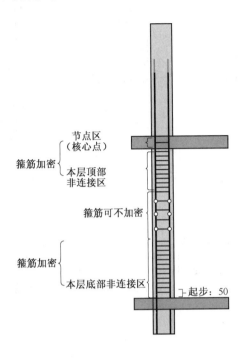

图7.31 中间层柱箍筋计算图

箍筋构造：

$$箍筋根数=加密区箍筋根数+非加密区箍筋根数$$

加密区范围包括节点区、顶部非连接区和底部非连接区。

$$节点区箍筋根数=节点高÷加密区间距，向上取整即可$$

$$顶部非连接区箍筋根数=顶部非连接区高度÷加密区间距，向上取整+1$$

$$底部非连接区箍筋根数=（底部非连接区高度−起步）÷加密区间距，向上取整+1$$

$$非加密区箍筋根数=（层高−节点区−顶部非连接区−底部非连接区）÷非加密区间距−1$$

（3）顶层柱钢筋计算。根据柱所在的建筑结构中的位置，可以把柱分为中柱、边柱和角柱。在柱顶部钢筋计算中，不同位置的柱，其钢筋所在的位置不同，锚固要求不同，工程量也不同。遵照标准图集规定将柱中钢筋分为内侧钢筋和外侧钢筋，中柱、边柱和角柱的内外侧钢筋如图7.32所示。

1）中柱纵筋长度计算。由标准图集，中柱柱顶纵向钢筋构造有三种，其长度计算如图7.33所示。

2）边角柱纵筋。边角柱内侧纵筋同顶层中柱纵筋计算方法相同。

边角柱外侧纵筋在11G101−1图集中有四个节点，四个节点的计算图分别如图7.34～图7.37所示。

3）顶层柱箍筋根数计算参见中间层柱箍筋根数计算。

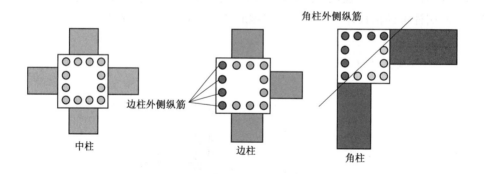

图 7.32 中柱、边柱和角柱的内外侧钢筋

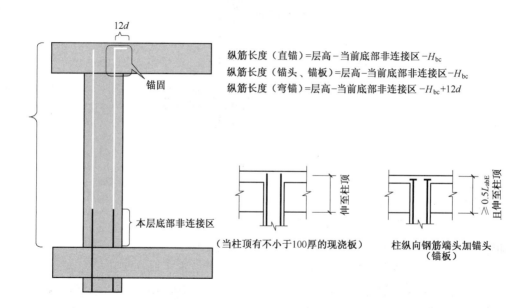

纵筋长度（直锚）=层高-当前底部非连接区 $-H_{bc}$
纵筋长度（锚头、锚板）=层高-当前底部非连接区$-H_{bc}$
纵筋长度（弯锚）=层高-当前底部非连接区 $-H_{bc}+12d$

图 7.33 顶层中柱纵筋计算图

（4）柱中箍筋。

1）柱中箍筋的类型。框架柱箍筋一般分为非复合箍筋、复合箍筋两大类，常见的矩形复合箍筋的复合方式如图 7.38 所示。箍筋肢数表达形式如图 7.39 所示，柱中箍筋长度计算图如图 7.40 所示。

2）柱中箍筋长度。

$$箍筋长度=箍筋周长+弯钩×2$$

$$周长=（B边长-H_{bc}×2+H边长-H_{bc}×2）×2 \quad 弯钩长度=1.9×d+Max（75mm，10d）$$

$$拉筋长度=柱边长-H_{bc}×2+1.9d×2+Max(10d,75)×2$$

柱中其他箍筋的计算公式如下：

$$外箍筋长度=（B-2×保护层+H-2×保护层）×2+2×L_w$$

内横向箍筋长度 $= \left[(B - 2 \times 保护层 - 2d - D)/3 \times 1 + D + 2d + (H - 2 \times 保护层) \right]$
$$\times 2 + 2 \times L_{\mathrm{w}}$$

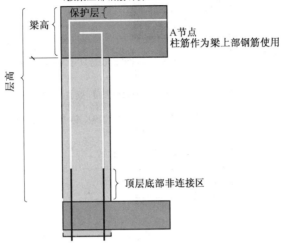

图 7.34　边角柱外侧纵筋 A 节点计算图

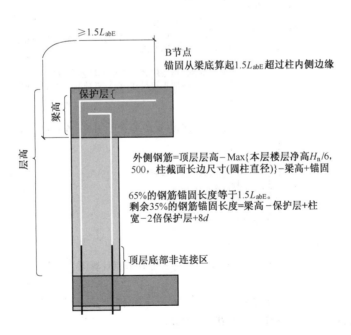

图 7.35　边角柱外侧纵筋 B 节点计算图

内纵向箍筋长度 $= \left[(B - 2 \times 保护层 - 2d - D)/4 \times 1 + D + 2d + (H - 2 \times 保护层) \right]$
$$\times 2 + 2 \times L_{\mathrm{w}}$$

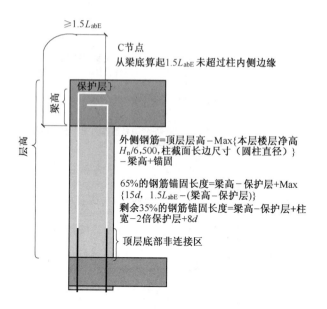

图 7.36 边角柱外侧纵筋 C 节点计算图

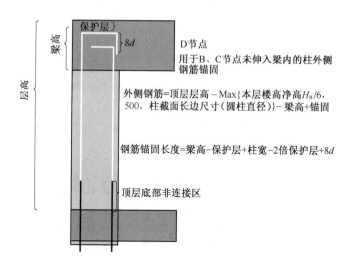

图 7.37 边角柱外侧纵筋 D 节点计算图

内纵向一字形箍筋长度'$= H - 2 \times$ 保护层 $+ 2 \times L_w$

其中，弯钩长度$=11.9d+$Max（75mm，10d）。

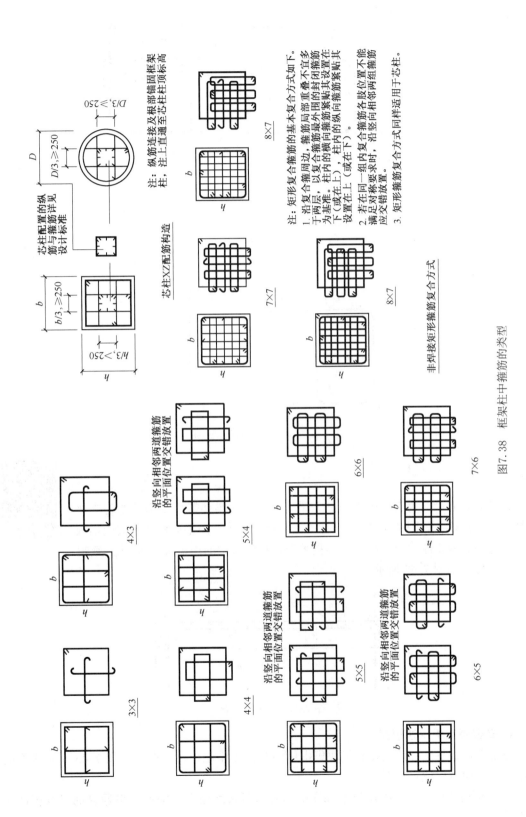

图7.38 框架柱中箍筋的类型

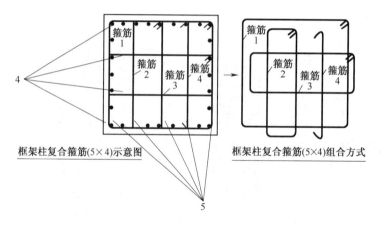

图 7.39　箍筋肢数表达形式

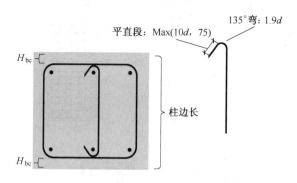

图 7.40　柱中箍筋长度计算图

7.2.5　板平法识图

板的平法标注
与钢筋计算

　　板按是否有梁分为有梁楼盖板和无梁楼盖板。有梁楼盖板是指以梁为支座的楼面及屋面板，如图 7.41 所示。有梁楼盖板平法施工图平面标注主要包括板块集中标注和板支座原位标注。无梁楼盖板是指没有梁的楼盖板，楼板由戴帽的柱头支撑，如图 7.42 所示。

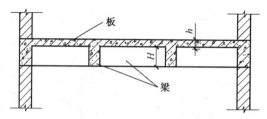

图 7.41　有梁楼盖板

1. 有梁楼盖板平法识图

　　有梁楼盖板平法标注主要有板块集中标注和板支座原位标注两种。图 7.43 所示为板的集中标注与原位标注示意图。

　　（1）板块集中标注。板块集中标注的内容包括板块编号、板厚、贯通纵筋以及板面标高高差。

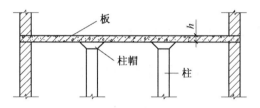

图 7.42 无梁楼盖板

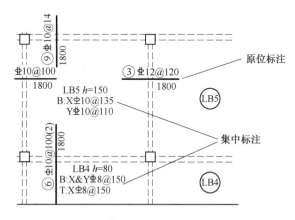

图 7.43 板的集中标注与原位标注示意图

1）结构平面坐标方向规定有以下几个方面。

a. 当两向轴网正交布置时，图面从左至右为 X 向，从下至上为 Y 向。

b. 当轴网转折时，局部坐标方向顺轴网转折角度做相应转折。

c. 当轴网向心布置时，切向为 X 向，径向为 Y 向。

为方便设计表达和施工识图，规定结构平面坐标方向为对于普通楼面板，XY 向都以 1 跨为 1 个板块；对于密肋楼盖，XY 向主梁均以 1 跨为 1 个板块（非主梁密肋不计）。所有板块都是逐一编号，相同编号的板块只有其一板块做集中标注，其他仅标注置于圆圈内的板编号；以及当板面标高不同时的标高高差。

2）板块编号。板块集中标注编号按表 7.14 执行。

表 7.14 板块集中标注编号

板类型	代号	序号
屋面板	WB	××
楼面板	LB	××
悬挑板	XB	××

3）板厚。

a. 注定为 $h=×××$（为垂直于板面的厚度）。

b. 当悬挑板的端部改变截面厚度时，用斜线分隔根部与端部的高度值，标注为 $h=×××/×××$。

c. 当设计已在图中注明板厚时，此项可不注。

4）贯通纵筋。

a. 贯通纵筋按板块的下部和上部分别标注，并以 B 代表下部，以 T 代表上部，B&T 代表下部与上部。

b. X 向贯通纵筋以 X 打头，Y 向贯通纵筋以 Y 打头，两向贯通纵筋配置相同时则以 X&Y 打头。

c. 单向板分布筋可不必标注，但是需要在图中统一注明。

当某些板内配置有构造钢筋时，则 X 向以 Xc，Y 向以 Yc 打头注定。

当贯通筋采用"隔一布一"方式时，表达式为φxx/yy@×××，表示直径为 xx 的钢筋和直径为 yy 的钢筋二者之间间距为×××，直径 xx 的钢筋的间距为×××的 2 倍，直径 yy 的钢筋的间距为×××的 2 倍。

5）板面标高高差。板面标高高差是指相对于结构层楼面标高的高差，应将其注写在括号内，且有高差则注，无高差则不注。

楼面板标注举例如下。

例如，有一楼面板块标注为 LB2 $h=150$ B：XB12@120；YB10@110。

表示 2 号楼面板，板厚 150，板下部配置的贯通纵筋 X 向为 B12@120，Y 向为 B10@110；板上部未配置贯通纵筋。

又例如，有一楼面板块标注为 LB2 $h=150$ B：XB10/12@100；YB10@110。

表示 2 号楼面板，板厚 150，板下部配置的贯通纵筋 X 向为 B10 、B12 隔一布一，B10 与 B12 之间间距为 100；Y 向为 B10@110；板上部未配置贯通纵筋。

再例如，有一悬挑板标注为 XB2 $h=170/120$ B：Xc&YcB8@200。

表示 2 号悬挑板，板根部厚 170，端部厚 120，板下部配置构造钢筋双向均为 B8@200。

（2）板支座原位标注。板支座原位标注原则有以下几点。

1）板支座原位标注的钢筋，应在配置相同跨的第一跨表达。

2）在配置相同跨的第一跨（或悬挑部位），垂直于板支座（梁或墙）绘制一段适宜长度的中粗实线（当该筋通长设置在悬挑板或短跨板上部时，实线段应画至对边或短跨），以该线段代表支座上部非贯通纵筋，并在线段上方注写钢筋编号、配筋值、横向连续布置的跨数（注写在括号内，且当一跨时可不注），以及是否连续布置到梁的悬挑端。

3）板支座上部非贯通纵筋自支座中心线向跨内的延伸长度，注写在线段的下方位置，如图 7.44 所示。

4）当中间支座延伸长度为对称配置时，可在支座一侧标注其长度，另一侧不注；为非对称布置时，应分别在支座的两侧线段下标注。如图 7.44（a）所示为板支座上部非贯通筋对称标注，图 7.44（b）所示为不对称伸出的标注方法。

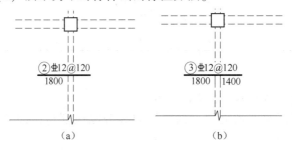

图 7.44 板支座上部非贯通筋标注方法

5）对线段画至对边贯通全跨或贯通全悬挑长度的上部通长纵筋，贯通跨或延伸至全悬挑一侧的长度值不注，只注明非贯通筋另一侧的伸出长度值，如图 7.45 所示。

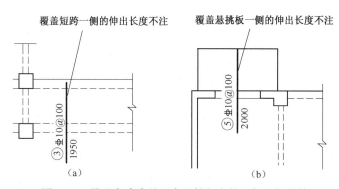

图 7.45　贯通全跨或贯通全悬挑长度的上部通长纵筋

6）在板平面布置图中，不同部位的板支座上部非贯通纵筋及悬挑板上部受力钢筋，可仅在一个部位注写，对其他相同者则仅需在代表钢筋的线段上注写编号及横向连续布置的跨数即可。图 7.46 所示为有梁楼盖平法标注图示。

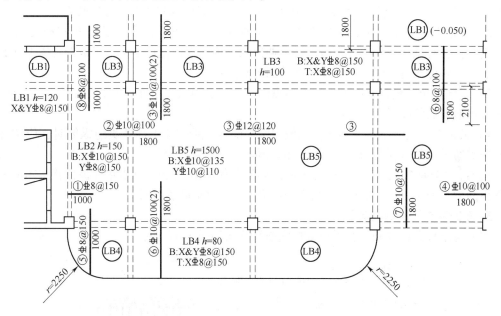

图 7.46　有梁楼盖平法标注图示

2. 无梁楼盖板平法识图

无梁楼盖板平法标注主要有板带集中标注和板带支座原位标注两部分。

（1）板带集中标注。集中标注应在板带贯通纵筋配置相同跨的第一跨上标注。相同编号的板带可择其一板块做集中标注，其他仅标注板带编号。板带集中标注的具体内容为板带编号、板带厚、板带宽和贯通纵筋。

1）板带编号、板带厚、板带宽。板带编号见表 7.15。跨数按柱网轴线计算，两相邻柱轴线之间为一跨，悬挑不计入跨数。板带厚标注为 $h=\times\times\times$，板带宽标注为 $b=\times\times\times$。当无梁楼盖整体厚度和板带宽度已在图中注明时，此项可不注。

表 7.15 板带编号

板带类型	代号	序号	跨数及有无悬挑	备 注
柱上板带	ZSB	××	(××)、(××A) 或 (××B)	(××A) 为一端有悬挑
跨中板带	KZB	××	(××)、(××A) 或 (××B)	(××B) 为两端有悬挑

注：1. 跨数按柱网轴线计算（两相邻柱轴线之间为一跨）；

　2. (××A) 为一端有悬挑，(××B) 为两端有悬挑，悬挑不计。

2）贯通纵筋。贯通纵筋按板带下部和板带上部分别注写，并以 B 代表下部，T 代表上部，B&T 代表下部和上部。

例如，有一板带标注为 ZSB5（3A）　　$h = 300$　$b = 3200$　B＝B16@ 120；TB18@ 220。

表示 5 号柱上板带，有 3 跨且一端有悬挑；板带厚 300，宽 3200；板带配置贯通纵筋下部为 B16@ 120，上部为 B18@ 220。

（2）板带支座原位标注。板带支座原位标注原则有以下几项。

1）以一段与板带同向的中粗实线段代表板带支座上部非贯通纵筋；对于柱上板带，实线段贯穿柱上区域绘制；对于跨中板带，实线段横贯柱网线绘制。在线段上注写钢筋编号（如①、②等）、配筋值及在线段的下方注写自支座中线向两侧跨内的伸出长度。

2）当板带支座非贯通纵筋自支座中线向两侧对称伸出时，其伸出长度可仅在一侧标注；当配置在有悬挑端的边柱上时，该筋伸出到悬挑尽端，设计不注。当板带支座上部非贯通纵筋呈放射分布时，设计者应注明配筋间距的定位位置。

3）不同部位的板带支座上部非贯通纵筋相同者，可仅在一个部位注写编号，其余则在代表非贯通纵筋的线段上注写编号。

4）板带上部已经配有贯通纵筋，但需增加配置板带支座上部非贯通纵筋时，应结合已配同向贯通纵筋的直径与间距，采取"隔一布一"的方式配置。

例如，B 16@ 220，板带支座上部非贯通纵筋为 B 16@ 220，则板带在该位置实际配置的上部纵筋为 B 16@ 110，其中 1/2 为贯通纵筋，1/2 为非贯通纵筋。

3. 板钢筋构造图解与计算

（1）有梁楼盖板底筋。有梁楼盖板底筋计算图如图 7.47 所示。

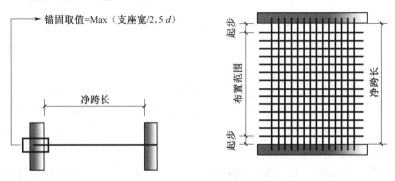

图 7.47　有梁楼盖板底筋计算图

（2）有梁楼盖板面筋。有梁楼盖板面筋计算图如图7.48所示。

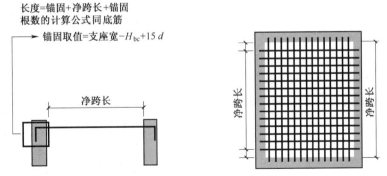

图7.48　有梁楼盖板面筋计算图

（3）单边标注板负筋。单边标注板负筋计算图如图7.49所示。

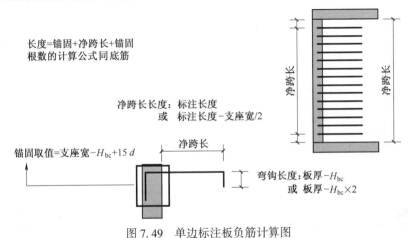

图7.49　单边标注板负筋计算图

（4）双边标注板负筋。双边标注板负筋计算图如图7.50所示。

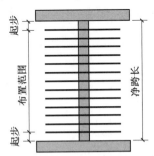

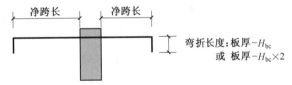

图7.50　双边标注板负筋计算图

（5）负筋分布筋。负筋分布筋计算图如图7.51所示。

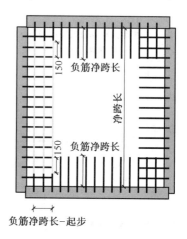

长度=净跨长−两侧负筋净跨长+150×2
（HPB300末端无须做180°弯钩）

根数=(负筋净跨长−起步)/间距 向上取整

图7.51 负筋分布筋计算图

7.2.6 钢筋工程量计算实例

例7.7 图7.52和图7.53所示为实训综合楼标准层框架梁配筋图。已知框架抗震等级为3级，混凝土的强度等级为C25。在室内干燥环境中使用。试计算梁内的钢筋工程量。（已知梁纵筋采用机械连接）

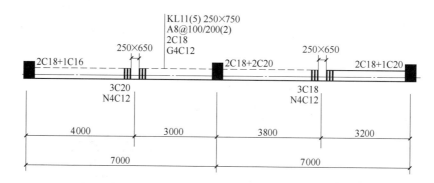

图7.52 梁的平法标注图

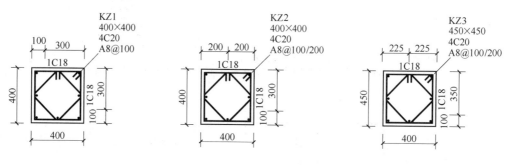

图7.53 柱平面配筋图

解：

（1）确定基本锚固长度。由框架抗震等级为 3 级和混凝土的强度等级为 C25，查 11G101-1 图集 P53，可知抗震受拉钢筋的基本锚固长度为

$$L_a = \zeta_a \times L_{ab} = 10 \times 40d$$

$$L_{aE} = \zeta_{aE} \times L_a = 1.05 \times 40d = 42d$$

（2）判断上部贯通筋、下部钢筋、端支座负筋三类钢筋的支座锚固。支座宽 $\geqslant L_{aE}$ 且 $\geqslant$ $0.5H_c + 5d$，为直锚，取 Max $\{L_{aE}$，$0.5H_c$（支座宽）$+5d\}$。

钢筋的端支座锚固值 = 支座宽 $\leqslant L_{aE}$ 或 $\leqslant 0.5H_c + 5d$，为弯锚，取 Max $\{L_{aE}$，支座宽度 - 保护层 $+15d\}$。

钢筋的中间支座锚固值 = Max $\{L_{aE}$，$0.5H_c + 5d\}$。

（3）钢筋长度计算。

1）上部通长筋 = 通跨净跨长 + 首尾端支座锚固值

$$= 14000 - 225 - 300 + 42 \times 8 \times 2 = 13475 + 672 = 14147（mm）。$$

2）支座负筋。

端支座负筋：第一排 = $L_n/3$ + 左（右）锚固；

第二排 = $L_n/4$ + 左（右）锚固；

第一跨左：（7000 - 300 - 200）/3 + 42 × 16 ≈ 2839（mm）；

第二跨右：（7000 - 200 - 225）/3 + 42 × 20 ≈ 3032（mm）；

中间支座：第一排 = $L_n/3 \times 2$ + 支座宽；

第二排 = $L_n/4 \times 2$ + 支座宽；

第二跨左：（7000 - 200 - 225）/3 × 2 + 400 ≈ 4783（mm）。

3）下部筋 = 本跨净跨长 + 左锚固 + 右锚固。

第一跨：7000 - 300 - 200 + 42 × 20 × 2 = 8180（mm）；

第二跨：7000 - 225 - 200 + 42 × 18 × 2 = 8087（mm）。

4）腰筋（本例中为 N）。

构造（G）钢筋：构造钢筋长度 = 净跨长 + 2 × 15d；

抗扭（N）钢筋：净跨长 + 左右端支座锚固值；

第一跨：7000 - 300 - 200 + 42 × 12 + 42 × 12 = 7508（mm）；

第二跨：7000 - 200 - 225 + 42 × 12 + 42 × 12 = 7583（mm）。

5）拉筋。拉筋长度 = 梁宽 - 2 × 保护层 + 2 × 11.9d（抗震弯钩值）+ 2d。

拉筋长度 = 400 - 2 × 25 + 11.9 × 8 + 2 × 8 ≈ 461（mm）。

拉筋根数：如果没有给定拉筋的布筋间距，通过 11G101-1 图集 P87 可知，如果给定拉筋的布筋间距，那么拉筋的根数 = 布筋长度/布筋间距。

6）箍筋。

箍筋长度 = 梁宽 - 2 × 保护层 + 梁高 - 2 × 保护层 + 2 × 11.9d；

箍筋根数 =（加密区长度/加密区间距 + 1）× 2 +（非加密区长度/非加密区间距 - 1）；

第一跨见 11G101-1 图集 P85 加密区长度 = Max（1.5H_b，500）= Max（1.5 × 750，500）= 1125（mm）；

加密区根数 = 加密区长度/间距 + 1 =（1125 - 50 × 2）/100 + 1 ≈ 12（根）；

非加密区=（净跨长−加密区长度×2）/间距−1=（7000−300−200−1125×2）/200−1≈21（根）；

附加箍筋（一般在主次梁相交的地方，每边3根）：6根；

箍筋长度=$(b-2B_{HC})\times2+(h-2B_{HC})\times2+1.9d\times2+2\times\text{Max}(10d,75)=(250-2\times25)\times2+(750-2\times25)\times2+1.9\times8\times2+2\times\text{Max}(10d,75)\approx1991(\text{mm})$。

7）吊筋。

吊筋长度=2×锚固+2×斜段长度+次梁宽度+2×50。

其中框梁高度>800mm时，夹角=60°；框梁高度≤800mm时，夹角=45°。

7.3　混凝土工程

混凝土工程基础知识

现浇钢筋混凝土构件包括基础、柱、梁、墙、板、楼梯、混凝土其他构件（涉及散水与坡道、室外地坪、电缆沟与地沟、台阶、扶手与压顶、化粪池与检查井、其他构件）、后浇带等内容。

7.3.1　混凝土工程量的计算规定

1. 现浇混凝土基础

现浇混凝土基础的工程量按设计图示尺寸以体积计算。不扣除伸入承台基础的桩头所占体积。基础与柱或墙的分界线是以基础顶面为界的，以下为基础，以上为柱或墙。

（1）带形基础。带形基础从基础结构而言，凡墙下的长条形基础，或柱和柱间距离较近而连接起来的基础，都称为带形基础。图7.54所示为混凝土带形基础。带形基础又分为无梁式（板式带形基础）和有梁式（有肋条带形基础）两种。无梁式带形基础是指基础底板不带梁或者梁顶面不凸出底板的暗梁。有梁式带形基础是指带形基础截面呈T形，且配有梁的钢筋时为有梁式带形基础，但梁（肋）高宽比应不大于4，当其梁（肋）高 h 与梁（肋）宽 b 之比超过4时，条形基础底板按无梁式计算，以上部分按钢筋混凝土墙计算。图7.55所示为无梁式（板式）带形基础，图7.56所示为有梁式（带肋）带形基础。

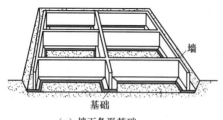

（a）墙下条形基础　　　　　　　　　（b）柱下条形基础

混凝土工程量计算

图7.54　混凝土带形基础

带形基础工程量的计算公式为

带形基础工程量=基础长度×基础断面积+T形接头的搭接部分体积

式中，基础长度，外墙按外墙中心线计算，内墙按内墙净长线计算；基础断面积按图示尺寸计算。内墙基础净长线如图7.57所示。梯形断面带形基础每个T字接头如图7.58中的体积可以按下式计算：

$$V_t = b \times H \times L_T + (2b + B)/6 \times H_1 \times L_T$$

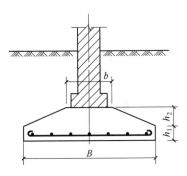

图 7.55　无梁式（板式）带形基础

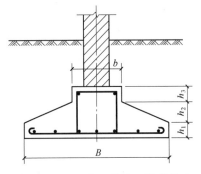

图 7.56　有梁式（带肋）带形基础

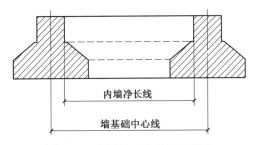

图 7.57　内墙基础净长线示意图

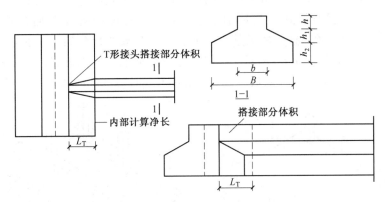

图 7.58　梯形断面带形基础（T 形接头）示意图

（2）独立基础。当建筑物上部结构采用框架结构或单层排架结构承重时，基础常采用方形或矩形基础。这类基础称为独立基础，独立基础分台阶形基础、坡形基础、杯形基础三种，如图 7.59 所示。其工程量按图示尺寸以立方米（m³）计算。

台阶形基础工程量 $\quad\quad\quad V = abh_1 + a_1b_1h_2$

坡形基础工程量 $\quad V = abh_1 + \dfrac{h_2}{6}[ab + (a + a_1)(b + b_1) + a_1b_1]$

杯形基础工程量 $\quad\quad\quad\quad V = V_1 + V_2 + V_3 - V_{杯口}$

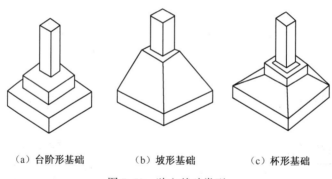

（a）台阶形基础　　　（b）坡形基础　　　（c）杯形基础

图 7.59　独立基础类型

式中　V_1——杯形基础底部台阶的体积；

V_2——杯形基础中部坡形体的体积；

V_3——杯形基础上部台阶的体积。

推荐经验公式：

$$V_{杯口} \approx h_b(a_d + 0.025)(b_d + 0.025)$$

式中　a、b——台阶形基础中，第一个台阶的长度和宽度；

h_1——台阶形基础中，第一个台阶的高度；坡形基础中坡体高度；

a_1、b_1——台阶形基础中，第二个台阶的长度和宽度；

h_2——台阶形基础中，第二个台阶的高度；

a_d、b_d——杯底的尺寸；

h_b——杯口高度。

（3）满堂基础。满堂基础是指由成片的钢筋混凝土板支撑着整个建筑。满堂基础分为有梁式和无梁式两种，有梁式满堂基础是指带有凸出板面的梁（上翻梁或下翻梁），如图 7.60 所示。有梁式满堂基础与柱子是以梁上表面为分界线划分的，下面是基础，上面是柱子。无梁式满堂基础如图 7.60 所示，是指无凸出板面的梁。无梁式满堂基础与柱子是以板的上表面为分界线划分的，柱高从底板的上表面开始计算，柱墩体积并入柱内计算。

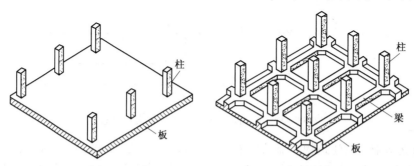

图 7.60　无梁式满堂基础

有梁式满堂基础工程量按图示尺寸梁板体积之和，以立方米（m³）计算；无梁式满堂基础工程量按图示尺寸，以立方米（m³）计算。边肋体积并入基础工程量内计算。

（4）箱式满堂基础。箱式满堂基础是指由顶板、底板及纵横墙板连成整体的基础。如图 7.61 所示。箱式满堂基础中柱、梁、墙按混凝土相关柱、梁、墙、板分别编码列项，箱式满堂基础底板按满堂基础项目列项。

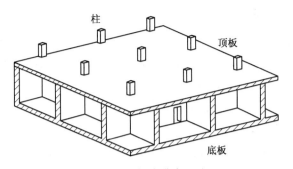

图 7.61　箱式满堂基础

2. 现浇混凝土柱

现浇混凝土柱的工程量为按设计图示尺寸以体积计算。

（1）现浇混凝土柱的类型及柱高的规定。柱按其作用可分为矩形柱、构造柱和异形柱。矩形柱和异形柱一般为独立柱，独立柱常见于承重独立柱、框架柱、有梁板柱、无梁板柱、构架柱等。构造柱是指按建筑物刚性要求设置的、先砌墙后浇捣的柱，按设计规范要求，需设与墙体咬接的马牙槎。图 7.62 所示为构造柱示意图。

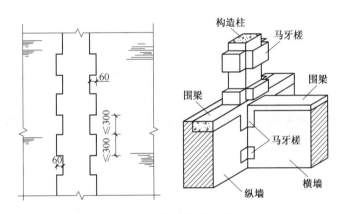

图 7.62　构造柱示意图

现浇混凝土柱高按以下规则确定。

1）有梁板的柱高应自柱基上表面（或楼板上表面）至上一层楼板上表面之间的高度计算，如图 7.63（a）所示。

2）无梁板的柱高应自柱基上表面（或楼板上表面）至柱帽下表面之间的高度计算，如图 7.63（b）所示。

3）框架柱的柱高应自柱基上表面至柱顶高度计算，如图 7.63（c）所示。

4）构造柱按全高计算，嵌接墙体部分并入柱身体积，如图 7.62 所示。

5）依附柱上的牛腿和升板的柱帽并入柱身体积计算。

（2）现浇构造柱的工程量计算公式。构造柱计算的难点在于马牙槎计算。构造柱常用的断面形式一般有四种，如图 7.64 所示，分别为长墙中的一字形、L 形拐角、T 形接头和十字形交叉。构造柱工程量计算时，与墙体嵌接部分的体积应并入柱身体积内。一般马牙槎咬接高度为 300mm，纵向间距为 300mm，马牙槎咬接宽度为 60mm。为方便计算，马牙槎咬接宽度按全高的平均宽度 $60 \times \dfrac{1}{2} = 30$（mm）计算。若构造柱两个方向的尺寸记为 a 及 b，则构造柱断面积可按下式计算：

$$S_{断面} = a \times b + 0.03 \times a \times n_1 + 0.03 \times b \times n_2 = a \times b + 0.03 \times (a \times n_1 + b \times n_2)$$

式中 $S_{断面}$——构造柱计算断面面积；

n_1、n_2——分别为相应于 a、b 方向的咬接边数，其数值为 0、1、2。

若两个方向尺寸相等时，则

$$S_{断面} = (b_{构造柱边长} + 0.03 \times n) \times b_{构造柱边长}$$

式中 n——有槎面数。

构造柱截面一般与墙厚尺寸相同。

注意：计算构造柱高度时圈梁让位于构造柱。

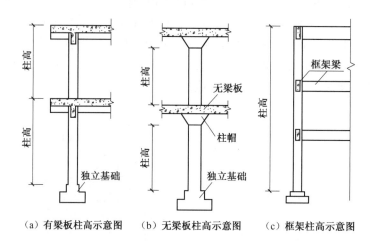

（a）有梁板柱高示意图　　（b）无梁板柱高示意图　　（c）框架柱高示意图

图 7.63　柱高示意图

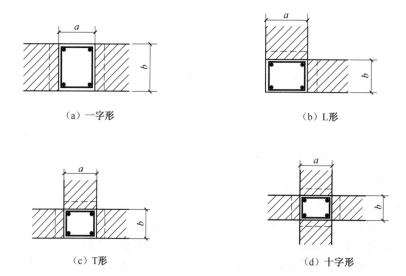

（a）一字形

（b）L形

（c）T形

（d）十字形

图 7.64　构造柱的断面形式

3. 现浇混凝土梁

现浇混凝土梁包括基础梁、矩形梁、异形梁、圈梁、过梁、弧形梁和拱形梁。现浇混凝土梁的工程量计算规则为按设计图示尺寸以体积计算。伸入墙内的梁头、梁垫并入梁体积内。各种梁的长度按下列规定计算。

（1）梁与柱交接时，梁长算至柱侧面，如图7.65所示。

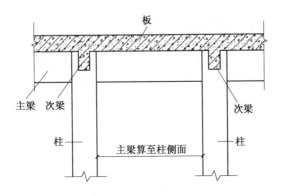

图7.65　梁与柱交接时梁长计算图示

（2）次梁与主梁交接时，次梁长度算至主梁侧面，如图7.66所示。

（3）伸入墙内的梁头或梁垫体积应并入梁的体积内计算，如图7.67所示。注意混凝土支座与非混凝土支座梁的长度计算是不同的，如图7.68所示。

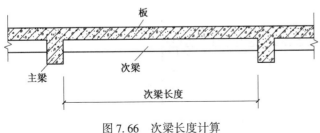

图7.66　次梁长度计算

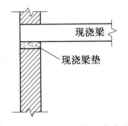

图7.67　伸入墙内的梁

（4）凡加固墙身的梁应按圈梁计算，通过门窗洞口起承重作用的梁应按过梁计算，其中过梁长度按门窗洞口宽度两端共加50cm计算，如图7.69所示。圈梁的计算长度：外墙圈梁按中心线长度，内墙圈梁按净长线长度。

（5）叠合梁是指预制梁上部预留一定高度，待安装后再浇筑的混凝土梁，工程量按设计图示的二次浇灌部分的实体积计算。

4. 现浇混凝土板

现浇混凝土板包括有梁板、无梁板、平板、拱板、薄壳板、栏板、天沟（檐沟）、挑檐板、雨篷、悬挑板、阳台板、空心板和其他板。

（1）有梁板、无梁板、平板、拱板、薄壳板、栏板的工程量按下列规定执行。

1）按设计图示尺寸以体积计算。不扣除单个面积 ≤ 0.3m² 的柱、垛以及孔洞所占的体积。各类板伸入墙内的板头并入板体积内，薄壳板的肋、基础梁并入薄壳体积内计算。

2）有梁板（包括主次梁与板）按梁板体积之和计算。

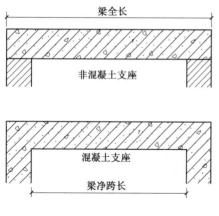

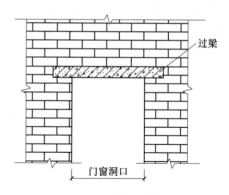

图 7.68　混凝土支座与非混凝土支座　　　　　图 7.69　过梁示意图

$$V = V_{板} + V_{梁}$$

$$V = (S_{现浇板面积} - S_{大于0.3m^2孔洞}) \times h_{板厚} + V_{板下梁}$$

3）无梁板是指不带梁直接用柱帽支撑的板，其体积按板与柱帽体积之和计算。

$$V = (S_{现浇板面积} - S_{大于0.3m^2孔洞}) \times h_{板厚} + V_{柱帽}$$

4）平板是指无柱、梁而直接由砖墙或预制梁支撑的板，其工程量按板体积计算，伸入墙内的板头并入板体积内计算，包括楼面板下的架空小梁（局部板下有），但不包括圈梁体积，如图 7.70 所示。

$$V = (S_{现浇板面积} - S_{大于0.3m^2孔洞}) \times h_{板厚} + V_{小梁}$$

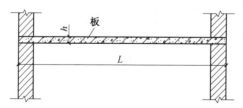

图 7.70　平板

（2）天沟（檐沟）、挑檐板的工程量。现浇天沟（檐沟）、挑檐板与板（包括屋面板、楼板）连接时，以外墙外边线为分界线，与圈梁（包括其他梁）连接时，以梁外边线为分界线。外墙外边线以外或梁外边线以外为挑檐天沟，如图 7.71 所示。其工程量计算规则为按设计图示尺寸以体积计算。

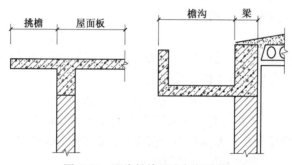

图 7.71　现浇挑檐天沟与板连接

（3）雨篷、悬挑板、阳台板的工程量。雨篷、悬挑板、阳台板的工程量计算规则为按设计图示尺寸以墙外部分体积计算，包括伸出墙外的牛腿和雨篷反挑檐的体积。

（4）空心板的工程量。空心板的工程量按设计图示尺寸以体积计算，扣除空心部分。

（5）其他板的工程量。其他板的工程量按设计图示尺寸以体积计算。

5. 现浇混凝土墙

（1）现浇混凝土墙及墙高。现浇混凝土墙包括直形墙、弧形墙、短肢剪力墙、挡土墙。墙高的确定按下面规定进行。

1）当墙顶无框架梁时，按墙全高计算，即楼板上表面或基础顶面至上一层楼板上表面。

2）当墙顶有框架梁，且框架梁宽度等于墙厚（暗梁）时，按墙全高计算，即楼板上表面或基础顶面至上一层楼板上表面。

3）当墙顶有框架梁，且框架梁宽度大于墙厚（暗梁）时，按墙净高计算，即楼板上表面或基础顶面至上一层框架梁下表面。

（2）现浇混凝土墙工程量。现浇混凝土墙工程量按设计图示尺寸以体积计算，扣除门窗洞口及单个面积 $0.3\mathrm{m}^2$ 以外孔洞的体积，墙垛及突出部分并入墙体积内计算。

当墙中无框架柱时：

$$外墙工程量\ V = h_{墙厚} \times (L_{中} \times H_{墙高} - S_{门窗洞口、0.3\,m^2以上的孔洞})$$
$$内墙工程量\ V = h_{墙厚} \times (L_{内净跨长} \times H_{墙高} - S_{门窗洞口、0.3m^2以上的孔洞})$$

6. 现浇混凝土楼梯

现浇混凝土楼梯又称整体楼梯，如图 7.72 所示，包括直形楼梯和弧形楼梯两种。其工程量计算可以执行两种规则。

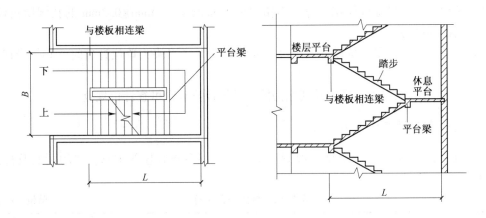

图 7.72　现浇混凝土楼梯

（1）以平方米（m^2）为单位计量，按设计图示尺寸以水平投影面积计算。不扣除宽度 $\leqslant$ 500mm 的楼梯井，伸入墙内部分不计算。

（2）以立方米（m^3）为单位计量，按设计图示尺寸以体积计算。

水平投影面积包括休息平台、平台梁 、斜梁及楼梯的连接梁，当整体楼梯与现浇楼板无梯梁连接时，以楼梯的最后一个踏步边缘加 300mm 为界。

7. 现浇混凝土其他构件

（1）散水、坡道、室外地坪按设计图示尺寸以水平投影面积计算，不扣除单个 $\leq 0.3\text{m}^2$ 的孔洞所占面积。

（2）电缆沟、地沟按设计图示尺寸以中心线长度计算。

（3）台阶按设计图示尺寸以水平投影面积计算。

（4）扶手、压顶按设计图示尺寸以中心线长度计算。

（5）化粪池、检查井及其他按设计图示尺寸以体积计算。

8. 预制构件混凝土工程量计算

（1）预制混凝土柱。

1）按设计图示尺寸以体积计算。

2）以根为单位计量，按设计图示尺寸以数量计算。

（2）预制混凝土梁。预制混凝土梁包括矩形梁、异形梁、过梁、拱形梁、鱼腹式吊车梁、其他梁，其工程量计算有以下两点规则。

1）按设计图示尺寸以立方米（m^3）为单位计算。

2）以根为单位计量，按设计图示尺寸以数量计算（以根为单位计量时，必须描述单件体积）。

（3）预制混凝土屋架。

1）按设计图示尺寸以立方米（m^3）为单位计算。

2）以榀为单位计量，按设计图示尺寸以数量计算（以榀为单位计量时，必须描述单件体积）。

（4）预制混凝土板。

1）按设计图示尺寸以体积计算，不扣除单个面积 $\leq 0.3\text{mm}\times0.3\text{mm}$ 的孔洞所占体积，扣除空心板空洞体积。

2）以块为单位计量，按设计图示尺寸以数量计算（以块为单位计量时，必须描述单件体积）。

另外，还有预制混凝土楼梯及其他构件。具体计算规则可查计价规范。

7.3.2 混凝土工程量计算实例

例7.8 计算图7.73中框架柱混凝土工程量，混凝土强度为C35，柱的断面及标高见表7.16。

表7.16 柱的断面及标高　　　　　　　　　　　　单位：mm

柱号	标高	$h\times b$	h_1	h_2	b_1	b_2	钢筋略
KZ1	$-1.2\sim3.9$	500×500	250	250	250	250	
	$3.9\sim11.7$	450×500	250	200	250	250	
	$11.7\sim17.7$	400×450	250	150	225	225	
KZ2	$-1.2\sim7.8$	500×550	250	250	275	275	
	$7.8\sim14.7$	450×500	250	200	250	250	
	$14.7\sim17.7$	400×450	250	150	225	225	

柱号	标高	$h \times b$	h_1	h_2	b_1	b_2	钢筋略
KZ3	$-1.2 \sim 11.7$	450×500	250	200	250	250	
	$11.7 \sim 17.7$	400×450	250	150	225	225	

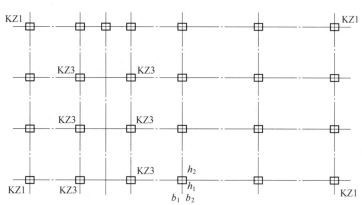

未标框架柱，编号均为KZ2

图 7.73 框架柱平面布置图

解：

由图中可看出，KZ1 为 4 根，KZ2 为 13 根，KZ3 为 6 根。

$V_{KZ1} = [0.5 \times 0.5 \times (3.9 + 1.2) + 0.5 \times 0.45 \times (11.7 - 3.9) + 0.4 \times 0.45 \times (17.7 - 11.7)] \times 4 = 16.44$ （m³）；

$V_{KZ2} = [0.5 \times 0.55 \times (7.8 + 1.2) + 4.5 \times 0.5 \times (14.7 - 7.8) + 0.4 \times 0.45 \times (17.7 - 14.7)] \times 13 \approx 59.38$ （m³）；

$V_{KZ3} = [0.45 \times 0.5 \times (11.7 + 1.2) + 0.4 \times 0.45 \times (17.7 - 11.7)] \times 6 \approx 23.90$ （m³）；

$V_{总} = V_{KZ1} + V_{KZ2} + V_{KZ3} = 16.44 + 59.38 + 23.90 = 99.72$ （m³）。

7.4 混凝土与钢筋混凝土工程计价

混凝土工
程报价

7.4.1 混凝土与钢筋混凝土工程定额计价

《工程定额》包括现浇混凝土构件、预制和预应力混凝土构件、钢筋制作与安装、混凝土预制构件运输与安装。其中，现浇混凝土浇捣按现拌混凝土和商品混凝土两部分列项，现拌泵送混凝土按商品泵送混凝土定额执行。

7.4.2 混凝土与钢筋混凝土工程清单计价

混凝土与钢筋混凝土工程工程量清单项目按照《建筑工程工程量清单计价规范》(GB 50500—2013) 附录 E 列项，共分 17 节 76 个子项，包括现浇混凝土基础、现浇混凝土柱、现浇混凝土梁、现浇混凝土墙、现浇混凝土板、现浇混凝土楼梯、现浇混凝土其他构件、后浇带、预制混凝土柱、预制混凝土梁、预制混凝土屋架、预制混凝土板、预制混凝土楼梯、其他预制构件、混凝土构筑物、钢筋工程、螺栓铁件等。混凝土及钢筋混凝土工程适用于建筑物和构筑物的混凝土工程。

混凝土与钢筋混凝土工程工程量清单项目设置可查《建筑工程工程量清单计价规范》（GB 50500—2013），如现浇混凝土基础编码为010501、现浇混凝土柱编码为010502、现浇混凝土梁编码为010503、现浇混凝土墙编码为010504、现浇混凝土板编码为010505等。

7.4.3 混凝土与钢筋混凝土工程报价案例

例7.9 某工程结构平面如图7.74所示，采用C25现拌混凝土浇捣，模板用组合钢模，层高为5m（+6.00~+11.00），柱截面为400mm×500mm，KL1截面为250mm×700mm，KL2截面为250mm×600mm，L截面为250mm×500mm，板厚为10mm。选用定额见表7.17。

（1）按题意列出工程量清单。

（2）计算柱、KL1和板的综合单价，假定费率如下：管理费为25%、利润为15%（以人工为基数）。

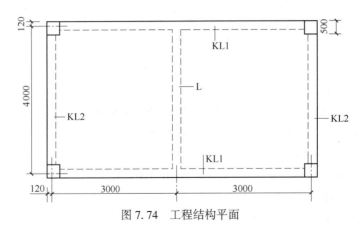

图7.74 工程结构平面

表7.17 选用定额

金额单位：元

编码	类别	名称	单位	含量	工程量	单价	合价	主材费单价	人工费合价	材料费合价	机械费合价
		整个项目					3034.29		727.56	2 235.74	70.99
4-7 HB021211 PB104	换	现浇现拌混凝土 矩形柱 换为【现浇现拌混凝土 碎石(最大粒径:20 mm) 混凝土强度等级 C25】	10 m³		1	3 034.29	3 034.29	0	727.56	2 235.74	70.99

编码	类别	名称	单位	含量	工程量	单价	合价	主材费单价	人工费合价	材料费合价	机械费合价
		整个项目					2 834.61		496.65	2 266.97	70.99
4-11 HB021211 PB104	换	现浇现拌混凝土 建筑物混凝土 单梁、连续梁、异形梁、弧形梁、吊车梁 换为【现浇现拌混凝土 碎石(最大粒径:20 mm) 混凝土强度等级 C25】	10 m³		1	2 834.61	2 834.61	0	496.65	2 266.97	70.99

编码	类别	名称	单位	含量	工程量	单价	合价	主材费单价	人工费合价	材料费合价	机械费合价
		整个项目					2 923.29		411.94	2 434.48	76.87
4-14 HB021101 PB95	换	现浇现拌混凝土 建筑物混凝土 板 换为【现浇现拌混凝土 碎石(最大粒径:16 mm) 混凝土强度等级 C25】	10 m³		1	2 923.29	2 923.29	0	411.94	2 434.48	76.87

解：

（1）混凝土工程量计算。

C25钢筋混凝土柱：5×0.4×0.5×4=4（m³）。

C25 钢筋混凝土梁：

KL1：$5.44×0.25×0.7×2=1.904$（m³）；

KL2：$3.24×0.25×0.6×2=0.972$（m³）；

L：$3.74×0.25×0.5≈0.468$（m³）。

C25 钢筋混凝土板：$3.74×5.49×0.1≈2.053$（m³）。

（2）模板工程量。

柱：$4×9.92=39.68$（m²）；

梁：$1.904×8.1+（0.972+0.468）×10.6=30.69$（m²）；

板：$2.053×12.06≈24.76$（m²）；

（3）分部分项工程量清单。分部分项工程量清单见表 7.18。

表 7.18　分部分项工程量清单

序号	项目编码	项目名称	计量单位	工程数量
1	010502001001	矩形柱：C25 钢筋混凝土，层高 5m	m³	4.0
2	010503002001	矩形梁：C25 钢筋混凝土，梁高 0.6m 以上，层高 5m	m³	1.904
3	010503002002	矩形梁：C25 钢筋混凝土，梁高 0.6m 以内，层高 5m	m³	1.44
4	010505003001	平板：C25 钢筋混凝土，板厚 100mm，层高 5m	m³	2.053

（4）分部分项工程量清单项目综合单价计算。

1）矩形柱综合单价。选用定额表 7.17 进行综合单价分析。综合单价计算表见表 7.19。

表 7.19　综合单价计算表（1）

项目编码	010502001001		项目名称		矩形柱	计量单位	m³	
清单综合单价组成明细								
定额编号	定额名称	定额单位	数量	单价/元				合价/元
				人工费	材料费	机械费	管理费和利润	人工费	材料费	机械费	管理费和利润
4-7h	矩形柱	10m³	4.0	727.56	2235.74	70.99	319.42	291.02	894.3	28.4	127.77
合　计				3353.71				1341.49			
清单项目综合单价								$1341.49/4≈335.37$（元/m³）			

2）矩形梁综合单价。选用定额表 7.17 进行综合单价分析。综合单价计算表见表 7.20。

表 7.20　综合单价计算表（2）

项目编码	010503002001		项目名称		矩形梁	计量单位	m³	
清单综合单价组成明细								
定额编号	定额名称	定额单位	数量	单价/元				合价/元
				人工费	材料费	机械费	管理费和利润	人工费	材料费	机械费	管理费和利润
4-11h	矩形梁	10m³	1.904	496.65	2266.97	70.99	227.06	94.56	431.63	13.52	43.23
合　计				3061.67				582.94			
清单项目综合单价								$582.94/1.904≈306.17$（元/m³）			

3）平板综合单价。选用定额表 7.17 进行综合单价分析。综合单价计算表见表 7.21。

表 7.21　综合单价计算表（3）

项目编码	010505003001			项目名称			平板		计量单位		m³
清单综合单价组成明细											
定额编号	定额名称	定额单位	数量	单价/元				合价/元			
				人工费	材料费	机械费	管理费和利润	人工费	材料费	机械费	管理费和利润
4-14h	平板	10m³	2.053	411.94	2434.48	76.87	195.52	84.57	499.8	15.78	40.13
合　计				3118.81				640.28			
清单项目综合单价				640.28/2.053≈311.88（元/m³)							

7.5　单元任务

7.5.1　基本资料

某工程编制的分部分项工程量清单见表 7.22，假设人工费、材料费、机械费按表 7.23 中定额取定价格计价，不考虑风险因素；施工综合取费以人工费、机械费为基数；企管费费率为 25%、利润费费率为 15% 取值，编制该工程分部分项工程量清单，并对模板工程措施项目清单报价（工程要求采用泵送商品混凝土）。

表 7.22　分部分项工程量清单

工程名称：××××工程　　　　　　　　　　　　　　　　　　　　第 1 页　共 1 页

序号	项目编码	项目名称	计量单位	工程数量
1	010501002001	C25 钢筋混凝土有梁式带形基础：底宽 1.2m，厚 200m，锥高 0.05m，梁高 350mm，宽 300mm，基底长 106.5m；C10 混凝土垫层，宽度 1.4m，厚 0.1m	m³	42.84
2	010501002002	C25 钢筋混凝土有梁式带形基础：底宽 1.4m，厚 200mm，锥高 0.05m，梁高 350mm，宽 300mm，基底长 121.2m；C10 混凝土垫层，宽度 1.6m，厚 0.1m	m³	53.6
3	010501003001	C25 钢筋混凝土独立柱基（共 10 只）：基底 2m×2m，厚 0.35m，顶面 0.4m×0.4m，锥高 0.35m；基底 C10 混凝土垫层 2.2m×2.2m，厚 0.1m	m³	47.4
4	010502001001	C25 钢筋混凝土现浇矩形柱 KZ1，断面周长 1.8m 以内，层高 3.6m 以内，柱高 24.87m	m³	120.6
5	010502001002	C25 钢筋混凝土现浇矩形柱 KZ2，断面周长 1.8m 以上，层高 4.5m，柱高 24.87m	m³	46.8

序号	项目编码	项目名称	计量单位	工程数量
6	010503002001	C25 钢筋混凝土现浇矩形梁，梁高 0.6m 以上，层高 4.5m	m^3	63.2
7	010503002002	C25 钢筋混凝土现浇矩形梁，梁高 0.6m 以内，层高 4.5m	m^3	33.74
8	010505001001	C25 钢筋混凝土井字有梁板，层高 4.5m	m^3	126.63
9	010505003001	平板：C25 钢筋混凝土，板厚 120mm，层高 4.5m	m^3	259.3
10	010505008001	C25 钢筋混凝土梁板式雨篷：外挑尺寸 1.68m×6.5m，梁上翻沿高 0.6m；分项体积：梁（高 0.6m 以内）0.84m^3、板（厚 100mm）0.82m^3、翻沿 0.69m^3，板面标高 4.4m	m^3	2.35
11	010506001001	直形板式楼梯：C25 钢筋混凝土，底板厚 0.2m	m^2	20.65
12	010515001001	现浇混凝土钢筋：Ⅰ级圆钢，规格综合	t	45.54
13	010515001002	现浇混凝土钢筋：Ⅱ级螺纹钢，Φ10 以上	t	84.48

表 7.23 选用定额

金额单位：元

	编码	类别	名称	单位	含量	工程量	单价	合价	主材费单价	人工费合价	材料费合价	机械费合价
-			整个项目					24 464.74		1 913.1	22 395.66	155.97
1	4-75 H0433022 0433023	换	现浇商品混凝土(泵送) 建筑物混凝土 混凝土及钢筋砼基础 换为【泵送商品混凝土 C25】	10 m³		0.1	3 379.37	337.94	0	11.61	326.07	0.26
2	4-73	定	现浇商品混凝土(泵送) 建筑物混凝土 垫层	10 m³		0.0362	2 799.6	101.35	0	4.76	96.24	0.34
3	4-79 H0433022 0433023	换	现浇商品混凝土(泵送) 建筑物混凝土 矩形柱、异形柱、圆形柱 换为【泵送商品混凝土 C25】	10 m³		1	3 654.02	3 654.02	0	391.73	3 257.94	4.35
4	4-83 H0433022 0433023	换	现浇商品混凝土(泵送) 建筑物混凝土 基础梁、异形梁、弧形梁、吊车梁 换为【泵送商品混凝土 C25】	10 m³		1	3 512.82	3 512.82	0	219.30	3 289.17	4.35
5	4-86 H0433022 0433023	换	现浇商品混凝土(泵送) 建筑物混凝土 板 换为【泵送商品混凝土 C25】	10 m³		1	3 606.24	3 606.24	0	204.25	3 391.91	10.08
6	4-96 H0433022 0433023	换	现浇商品混凝土(泵送) 建筑物混凝土 雨篷 换为【泵送商品混凝土 C25】	10 m³		1	3 682.58	3 682.58	0	341.85	3 333.45	7.28
7	4-94 H0433022 0433023	换	现浇商品混凝土(泵送) 建筑物混凝土 楼梯 换为【泵送商品混凝土 C25】	10 m²		1	874.89	874.89	0	75.25	798.09	1.55
8	4-416	定	普通钢筋制作安装 现浇构件 圆钢	t		1	4 475.44	4 475.44	0	443.76	3 980.73	50.95
9	4-417	定	普通钢筋制作安装 现浇构件 螺纹钢	t		1	4 219.46	4 219.46	0	220.59	3 922.06	76.81
10		定					0	0	0	0	0	0

	编码	类别	名称	单位	含量	工程量	单价	合价	主材费单价	人工费合价	材料费合价	机械费合价
-			整个项目					21 422.97		10 774.51	9 571.95	1 076.51
1	4-138	定	基础模板 带形基础 有梁式 组合钢模	100 m²		1	2 159.82	2 159.82	0	1 100.8	937.55	121.47
2	4-140	定	基础模板 独立基础 组合钢模	100 m²		1	2 065.36	2 065.36	0	1 021.68	958.58	85.1
3	4-136	定	基础模板 基础垫层	100 m²		1	2 332.37	2 332.37	0	1 150.25	1 105.7	76.42
4	4-155	定	建筑模板 矩形柱 组合钢模	100 m²		1	2 724.77	2 724.77	0	1 487.8	1 081.03	155.94
5	4-160	定	建筑模板 柱支模超高每增加1m	100 m²		1	149.89	149.89	0	83.85	60.63	5.41
6	4-164	定	建筑物模板 矩形梁 组合钢模	100 m²		1	3 449.99	3 449.99	0	1 825.78	1 405.03	219.18
7	4-172	定	建筑模板 梁支模超高每增加1m	100 m²		1	260.46	260.46	0	141.9	102.54	16.02
8	4-173	定	建筑模板 板 组合钢模	100 m²		1	2 604.03	2 604.03	0	1 272.8	1 159.49	171.74
9	4-193	定	建筑模板 全悬挑阳台、雨篷	10 m²(		1	522.09	522.09	0	288.1	212.26	21.73
10	4-194	定	建筑模板 栏板、翻檐 直形	10 m²		1	2 175.35	2 175.35	0	1 182.5	917.93	74.92
11	4-189	定	建筑模板 楼梯 直形	10 m²(		1	881.27	881.27	0	408.5	439.21	33.56
12	4-190	定	建筑模板 楼梯 弧形	10 m²(		1	1 848.28	1 848.28	0	703.05	1 069.52	75.71
13	4-180	定	建筑物模板 板支模超高每增加1m	100 m²		1	249.29	249.29	0	107.5	122.48	19.31

7.5.2 任务要求

任务要求有以下两个方面。

（1）计算该工程分部分项工程量清单。

（2）模板工程措施项目清单报价。

7.5.3 任务实施

根据清单项目特征，需对有关项目计价工程量进行计算（以下按清单序号排列项目计算）。

1. 计价工程量计算

基础垫层工程量计算如下。

墙基1下混凝土垫层：$V = 1.4 \times 0.1 \times 106.5 = 14.91$（$m^3$）；

墙基2下混凝土垫层：$V = 1.6 \times 0.1 \times 121.2 \approx 19.39$（$m^3$）；

独立柱基下混凝土垫层：$V = 2.2 \times 2.2 \times 0.1 \times 10 \approx 4.84$（$m^3$）。

项目清单中提供的墙基长度是基底长度，按照计价定额使用规则，垫层搭接体积不予扣除，故可直接利用该长度计算，如果清单提供的是基底垫层长度（或体积），则应按垫层长度增加不应扣除的T形搭接长度。

2. 模板工程量计算

采用计价定额提供的《现浇混凝土构件含模量参考表》（见表7.1），对于相同项目可以合并计算。

（1）基础部分。

有梁式带形基础模板：$S = (42.84 + 53.6) \times 2.17 \approx 209.27$（$m^2$）；

独立柱基模板：$S = 47.4 \times 2.12 \approx 100.49$（$m^2$）；

基础混凝土垫层模板：$S = (14.91 + 19.39 + 4.84) \times 1.38 \approx 54.01$（$m^2$）。

（2）柱模板（按层高不同予以分别计算）。

层高3.6m以内（断面1.8m以内）：$S = 120.6 \times 9.92 \approx 1196.35$（$m^2$）；

层高4.5m（断面1.8m以上）：$S = 46.8 \times 6.79 \approx 317.77$（$m^2$）。

（3）梁模板（层高相同，合并计算）。

层高4.5m：$S = 63.20 \times 8.1 + 33.74 \times 10.6 \approx 869.56$（$m^2$）。

（4）井字板模板：$S = 126.63 \times 10 = 1266.3$（$m^2$）。（层高4.5m合并计算支撑超高）

（5）平板模板：$S = 259.3 \times 8.04 = 2084.77$（$m^2$）。

（6）雨篷模板：$S = 10.92 m^2$。

（7）雨篷翻沿模板：$S = 0.69 \times 19.09 \approx 13.17$（$m^2$）。（翻沿超过250mm）

层高超过3.6m板的模板支撑增加：（高度超过250mm的翻沿不计算）

$S = 1266.3 + 2084.77 + 0.84 \times 10.6 + 0.82 \times 12.06 \approx 3369.86$（$m^2$）。

（8）直形楼梯模板：$S = 20.65 m^2$。

3. 计价工程量与清单工程量的转换

各组合内容工程量按采用的计价定额规则计算后，以计价工程量与清单工程量的比值，计算清单项目1个单位工程量的含量。

序号1 带形基础　每立方米基础的混凝土垫层含量 $= 14.91 \div 42.84 \approx 0.35$（$m^3$）；

序号2 带形基础　每立方米基础的混凝土垫层含量 $= 19.39 \div 53.6 \approx 0.36$（$m^3$）；

序号3 独立柱基　每立方米基础的混凝土垫层含量 $= 4.84 \div 47.4 \approx 0.1$（$m^3$）。

清单项目与计价工程量一致的，则不需要转换。

4. 分部分项工程量清单项目综合单价

分部分项工程量清单项目综合单价计算过程见表7.24。

5. 分部分项工程量清单计价

分部分项工程量清单计价计算过程见表7.25。

6. 措施项目清单模板综合单价及合价计算（见表 7.26）

措施项目清单计价表中的模板工程仅以 1 项表示，但该一项的报价也应该通过综合单价表的计算，然后汇总到措施项目清单计价表。

根据前面计算的模板工程量进行列项，套用给定定额计算综合单价计算，计算过程见表 7.24。

表 7.24 分部分项工程量清单项目综合单价分析表

第 1 页 共 2 页

工程名称：

单位：元

序号	项目编码或定额编号	项目名称	计量单位	工程数量	人工费	材料费	机械费	企业管理费	利润	综合单价
1	010501002001	带形基础 1.2m 宽	m³	1	16.19	418.59	0.59	4.20	2.72	442.29
	4-75H	C25 有梁带基	m³	1	11.61	326.07	0.26	2.97	1.78	342.69
	4-73	C10 混凝土垫层	m³	0.348	4.58	92.52	0.33	1.23	0.74	99.40
2	010501002002	带形基础 1.4m 宽	m³	1	16.37	422.31	0.6	4.42	2.55	446.25
	4-75H	C25 有梁带基	m³	1	11.61	326.07	0.26	2.97	1.78	342.69
	4-73	C10 混凝土垫层	m³	0.362	4.76	96.24	0.34	1.28	0.77	103.39
3	010501003001	独立柱基	m³	1	12.95	353.19	0.36	3.33	2	371.83
	4-75H	C25 独立柱基	m³	1	11.61	326.07	0.26	2.97	1.78	342.69
4	010502001001	矩形柱	m³	1	39.17	325.79	0.44	9.9	5.94	381.24
	4-79H	KZ1 C25 柱	m³	1	39.17	325.79	0.44	9.9	5.94	381.24
5	010502001002	矩形柱	m³	1	39.17	325.79	0.44	9.9	5.94	381.24
	4-79H	KZ2 C25 柱	m³	1	39.17	325.79	0.44	9.9	5.94	381.24
6	010503002001	矩形梁，高 0.6m	m³	1	21.93	328.92	0.44	5.59	3.36	360.24
	4-83H	KL1 C25 矩形梁	m³	1	21.93	328.92	0.44	5.59	3.36	360.24
7	010503002002	矩形梁，高 0.6m	m³	1	21.93	328.92	0.44	5.59	3.36	360.24
	4-83H	KL2 C25 矩形梁	m³	1	21.93	328.92	0.44	5.59	3.36	360.24
8	010505001001	井字板，层高 4.5m	m³	1	20.43	339.19	1.01	5.36	3.22	369.21
	4-86H	C25 井字板	m³	1	20.43	339.19	1.01	5.36	3.22	369.21
9	010505003001	平板厚 1.2m	m³	1	20.43	339.19	1.01	5.36	3.22	369.21
	4-86H	C25 平板	m³	1	20.43	339.19	1.01	5.36	3.22	369.21
10	010505008001	雨篷	m³	1	97.66	662.87	1.39	24.76	14.86	801.54
	4-96H	C25 雨篷	m³	1	34.19	333.35	0.73	8.73	5.24	382.24
	4-98H	雨篷翻沿	m³	1	63.47	329.52	0.66	16.03	9.62	419.30
11	010506001001	直形楼梯	m²	1	7.53	79.81	0.61	1.92	1.15	91.02
	4-94H	C25 楼梯	m²	1	7.53	79.81	0.61	1.92	1.15	91.02
12	010515001001	现浇混凝土钢筋	t	1	443.76	3980.73	50.95	123.68	74.21	4673.33
	4-416	现浇构件 I 级圆钢	t	1	443.76	3980.73	50.95	123.68	74.21	4673.33
13	010515001002	现浇混凝土钢筋	t	1	220.59	3922.06	76.81	74.35	44.61	4338.42
	4-417	现浇构件 II 级螺纹钢	t	1	220.59	3922.06	76.81	74.35	44.61	4338.42

表 7.25 分部分项工程量清单计价表

工程名称：××××工程　　　　　　　　　　　　　　　　　第1页　共1页

序号	项目编码	项目名称	计量单位	工程数量	综合单价	合价
1	010501002001	C25钢筋混凝土有梁式带形基础：底宽1.2m，厚200mm，锥高0.05m，梁高350mm，宽300mm，基底长106.5m；C10混凝土垫层，宽度1.4m，厚0.1m	m³	42.84	442.09	18939.14
2	010501002002	C25钢筋混凝土有梁式带形基础：底宽1.4m，厚200mm，锥高0.05m，梁高350mm，宽300mm，基底长121.2m；C10混凝土垫层，宽度1.6m，厚0.1m	m³	53.6	446.07	23909.35
3	010501003001	C25钢筋混凝土独立柱基（共10只）：基底2m×2m，厚0.35m，顶面0.4m×0.4m，锥高0.35m；基底C10混凝土垫层2.2m×2.2m，厚0.1m	m³	47.4	371.83	17624.74
4	010502001001	C25钢筋混凝土现浇矩形柱KZ1，断面周长1.8m以内，层高3.6m以内，柱高24.87m	m³	120.6	381.25	45978.75
5	010502001002	C25钢筋混凝土现浇矩形柱KZ2，断面周长1.8m以上，层高4.5m，柱高24.87m	m³	46.8	381.25	17842.5
6	010503002001	C25钢筋混凝土现浇矩形梁，梁高0.6m以上，层高4.5m	m³	63.2	360.24	22767.17
7	010503002002	C25钢筋混凝土现浇矩形梁，梁高0.6m以内，层高4.5m	m³	33.74	360.24	12154.50
8	010505001001	C25钢筋混凝土井字有梁板，层高4.5m	m³	126.63	369.21	46753.06
9	010505003001	平板：C25钢筋混凝土，板厚120mm，层高4.5m	m³	259.3	369.21	95736.15
10	010505008001	C25钢筋混凝土梁板式雨篷：外挑尺寸1.68m×6.5m，梁上翻沿高0.6m；分项体积：梁（高0.6m以内）0.84m³、板（厚100）0.82m³、翻沿0.69m³，板面标高4.4m	m³	2.35	801.53	1883.60
11	010506001001	直形板式楼梯：C25钢筋混凝土，底板厚0.2m	m²	20.65	90.56	1870.06
12	010515001001	现浇混凝土钢筋：Ⅰ级圆钢，规格综合	t	45.54	4673.33	212823.45
13	010515001002	现浇混凝土钢筋：Ⅱ级螺纹钢，φ10以上	t	84.48	4338.42	366509.72
合　计						884792.19

表 7.26 模板综合单价及合价计算表　　　　单位：元

序号	项目编码或定额编号	项目名称	计量单位	工程数量	人工费	材料费	机械费	企业管理费	利润	综合单价	合价
1	4-138	有梁带基模板	m²	209.27	11.01	9.38	1.21	3.06	1.83	26.49	5543.56
2	4-140	独立柱基模板	m²	100.49	10.22	9.59	0.85	2.77	1.66	25.09	2521.29
3	4-135	混凝土垫层模板	m²	54.01	11.5	11.06	0.76	3.07	1.84	28.23	1524.70
4	4-155	柱模板 3.6m 以内	m²	1514.12	14.88	10.81	1.56	4.11	2.47	33.83	51222.68
5	4-160	柱支模板超高每增加 1m	m²	317.77	0.84	0.61	0.05	0.22	0.13	1.85	587.87
6	4-164	梁模板高 3.6m	m²	869.56	18.26	14.05	2.19	5.11	3.07	42.68	37112.82
7	4-172	梁支模板超高每增加 1m	m²	869.56	1.42	1.03	0.16	0.39	0.24	3.24	2817.37
8	4-173	井字板模板	m²	126.64	12.73	11.59	1.72	3.61	2.17	31.82	4029.68
9	4-173	平板模板	m²	2084.77	12.73	11.59	1.72	3.61	2.17	31.82	66337.38
10	4-193	雨篷模板	m²	10.92	28.81	21.23	2.17	7.75	4.60	64.56	705.00
11	4-194	翻沿模板	m²	13.17	11.83	9.18	0.75	3.14	1.89	26.79	352.82
12	4-180	板层高 4.5m 增加	m²	3369.86	1.08	1.22	0.19	0.32	0.19	3.00	10109.58
13	4-189	直梯模板	m²	20.65	40.82	43.92	3.36	11.05	6.63	105.78	2184.36
合　计											185049.11

 单 元 练 习

一、单选题

1. 根据《房屋建筑与装饰工程工程量计算规范》，以下关于现浇混凝土工程量的计算，说法正确的是（　　）。

　　A. 有梁板柱高自柱基上表面至上层楼板上表面

　　B. 无梁板柱高自柱基上表面至上层楼板下表面

　　C. 框架柱柱高自柱基上表面至上层楼板上表面

　　D. 构造柱柱高自柱基上表面至顶层楼板下表面

单元 7 自测

2. 现浇混凝土挑檐、雨篷与圈梁连接时，其工程量计算的分界线应为（　　）。

　　A. 圈梁外边线　　　　　　　B. 圈梁内边线

　　C. 外墙外边线　　　　　　　D. 板内边线

提高练习

3. 计算现浇混凝土楼梯工程量时，正确的做法是（　　）。

　　A. 以斜面积计算　　　　　　B. 扣除宽度小于 500mm 的楼梯井

　　C. 伸入墙内部分不另增加　　D. 整体楼梯不包括连接梁

4. 根据《房屋建筑与装饰工程工程量计算规范》，现浇混凝土楼梯的工程量应（　　）。

　　A. 按设计图示尺寸以体积计算

　　B. 按设计图示尺寸以水平投影面积计算

　　C. 扣除宽度不小于 300mm 的楼梯井

　　D. 包含伸入墙内部分

5. 现浇钢筋混凝土楼梯的工程量应按设计图示尺寸（　　）。

　　A. 以体积计算，不扣除宽度小于 500mm 的楼梯井

　　B. 以体积计算，扣除宽度小于 500mm 的楼梯井

　　C. 以水平投影面积计算，不扣除宽度小于 500mm 的楼梯井

　　D. 以水平投影面积计算，扣除宽度小于 500mm 的楼梯井

二、多选题

1. 根据《房屋建筑与装饰工程工程量计算规范》，现浇混凝土工程量计算正确的有（　　）。

　　A. 构造柱工程量包括嵌入墙体部分

　　B. 梁工程量不包括伸入墙内的梁头体积

　　C. 墙体工程量包括墙垛体积

　　D. 有梁板按梁、板体积之和计算工程量

　　E. 无梁板伸入墙内的板头和柱帽并入板体积内计算

2. 根据《房屋建筑与装饰工程工程量计算规范》，关于混凝土工程量计算的说法，正确的有（　　）。

　　A. 框架柱的柱高按自柱基上表面至上一层楼板上表面之间的高度计算

　　B. 依附柱上的牛腿及升板的柱帽，并入柱身体积内计算

　　C. 现浇混凝土无梁板按板和柱帽的体积之和计算

　　D. 预制混凝土楼梯按水平投影面积计算

　　E. 预制混凝土沟盖板、井盖板、井圈按设计图示尺寸以体积计算

3. 根据《房屋建筑与装饰工程工程量计算规范》，以下关于工程量计算的说法，正确的有（　　）。

　　A. 现浇混凝土整体楼梯按设计图示的水平投影面积计算，包括休息平台、平台梁、斜梁和连接梁

　　B. 散水、坡道按设计图示尺寸以面积计算，不扣除单个面积在 0.3m² 以内的孔洞面积

　　C. 电缆沟、地沟和后浇带均按设计图示尺寸以长度计算

　　D. 混凝土台阶按设计图示尺寸以体积计算

　　E. 混凝土压顶按设计图示尺寸以体积计算

4. 根据《房屋建筑与装饰工程工程量计算规范》，下列关于混凝土及钢筋混凝土工程量计算的说法，正确的有（　　）。

　　A. 天沟、挑檐板按设计厚度以面积计算

　　B. 现浇混凝土墙的工程量不包括墙垛体积

　　C. 散水、坡道按图示尺寸以面积计算

　　D. 地沟按设计图示以中心线长度计算

　　E. 沟盖板、井盖板以块计算

单元 8

楼地面、墙柱面装饰与天棚工程

➤ 单元知识

（1）熟悉楼地面与装饰工程的基础知识。

（2）理解楼地面与装饰工程工程量计算规则。

（3）理解楼地面与装饰工程定额。

（4）理解楼地面与装饰工程工程清单项目。

➤ 单元能力

（1）应用楼地面与装饰工程工程量计算规则计算楼地面与装饰工程工程量。

（2）使用楼地面与装饰工程工程定额计算人工、材料及机械使用费。

（3）会计算楼地面与装饰工程的综合单价。

8.1 楼地面、墙柱面装饰与天棚工程基础知识

8.1.1 楼地面基础知识

1. 楼地面的构成

楼地面是指构成的基层（楼板、夯实土基）。楼地面根据构造方法不同可分为整体式楼地面、板块式楼地面、铺贴式楼地面。整体式楼地面按照面层采用的材料不同又分为水泥砂浆面层、水泥混凝土面层、现浇水磨石面层；板块式楼地面按照面层采用的材料不同又分为砖面层（锦砖、地砖、缸砖）、石板材面层（大理石、花岗岩）；铺贴式楼地面按照面层采用的材料不同又分为木竹地板面层和地毯面层。

楼地面工程量计算

楼地面工程中地面构造一般为面层、垫层和基层（素土夯实）；楼层地面构造一般为面层、填充层和楼板。当楼地面和楼层地面的基本构造不能满足使用或构造要求时，可增设结合层、隔离层、填充层、找平层等其他构造层次。图 8.1 所示为楼地面的构造图。

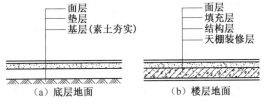

图 8.1　楼地面的构造图

其中，地面垫层材料常用的有混凝土、砂、炉渣、碎（卵）石等；结合层材料常用的有水泥砂浆、干硬性水泥砂浆、黏结剂等；填充层材料常用的有水泥炉渣、加气混凝土块、水泥膨胀珍珠岩块等；找平层材料常用的有水泥砂浆和混凝土；隔离层材料常用的有防水涂

膜、热沥青、油毡等；面层材料常用的有混凝土、水泥砂浆、现浇（预制）水磨石、天然石材（大理石、花岗岩等）、陶瓷锦砖、地砖、木质板材、塑料、橡胶、地毯等。

2. 踢脚

踢脚是指楼地面与墙面相交处的构造处理。踢脚的作用是楼地面与地面的接缝，保护墙面根部免受外力冲撞及避免清洗楼地面时被玷污，同时又满足室内美观的要求。

踢脚按照使用材料不同，一般有水泥砂浆踢脚、大理石踢脚、水磨石踢脚、木踢脚板。

8.1.2 墙柱面基础知识

1. 墙柱面的种类

墙柱面装饰工程有一般抹灰、装饰抹灰、镶贴块料面层、木装修等其他种类。其中，墙柱面一般抹灰分为石灰砂浆、水泥砂浆、混合砂浆、其他砂浆抹灰，砖石墙面勾缝及假面砖等项目；墙柱面装饰抹灰分为水刷石、干粘石、斩假石、水磨石、拉条灰、甩毛灰等项目；墙柱面镶贴块料有天然石材如大理石、花岗岩等项目；水泥石碴预制板如人造大理石饰面板、人造花岗岩饰面板等项目；陶瓷制品如陶瓷锦砖、面砖等项目；墙柱面装饰包括龙骨基层、面层龙骨及饰面等项目。

2. 墙柱面的构造

（1）一般抹灰构造。一般抹灰采用石灰砂浆、混合砂浆、水泥砂浆等。外墙抹灰一般厚度为 20～25mm，内墙抹灰一般厚度为 15～20mm。

（2）装饰抹灰构造。装饰抹灰包括水刷石、干粘石、斩假石、水泥拉毛等。装饰抹灰一般是指采用水泥、石灰砂浆等抹灰的基本材料，除对墙面作一般抹灰之外，利用不同的施工操作方法将其直接做成饰面层的施工方法。

墙柱面工程
量计算

（3）贴面类墙体饰面类构造。常用的贴面材料可分为三类：一是陶瓷制品，如瓷砖、面砖、陶瓷锦砖、玻璃马赛克等；二是天然石材，如大理石、花岗岩等；三是预制块材，如水磨石饰面板、人造石材等。由于块料的形状、质量、适用部位不同，其构造方法也有一定差异。轻而小的块面可以直接粘贴于墙柱主体结构上，其构造比较简单，由底层砂浆、黏结层砂浆和块状贴面材料面层组成；大而厚重的块材则必须采用一定的构造连接措施，用贴挂等方式加强与主体结构的连接。

8.1.3 天棚基础知识

天棚又称顶棚。常用的做法有喷浆、抹灰、涂料、吊顶棚等。具体根据房屋的功能要求、外观形式、饰面材料等选定。顶棚按面层与结构位置的关系分为直接式顶棚和悬吊式天棚。直接式顶棚包括直接抹灰顶棚、喷刷类顶棚、裱糊类顶棚、直接式装饰板顶棚等。

天棚工程
量计算

1. 直接式顶棚

在上部屋面板或楼板的底面上直接抹灰的顶棚称为直接抹灰顶棚。直接抹灰顶棚主要有纸筋灰抹灰、石灰砂浆抹灰、水泥砂浆抹灰等。喷刷类顶棚是在上部屋面板或楼板的底面上直接用浆料喷刷而成的。常用的材料有石灰浆、大白浆、色粉浆、彩色水泥浆、可赛银等。裱糊类顶棚主要用于装饰要求较高的建筑，如宾馆的客房、住宅的卧室等空间。裱糊类顶棚的具体做法与墙饰面的构造相同，如图 8.2 所示。

2. 悬吊式天棚

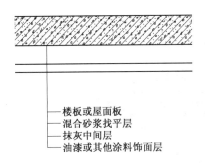

— 楼板或屋面板
— 混合砂浆找平层
— 抹灰中间层
— 油漆或其他涂料饰面层

图8.2　直接式顶棚

悬吊式天棚又称"吊顶"，其装饰表面与结构底表面之间留有一定的距离，通过悬挂物与结构连接在一起，如图8.3所示。在没有功能要求时，悬吊式天棚内部空间的高度不宜过大，以节约材料和造价；若利用悬吊式天棚作为敷设管线设备的技术空间或房间有隔热通风需要，则可根据情况适当加大高度。饰面应根据设计留出相应灯具、空调等设备安装检修孔及送风口、回风口等位置。

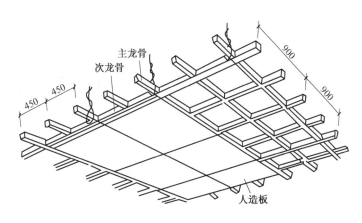

图8.3　悬吊式天棚

悬吊式天棚在构造上一般由基层、面层、吊筋三大基本部分组成。吊筋通常用圆钢制作，基层就是用木、钢和铝合金制作成的龙骨。面层常用纸面石膏板、夹板、铝合金板、塑料扣板等。天棚的造型多种多样，除平面图形外，还有多种起伏型。起伏型吊顶即上凸下凹的形式，还可以有两个或更多的高低层次，其剖面有许多几何形状。吊顶依据龙骨采用的材料不同，又分为木龙骨吊顶（见图8.4）、T形金属龙骨吊顶、U形金属龙骨吊顶（见图8.5）。

3. 贴面顶棚

贴面顶棚是在屋面或楼板的底面上用砂浆打底找平，然后用黏结剂粘贴壁纸、泡沫塑料板、铝塑板或装饰吸音板等，形成贴面顶棚。

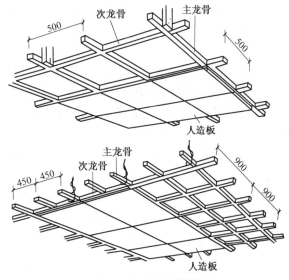

图8.4　木龙骨吊顶

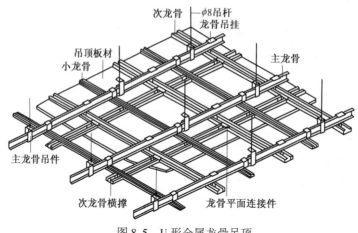

图 8.5 U 形金属龙骨吊顶

8.2 楼地面、墙柱装饰与天棚工程工程量计算

8.2.1 楼地面、墙柱装饰与天棚工程工程量计算规则

1. 楼地面工程量计算规则

（1）整体面层工程量计算规则。

1）计价工程量计算规则。

a. 整体面层、找平层均按主墙间净空面积以平方米（m²）计算。应扣除凸出地面的构筑物、设备基础、室内管道、地沟等所占面积，不扣除柱、垛、间壁墙、附墙烟囱及面积在 0.3m² 以内孔洞所占面积。但门洞、空圈、暖气包槽、壁龛的开口部分也不增加。其计算公式为

$$S = S_{主墙净} - S_{扣}$$

注意：间壁墙是指板条间壁、轻质隔墙和 1/2 砖墙。

b. 地面垫层按室内主墙间净空面积乘以设计厚度以立方米（m³）计算。应扣除凸出地面的构筑物、设备基础、室内管道、地沟等所占面积，不扣除柱、垛、间壁墙、附墙烟囱及面积在 0.3m² 以内孔洞所占面积。

垫层体积＝地面面积×垫层厚度＝（建筑面积−墙体所占面积−沟道所占面积）×垫层厚度

2）清单工程量计算规则。

a. 整体面层工程量按设计图示尺寸以面积计算。应扣除凸出地面的构筑物、设备基础、室内管道、地沟等所占面积，不扣除间壁墙及 0.3m² 以内柱、垛、附墙烟囱及孔洞所占面积。但门洞、空圈、暖气包槽、壁龛的开口部分也不增加。

b. 平面砂浆找平层按设计图示尺寸以面积计算。

c. 垫层按设计图示尺寸以立方米（m³）为单位计算。

（2）块料面层、橡塑面层、其他材料面层工程量计算规则。

1）计价工程量计算规则。块料面层按图示尺寸实铺面积以平方米（m²）计算，门洞、空圈、暖气包槽、壁龛的开口部分工程量并入相应面层内计算。其计算公式为

$$S = S_{实铺}$$

2）清单工程量计算规则。清单工程量按设计图示尺寸以面积计算。门洞、空圈、暖气包槽、壁龛的开口部分工程量并入相应的工程量内。

（3）踢脚线工程量计算规则。

1）计价工程量计算规则。

a. 水泥砂浆、水磨踢脚线按延长米乘以高度计算。不扣除门洞、空圈的长度，门洞、空圈、垛、附墙烟囱等侧壁长度也不增加。

b. 块料面层、金属板、塑料板踢脚线按设计图示尺寸以面积计算。

c. 木基层踢脚线的基层按图示尺寸以面积计算，面层按展开面积计算。

2）清单工程量计算规则。踢脚线工程量可以用以下两种方法计算。

a. 按设计图示尺寸长度乘以高度以面积计算。

b. 以米（m）为单位计量，按延长米计算。

（4）楼梯面层工程量计算规则。

1）计价工程量计算规则。楼梯面层（包括踏步、平台以及小于 500mm 宽的楼梯井）按水平投影面积计算。楼梯与楼地面相连时，算至梯口梁内侧边沿；无梯口梁者，算至最上一层踏步沿加 300mm。其计算公式为：

当楼梯井宽度 > 500mm 时，$S_{楼梯面层} = (L \times B - 楼梯井所占面积) \times (n-1)$

当楼梯井宽度 ≤ 500mm 时，$S_{楼梯面层} = L \times B \times (n-1)$

式中　n——有楼梯间的建筑物的层数；

　　L、B——楼梯的长度和宽度。

2）清单工程量计算规则。楼梯面层（包括踏步、平台以及小于 500mm 宽的楼梯井）按水平投影面积计算。楼梯与楼地面相连时，算至梯口梁内侧边沿；无梯口梁者，算至最上一层踏步边沿加 300mm。

（5）台阶面层工程量计算规则。

1）计价工程量计算规则。台阶面层（包括踏步及最上一层踏步沿 300mm）按水平投影面积计算。台阶工程量计算时要注意区分台阶和地面的范围，如图 8.6 所示。

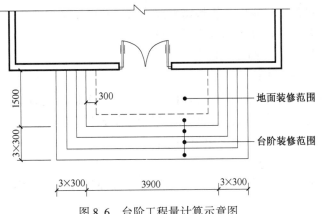

图 8.6　台阶工程量计算示意图

2）清单工程量计算规则。清单工程量按设计图示尺寸以台阶（包括最上层踏步边沿加

300mm）水平投影面积计算。

2. 墙柱面工程量计算规则

（1）墙面抹灰工程量计算。

1）计价工程量计算规则。墙面抹灰按设计图示尺寸以面积计算。扣除墙裙、门窗洞口及单个 0.3m² 以外的孔洞面积，不扣除踢脚线、装饰线以及墙与构件交接处的面积，门窗洞口和孔洞的侧壁及顶面不增加面积。附墙柱、梁、垛、烟囱侧壁并入相应的墙面面积内。内墙抹灰有天棚而不抹到顶者，高度算至天棚底面。

2）清单工程量计算规则。清单工程量按设计图示尺寸以面积计算。扣除墙裙、门窗洞口及单个 0.3m² 以外的孔洞面积，不扣除踢脚线、装饰线以及墙与构件交接处的面积，门窗洞口和孔洞的侧壁及顶面不增加面积。附墙柱、梁、垛、烟囱侧壁并入相应的墙面面积内。

a. 外墙抹灰面积按外墙垂直投影面积计算。

b. 外墙裙抹灰面积按其长度乘以高度计算。

c. 内墙抹灰面积按主墙间的净长乘以高度计算：①无墙裙的，高度按室内楼地面至天棚底面计算；②有墙裙的，高度按墙裙顶至天棚底面计算；③有吊顶天棚抹灰，高度算至天棚底。

d. 内墙裙抹灰面积按内墙净长乘以高度计算。

（2）柱梁面抹灰工程量计算。

1）计价工程量计算规则。柱梁面抹灰按设计图示尺寸以柱断面周长乘以高度计算。

2）清单工程量计算规则。

a. 柱面抹灰按设计图示柱断面周长乘高度以面积计算。

b. 梁面抹灰按设计图示梁断面周长乘长度以面积计算。

（3）墙面块料面层、柱（梁）面镶贴块料工程量计算。

1）计价工程量计算规则。墙、柱、梁面镶贴块料按设计图示尺寸以实铺面积计算。附墙柱、梁等侧壁并入相应的墙面面积内计算。

2）清单工程量计算规则。

a. 石材墙面、拼碎石材墙面、块料墙面按镶贴表面积计算。

b. 干挂石材钢骨架按设计图示以质量计算。

（4）墙饰面、柱（梁）饰面工程量计算。

1）计价工程量计算规则。

a. 墙面饰面的基层与面层面积按设计图示尺寸净长乘以净高计算，扣除门窗洞口及每个在 0.3m² 以上孔洞所占的面积；增加层按其增加部分计算工程量。

b. 柱、梁饰面面积按图示外围饰面面积计算。

2）清单工程量计算规则。

a. 柱（梁）饰面装饰按设计图示饰面外围尺寸以面积计算。柱帽、柱墩并入相应柱饰面工程量内。

b. 成品装饰柱：①以根为单位计量，按设计数量计算；②以米（m）为单位计量，按设计长度计算。

3. 天棚工程量计算规则

（1）天棚抹灰工程量。

1）计价工程量计算规则。天棚抹灰面积按设计图示尺寸以水平投影面积计算。不扣除间壁墙、垛、柱、附墙烟囱、检查口和管道所占的面积，带天棚的梁两侧抹灰面积并入天棚面积内，板式楼梯底面抹灰按斜面积计算，锯齿形楼梯底板抹灰按展开面积计算。

2）清单工程量计算规则。清单工程量按设计图示尺寸以水平投影面积计算。不扣除间壁墙、垛、柱、附墙烟囱、检查口和管道所占的面积，带天棚的梁两侧抹灰面积并入天棚面积内，板式楼梯底面抹灰按斜面积计算，锯齿形楼梯底板抹灰按展开面积计算。

（2）天棚吊顶工程量计算规则。

1）计价工程量计算规则。

a. 天棚吊顶不分跌级天棚与平面天棚，基层和饰面板工程量均按设计图示尺寸以展开面积计算。不扣除间壁墙、检查口、附墙烟囱、柱、垛和管道所占面积，扣除单个 $0.3m^2$ 以外的独立柱、孔洞（石膏板、夹板天棚面层的灯孔面积不扣除）及与天棚相连的窗帘盒所占的面积。

b. 天棚侧龙骨工程量按跌级高度乘以相应的跌级长度以平方米（m^2）为单位计算。

c. 拱形及下凸弧形天棚在起拱或下弧起止范围内，按展开面积以平方米（m^2）为单位计算。

d. 灯槽按展开面积以平方米（m^2）为单位计算。

2）清单工程量计算规则。吊顶天棚按设计图示尺寸以水平投影面积计算。天棚面中的灯槽及跌级、锯齿形、吊挂式、藻井式天棚面积不展开计算。不扣除间壁墙、检查口、附墙烟囱、柱、垛和管道所占面积，扣除单个 $>0.3m^2$ 的孔洞、独立柱及与天棚相连的窗帘盒所占的面积。

其他种类的吊顶天棚工程量按设计图示尺寸以水平投影面积计算。

8.2.2 楼地面、装饰工程工程量计算实例

例 8.1 某建筑平面图如图 8.7 所示，地面做法为回填土夯实、60mm 厚 C15 混凝土垫层、素水泥浆结合层一遍、20mm 厚 1：2 水泥砂浆抹面压光。试计算楼地面面层的工程量。

解：

（1）计价工程量计算。

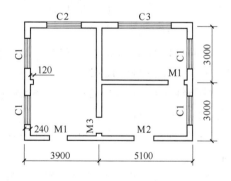

图 8.7　建筑平面图

楼地面面层工程量 $S_{水泥砂浆铺贴} = (3.9-0.24) \times (3+3-0.24) + (5.1-0.24) \times (3-0.24) \times 2 \approx 47.91m^2$。

如果地面设计用水泥砂浆铺贴花岗岩面层，其相应工程量计算公式为

水泥砂浆铺贴花岗岩面层工程量＝室内净空面积+门洞开口部分面积

其中，室内净空面积 $S_{花岗岩面层} = (3.9-0.24) \times (3+3-0.24) + (5.1-0.24) \times (3-0.24) \times 2 \approx 47.91$（$m^2$）；

门洞开口部分面积＝$(1+1.2+0.9+1) \times 0.24 \approx 0.98$（$m^2$）；

水泥砂浆铺贴花岗岩面层工程量 = 47.91 + 0.98 = 48.89（m^2）。

（2）清单工程量计算。

1）$S_{水泥砂浆铺贴} = (3.9 - 0.24) \times (3 + 3 - 0.24) + (5.1 - 0.24) \times (3 - 0.24) \times 2 \approx 47.91$（$m^2$）。

2）$S_{花岗岩面层} = S_{水泥砂浆铺贴} = 47.91 m^2$。

例 8.2 某建筑平面及门窗尺寸如图 8.8 所示，墙厚 240mm，室内铺设 500mm×500mm 中国红大理石，贴相同材质的踢脚线，高 150mm，试计算大理石地面及踢脚线的工程量。

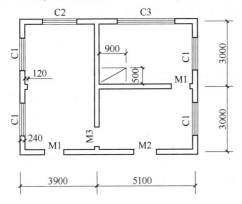

门窗表	
M1	1000mm×2000mm
M2	1200mm×2000mm
M3	900mm×2400mm
C1	1500mm×1500mm
C2	1800mm×1500mm
C3	3000mm×1500mm

图 8.8 某建筑平面及门窗尺寸

解：

（1）计价工程量计算。

1）地面工程量计算：

孔洞：0.5×0.9 = 0.45（m^2）；

地面工程量 = $[(3.9-0.24) \times (6-0.24) + (5.1-0.24) \times (3-0.24) \times 2] - 0.45 + (0.9 + 1 \times 2 + 1.2) \times 0.24 - 0.12 \times 0.24 \approx 48.4(m^2)$。

2）踢脚线工程量计算：

踢脚线的长度 = $(3.9-0.24+3 \times 2-0.24) \times 2 + (5.1-0.24+3-0.24) \times 2 \times 2 - (0.9+1) \times 2 - (1.2+1) + 0.24 \times 4 + 0.12 \times 2 = 44.52(m)$；

踢脚线工程量 = 44.52×0.15 ≈ 6.68（m^2）。

（2）清单工程量计算。

1）地面工程量 = $[(3.9-0.24) \times (6-0.24) + (5.1-0.24) \times (3-0.24) \times 2] - 0.45 \approx 47.46$（$m^2$）。

2）踢脚线工程量与计价工程量相同。

例 8.3 某楼梯间平面图及剖面图如图 8.9 所示，同走廊连接，墙厚 240mm，梯井 60mm 宽，楼梯满铺芝麻白大理石。试计算其大理石及栏杆、扶手的工程量。

解：

（1）计价工程量计算。

1）楼梯工程量计算：

楼梯工程量 = $[(2.7+1.38-0.12+0.3) \times (2.7-0.24)] \times (3-1) \approx 20.96$（$m^2$）。

2）栏杆工程量计算：

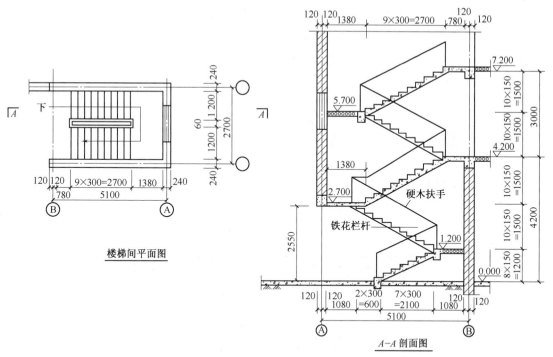

图 8.9 某楼梯间平面图及剖面图

$$L = \left(\sqrt{2.7^2 + 1.2^2} + 0.06 \right) \times 3 + 1.2 + 0.12 \approx 10.36 \, (\mathrm{m})\text{。}$$

（2）清单工程量计算。清单工程量规则与计价工程量规则是相同的。

例 8.4 某建筑天棚平面图如图 8.10 所示，墙厚 240mm，天棚基层类型为混凝土现浇板，方柱尺寸为 400mm×400mm。试计算天棚抹灰的工程量。若改为天棚吊顶，试计算天棚的工程量。

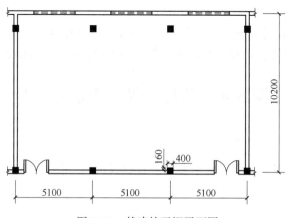

图 8.10 某建筑天棚平面图

解：

（1）计价工程量计算。

1）天棚抹灰工程量计算，运用天棚抹灰工程量计算规则。

$S = (5.1 \times 3 - 0.24) \times (10.2 - 0.24) \approx 150.00(\text{m}^2)$。

2）天棚吊顶工程量计算，运用天棚吊顶工程量计算规则。

$S = $ 天棚抹灰的工程量 $-$ 独立柱的工程量；

$S = 150.00 - 0.4 \times 0.4 \times 2 = 149.68(\text{m}^2)$。

（2）清单工程量计算。

1）天棚抹灰工程量计算规则与计价工程量规则相同。

$S = (5.1 \times 3 - 0.24) \times (10.2 - 0.24) = 150.00(\text{m}^2)$。

2）天棚吊顶工程量计算采用顶棚吊顶工程量计算规则。

$S = (5.1 \times 3 - 0.24) \times (10.2 - 0.24) = 150.00(\text{m}^2)$。

例 8.5 某工程天棚平面图及剖面图如图 8.11 所示，设计为 U38 不上人型轻钢龙骨石膏板吊顶，龙骨网格为 350mm×350mm。试计算天棚工程量。

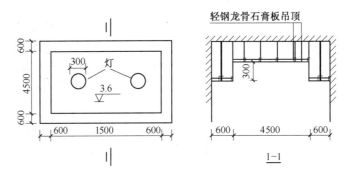

图 8.11 某工程天棚平面图及剖面图

解：

（1）计价工程量计算。

1）轻钢龙骨平面工程量 $S = 7.5 \times 4.5 = 33.75$（$\text{m}^2$）。

2）轻钢龙骨跌级工程量 $S = (4.5+7.5) \times 2 \times 0.6 + 0.6 \times 0.6 \times 4 = 15.84(\text{m}^2)$。

3）轻钢龙骨平面面层工程量 $S = 33.75\text{m}^2$。

4）轻钢龙骨跌级面层工程量 $S = (4.5+7.5) \times 2 \times 0.3 + 15.84 = 23.04(\text{m}^2)$。

（2）清单工程量计算。清单工程量 $S = (7.5+0.6 \times 2) + (4.5+0.6 \times 2) = 14.4\text{m}^2$。

8.3 楼地面、装饰工程分部分项工程计价

8.3.1 楼地面、装饰工程定额说明

楼地面、装饰工程消耗量定额工程量计算规则及说明，各地区有不同的要求，具体应用时请查阅当地定额。

8.3.2 楼地面、装饰工程清单项目

楼地面装饰工程清单分为 8 个单元 43 个项目，分别是整体面层及找平层（项目编码是011101）、块料面层（项目编码是011102）、橡塑面层（项目编码是011103）、其他材料面层（项目编码是011104）、踢脚线（项目编码是011105）、楼梯面层（项目编码是011106）、

台阶装饰（项目编码是 011107）、零星装饰项目（项目编码是 011108）。

墙柱面装饰工程清单分为 10 个单元 35 个项目，分别是墙面抹灰（项目编码是 011201）、柱梁面抹灰（项目编码是 011202）、零星抹灰（项目编码是 011203）、墙面块料面层（项目编码是 011204）、柱梁面镶贴块料（项目编码是 011205）、镶贴零星块料（项目编码是 011206）、墙饰面（项目编码是 011207）、柱梁饰面（项目编码是 011208）、幕墙工程（项目编码是 011209）、隔断（项目编码是 0112010）。

天棚工程工程量清单分为 4 个单元 10 个项目，分别是天棚抹灰（项目编码是 011301）、天棚吊顶（项目编码是 011302）、采光天棚（项目编码是 011303）、天棚其他装饰（项目编码是 011304）。

编制工程量清单中应注意项目特征的描述内容才能正确计价。

8.3.3 案例分析

例 8.6 某传达室平面图如图 8.12 所示（均为一砖墙。门洞宽：M1 为 1m；M2 为 1.2m；M3 为 0.9m；M4 为 1m），地砖地面和地砖踢脚线工程量清单见表 8.1。试计算此地砖地面和地砖踢脚线工程量清单项目的综合单价。（注：外墙门洞开口部分不铺贴地砖，侧边不粘贴地砖踢脚线。）

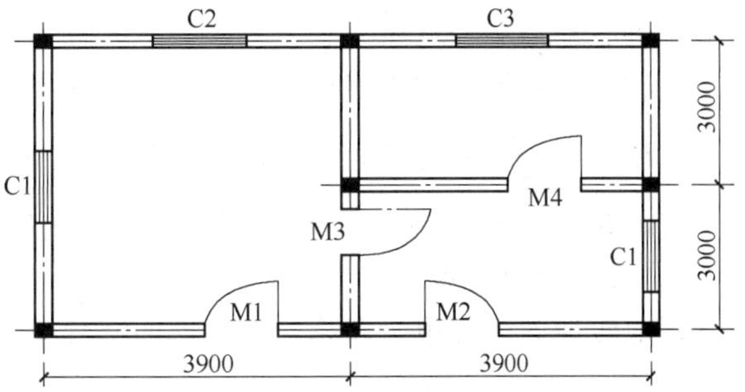

图 8.12 某传达室平面图

为方便计算，本题的人工、材料、机械台班消耗量及单价暂按表 8.2 给定定额取定价计算，管理费、利润分别按人工费加机械费的 20%、12% 计取，风险费用暂不考虑。

表 8.1 地砖地面和地砖踢脚线工程量清单

序号	项目编码	项 目 名 称	计量单位	工程数量
1	011102003001	地砖地面： 80mm 厚压实碎石垫层，70mm 厚 C15 混凝土垫层，20mm 厚 1:3 水泥砂浆找平，600mm×600mm 地砖面层 1:3 水泥砂浆铺贴，地砖面层酸洗打蜡	m²	41.29
2	011105003001	地砖踢脚线： 地砖 1:2 水泥砂浆粘贴，高 150mm，地砖面层酸洗打蜡	m²	5.92

表 8.2 定额计价表

金额单位：元

	编码	类别	名称	单位	含量	工程量	单价	合价	主材费单价	人工费合价	材料费合价	机械费合价
一			整个项目					16 384.56		3 647.07	12 437.38	100.11
1	3-9	定	碎石干铺垫层	10 m³		1	777.48	777.48	0	173.4	594.83	9.25
2	4-125 HT05010240 T05000010	换	现浇现拌混凝土基础垫层浇捣 换为【现浇现拌混凝土 C15 (16)】	10 m³		1	2 006.05	2 006.05	0	353.6	1 605.85	46.6
3	10-1	定	水泥砂浆找平层 厚20 mm	100 m²		1	621.8	621.8	0	253.5	352.49	15.81
4	10-43	定	水泥砂浆地砖楼地面 周长2400 mm以内密缝	100 m²		1	8 524.59	8 524.59	0	1 009.32	7 496.83	18.44
5	10-59	定	楼地面块料面层打蜡	100 m²		1	243.72	243.72	0	180.96	62.76	0
6	10-90	定	彩釉砖(地砖)踢脚线	100 m²		1	4 210.92	4 210.92	0	1876.29	2 324.62	10.01

解：

（1）基本参数计算。

外墙中心线＝(7.8+6)×2＝27.6（m）；

外墙内边线＝27.6-0.24×4＝26.64（m）；

内墙净长线＝3.9+6-0.12×4＝9.42（m）。

（2）计价工程量计算。

1）80mm 厚压实碎石垫层：41.29×0.08≈3.30（m³）。

2）70mm 厚 C15 混凝土垫层：41.29×0.07≈2.89（m³）。

3）20mm 厚 1：3 水泥砂浆找平：41.29m²。

4）地砖（600mm×600mm）地面工程量＝

建筑面积-(外墙中心线+内墙净长线)×墙厚+内墙门洞开口部分面积＝(7.8+0.24)×

(6+0.24)-(27.6+9.42)×0.24+(0.9+1)×0.24≈50.17-8.88+0.46＝41.75(m²)。

5）地砖地面打蜡工程量＝41.75m²。

6）地砖踢脚线工程量＝

(外墙内边线+内墙净长线×2-$\sum$外墙门洞宽-$\sum$内墙门洞宽×2-$\sum$T形搭接

墙厚+$\sum$内墙门洞两边)×高度＝[26.64＋9.42×2-(1+1.2)-(0.9+1)×2-

0.24×4+0.24×4]×0.15＝39.48×0.15≈5.92(m²)。

（3）综合单价计算。

1）地砖地面综合单价计算。地砖地面综合单价计算表见表8.3。

表8.3 分部分项工程量清单项目综合单价计算表（1）

计量单位：m²

工程名称：某工程　　　　　　　　　　　　　　　　　　　　　工程数量：41.29m²

项目编码：011102003001　　　　　　　　　　　　　　　　　综合单价：121.77 元

项目名称：块料楼地面　　　　　　　　　　　　　　　　　　　单位：元

序号	项目编码或定额编号	项目名称	计量单位	工程数量	人工费	材料费	机械费	企业管理费	利润	小计
1	011102003001	地砖地面	m²	41.29	761.02	3962.05	30.75	156.35	117.76	5027.93
	3-9	碎石垫层	m³	3.30	57.22	196.29	3.05	12.05	9.04	277.65
	4-125H	C15混凝土垫层	m³	2.89	102.19	464.09	13.47	21.13	17.35	618.23
	10-1	1：3水泥砂浆找平（20mm 厚）	m²	41.29	104.67	145.54	6.53	22.24	16.68	295.66
	10-43	地砖（600mm×600mm）地面1：3水泥砂浆铺贴	m²	41.75	421.39	3129.93	7.7	85.82	63.36	3708.2
	10-59	地砖地面打蜡	m²	41.75	75.55	26.2	0	15.11	11.33	128.19

2）地砖踢脚线综合单价计算。地砖踢脚线综合单价计算表见表8.4。

表8.4　分部分项工程量清单项目综合单价计算表（2）

计量单位：m²

工程名称：某工程　　　　　　　　　　　　　　　　　　　　工程数量：5.92m²

项目编码：011105003001　　　　　　　　　　　　　　　　综合单价：51.78元

项目名称：块料踢脚线　　　　　　　　　　　　　　　　　　　　　　单位：元

序号	项目编码或定额编号	项目名称	计量单位	工程数量	人工费	材料费	机械费	企业管理费	利润	小计
1	011105003001	块料踢脚线	m²	5.92	121.79	141.34	0.59	24.48	18.36	306.56
	10-90H	地砖踢脚线	m²	5.92	111.08	137.62	0.59	22.33	16.75	288.37
	10-59	地砖踢脚线打蜡	m²	5.92	10.71	3.72	0	2.14	1.61	18.18

8.4　单元任务

8.4.1　基本资料

某房屋工程为框架结构，底层建筑平面图、二层结构平面图如图8.13和图8.14所示。已知设计室外地坪-0.15m，设计室内地坪±0.00m，二层结构板面标高为6.50m，板厚为120mm。外、内墙均为一砖厚多孔砖墙；门窗尺寸见表8.5。人工、材料、机械台班单价均暂按表8.6给定定额取定价计算。

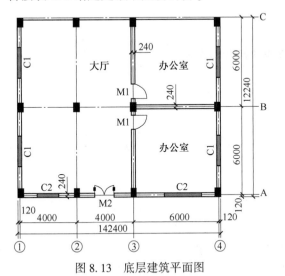

图8.13　底层建筑平面图

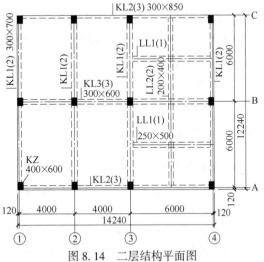

图8.14　二层结构平面图

表8.5　门窗尺寸

编号	宽/mm	高/mm	樘数/樘
M1	1000	2100	2
M2	1500	2500	1
C1	2000	1500	4
C2	1500	1500	5

表 8.6　定额计价表

金额单位：元

	编码	类别	名称	单位	含量	工程量	单价	合价	主材费单价	人工费合价	材料费合价	机械费合价
			整个项目					13 897.54		6 014.69	7 692.09	190.76
1	3-9	定	碎石干铺垫层	10 m³		1	777.48	777.48	0	173.4	594.83	9.25
2	4-125 HT0501024 0 T05000010	换	现浇现拌混凝土基础垫层浇捣 换为【现浇现拌混凝土 C15 (16)】	10 m³		1	2 006.05	2 006.05	0	353.6	1 605.85	46.6
3	10-1	定	水泥砂浆找平层 厚20 mm	100 m²		1	621.8	621.8	0	253.5	352.49	15.81
4	10-2	定	水泥砂浆找平层 每增减5 mm	100 m²		1	92.39	92.39	0		88.7	3.69
5	10-3	定	水泥砂浆楼地面 厚20 mm	100 m²		1	899.12	899.12	0	335.4	547.91	15.81
6	10-85	定	水泥砂浆踢脚线	100 m²		1	1 661.35	1 661.35	0	1 156.74	482.48	22.13
7	11-1 HT0524001 0 T05210440	换	砖墙、砌块墙面石灰砂浆抹灰 20 mm厚 换为【混合砂浆 1:1:6】	100 m²		1	875.85	875.85	0	616.2	239.1	20.55
8	11-29 HT0524001 0 T05210440	换	混凝土柱、梁面石灰砂浆抹灰 厚20 mm 换为【混合砂浆 1:1:6】	100 m²		1	991.06	991.06	0	693.42	278.14	19.5
9	11B-1	定	水泥砂浆底灰 砖墙面	100 m²		1	650.11	650.11	0	362.7	276.87	10.54
10	11-93	定	水泥砂浆粘贴墙面面砖(周长在600 mm以内)	100 m²		1	4 434.82	4 434.82	0	1 472.64	2 949.53	12.65
11	12-7	定	现浇混凝土天棚 水泥石灰纸筋砂浆底 纸筋灰面现浇	100 m²		1	887.51	887.51	0	597.09	276.19	14.23

1. 墙面做法

外墙面 1:3 水泥砂浆抹底灰，50mm×230mm 外墙面砖水泥砂浆粘贴。

内墙（含附墙柱、梁）面和独立柱面：1:1:6 混合砂浆底纸筋灰面。

假设外墙门靠外墙内边线、外墙窗居外墙中心线安装，门窗框厚 90mm。

2. 地面做法

碎石地坪垫层 80mm 厚，C15 混凝土地坪垫层 70mm 厚，1:3 水泥砂浆找平 15mm 厚，1:2 水泥砂浆面层 20mm 厚，水泥砂浆踢脚线。

3. 天棚做法

混凝土天棚面，水泥纸筋灰砂浆底纸筋灰面。

8.4.2　任务要求

任务要求有以下几个方面。

（1）计算该房屋工程底层墙面、内墙面装饰项目的工程量。

（2）地面装饰项目的工程量。

（3）天棚装饰项目的工程量。

（4）列出预算表计算直接工程费。

8.4.3　任务实施

1. 基本参数计算

（1）底层建筑面积 = 14.24×12.24 = 174.3（m²）。

（2）外墙中心线 =（14+12）×2 = 52（m）。

（3）内墙净长线 = 6+12-0.12×4 = 17.52（m）。

（4）外墙外边线 = 52+0.24×4 = 52.96（m）。

（5）外墙内边线 = 52-0.24×4 = 51.04（m）。

（6）外墙净长 = 52-（0.28×2+0.4×2）×2-（0.48×2+0.6）×2 = 52-2.72-3.12 = 46.16(m)。

（7）内墙净长 = 6+12-（0.28+0.2）-（0.48×2+0.6）= 18-0.48-1.56 = 15.96(m)。

2. 外墙面装饰工程量计算

（1）外墙门窗洞口面积 = 1.5×2.5+2.0×1.5×4+1.5×1.5×5 = 27.00（m²）。

（2）内墙门窗洞口面积 = 1.0×2.1×2 = 4.20（m²）。

（3）外墙门窗洞口侧壁面积=（1.5+2.5×2）×（0.24-0.09）+[（2.0+1.5）×2×4+（1.5+1.5）×2×5]×（0.24-0.09）÷2=0.975+4.350=5.33（m²）。

（4）50mm×230mm外墙面砖水泥砂浆粘贴：S=外墙外边线×镶贴高度-外墙门窗洞口面积+外墙门窗洞口侧壁面积=52.96×（6.50+0.15）-27.00+5.325≈330.51（m²）。

（5）外墙面1:3水泥砂浆抹底灰：330.51m²。

3. 内墙面装饰工程量计算

（1）附墙柱侧面积=（0.16×2+0.08×2+0.36×2×2）×（6.50-0.12）=1.92×6.38=12.25（m²）。

（2）附墙梁底面积=46.16×（0.3-0.24）+15.96×（0.3-0.24）=2.77+0.96=3.73（m²）。

（3）内墙面1:1:6混合砂浆底纸筋灰面：S=（外墙内边线+内墙净长线×2-T形搭接墙厚）×抹灰高度-外墙门窗洞口面积-内墙门窗洞口面积×2+附墙柱侧面积+附墙梁底面积=（51.04+17.52×2-0.24×4）×（6.50-0.12）-27.00-4.20×2+12.25+3.73=-27.00-8.40+12.25+3.73≈523.65（m²）。

（4）单独混凝土柱面1:1:6混合砂浆底纸筋灰面：（0.4+0.6）×2×（6.50-0.12）=12.76（m²）。

4. 地面装饰工程量计算

（1）地面面积=建筑面积-（外墙中心线+内墙净长线）×墙厚=174.3-（52+17.52）×0.24=157.62（m²）。

（2）碎石地坪垫层80mm厚：157.62×0.08≈12.61（m³）。

（3）C15混凝土地坪垫层70mm厚：157.62×0.07≈11.03（m³）。

（4）1:3水泥砂浆找平15mm厚：157.61m²。

（5）1:2水泥砂浆面层20mm厚：157.61m²。

（6）水泥砂浆踢脚线：S=[（外墙内边线+内墙净长线×2-T形搭接墙厚）+附墙柱两侧宽+独立柱周长]×高度=[（51.04+17.52×2-0.24×4）+（0.16×2+0.08×2+0.36×2×2）+（0.4+0.6）×2]×0.15=89.04×0.15≈13.36（m²）。

5. 天棚面装饰工程量计算

（1）带梁天棚梁侧面积=（8-0.28-0.4×1.5）×（0.6-0.12）×2+（12-0.48×2-0.6）×（0.7-0.12）×2+（6-0.18-0.15）×（0.5-0.12）×2×2+（6-0.18-0.15-0.25）×（0.4-0.12）×2×2=7.12×0.48×2+10.44×0.58×2+5.67×0.38×4+5.42×0.28×4=33.63（m²）。

（2）附墙梁底面积=3.73m²。

（3）混凝土天棚水泥纸筋灰砂浆底纸筋灰面：S=建筑面积-（外墙中心线+内墙净长线）×墙厚+带梁天棚梁侧面积-附墙梁底面积=174.3-（52+17.52）×0.24+33.63-3.73=157.62+33.63-3.73≈187.52（m²）。

6. 列出预算表

计算外墙面、内墙面、地面、天棚装饰项目的人、材、机工程费。人、材、机工程费计算表见表8.7。

表8.7 人、材、机工程费计算表

定额编号	项 目 名 称	计量单位	工程数量	单价/元	合价/元
3-9	碎石地坪垫层	m³	12.61	77.74	980.30

续表

定额编号	项 目 名 称	计量单位	工程数量	单价/元	合价/元
4-125H	C15混凝土地坪垫层	m³	11.03	200.6	2212.62
10-1	1:3水泥砂浆找平15mm厚	m²	157.61	6.22	980.33
10-2	水泥砂浆找平层每增减5mm	m²	157.61	0.92	145.00
10-3	1:2水泥砂浆面层20mm厚	m²	157.61	8.99	1416.91
10-85	水泥砂浆踢脚线	m²	13.36	16.61	221.91
11-1H	内墙面1:1:6混合砂浆底纸筋灰面	m²	523.64	8.76	4587.09
11-29H	单独混凝土柱面1:1:6混合砂浆底纸筋灰面	m²	12.76	9.91	126.45
11B-1	外墙面1:3水泥砂浆抹底灰	m²	330.51	6.50	2148.32
11-93	50mm×230mm外墙面砖水泥砂浆粘贴	m²	330.51	44.35	14658.12
12-7	混凝土天棚水泥纸筋灰砂浆底纸筋灰面	m²	187.52	8.88	1665.18
合　计					28161.93

单元练习

一、单选题

1. 根据《房屋建筑与装饰工程工程量计算规范》，楼地面装饰装修工程的工程量计算，正确的是（　　）。

单元8自测

A. 水泥砂浆楼地面整体面层按设计图示尺寸以面积计算，不扣除设备基础和室内地沟所占面积

B. 石材楼地面按设计图示尺寸以面积计算，并增加门洞开口部分所占面积

C. 金属复合地板按设计图示尺寸以面积计算，门洞、空圈部分所占面积不另增加

D. 水泥砂浆楼梯面按设计图示尺寸以楼梯（包括踏步、休息平台及500mm以内的楼梯井）水平投影面积计算

2. 根据《房屋建筑与装饰工程工程量计算规范》，计算楼地面工程量时，门洞、空圈、暖气包槽、壁龛开口部分面积不并入相应工程量的项目是（　　）。

A. 竹木地板　　　　　　　B. 水泥砂浆楼地面

C. 塑料板楼地面　　　　　D. 楼地面化纤地毯

提高练习

3. 根据《房屋建筑与装饰工程工程量计算规范》，下列关于有设备基础、地沟、间壁墙的水泥砂浆楼地面整体面层工程量的计算，正确的是（　　）。

A. 按设计图示尺寸以面积计算，扣除凸出地面构筑物、设备基础、室内铁道、地沟所占面积，门洞开口部分的面积不再增加

B. 按内墙净面积计算，设备基础、间壁墙、地沟所占面积不扣除，门洞开口部分不再增加

C. 按设计净面积计算，扣除设备基础、地沟、间壁墙所占面积，门洞开口部分不再增加

D. 按设计图示尺寸面积乘以设计厚度以体积计算

4. 根据《房屋建筑与装饰工程工程量计算规范》，关于楼梯梯面装饰工程量计算的说法，正确的是（　　）。

A. 按设计图示尺寸以楼梯（不含楼梯井）水平投影面积计算

B. 按设计图示尺寸以楼梯梯段斜面积计算

C. 楼梯与楼地面连接时，算至梯口梁外侧边沿

D. 无梯口梁者，算至最上一层踏步边沿加300mm

5. 计算装饰工程楼地面块料面层工程量时，不扣除（　　）。

A. 凸出地面的设备基础　　　　B. 间壁墙

C. 0.3m² 以外附墙烟囱　　　　D. 0.3m² 以内柱

6. 根据《房屋建筑与装饰工程工程量计算规范》，楼地面踢脚线工程量应（　　）。

A. 按设计图示中心线长度计算

B. 按设计图示净长线长度计算

C. 区分不同材料和规格以长度计算

D. 按设计图示长度乘以高度以面积计算

7. 根据《房屋建筑与装饰工程工程量计算规范》，关于装饰装修工程量计算的说法，正确的是（　　）。

A. 石材墙面按图示尺寸面积计算

B. 墙面装饰抹灰工程量应扣除踢脚线所占面积

C. 干挂石材钢骨架按设计图示尺寸以质量计算

D. 装饰板墙面按设计图示尺寸以面积计算，不扣除门窗洞口所占面积

8. 内墙面抹灰计量应扣除（　　）所占面积。

A. 踢脚线　　　　　　　　　　B. 挂镜线

C. 0.3m² 以内孔洞口　　　　　D. 墙裙

9. 根据《房屋建筑与装饰工程工程量计算规范》，下列关于墙柱装饰工程量计算，正确的是（　　）。

A. 柱饰面按柱设计高度以长度计算

B. 柱面抹灰按柱断面周长乘以高度以面积计算

C. 带肋全玻幕墙按外围尺寸以面积计算

D. 装饰板墙面按墙中心线长度乘以墙高以面积计算

10. 根据《房屋建筑与装饰工程工程量计算规范》，天棚抹灰工程量计算正确的是（　　）。

A. 带梁天棚、梁两侧抹灰面积不计算

B. 板式楼梯底面抹灰按水平投影面积计算

C. 锯齿形楼梯底板抹灰按展开面积计算

D. 间壁墙、附墙柱所占面积应予扣除

二、多选题

1. 根据《房屋建筑与装饰工程工程量计算规范》，关于楼地面装饰装修工程量计算的说法，正确的有（   ）。

    A. 整体面层按面积计算，扣除 0.3m² 以内的孔洞所占面积

    B. 水泥砂浆楼地面门洞开口部分不增加面积

    C. 块料面层不扣除凸出地面的设备基础所占面积

    D. 橡塑面层门洞开口部分并入相应的工程量内

    E. 地毯楼地面的门洞开口部分不增加面积

2. 计算墙面抹灰工程量时应扣除（   ）。

    A. 墙裙   B. 踢脚线

    C. 门洞口   D. 挂镜线

    E. 窗洞口

3. 内墙面抹灰工程量按主墙间的净长乘以高度计算，不应扣除（   ）。

    A. 门窗洞口面积   B. 0.3m² 以内孔洞所占面积

    C. 踢脚线所占面积   D. 墙与构件交接处的面积

    E. 挂镜线所占面积

单元 *9*

屋面及防水、保温、防腐、隔热工程

➤单元知识

（1）了解屋面及防水、保温、防腐、隔热工程的基础知识。

（2）理解屋面及防水、保温、防腐、隔热工程工程量计算规则。

（3）应用屋面及防水、保温、防腐、隔热工程工程量计算规则，计算给定条件的屋面及防水、保温、防腐、隔热工程工程量。

（4）理解屋面及防水、保温、防腐、隔热工程定额，使用屋面及防水、保温、防腐、隔热工程定额计算工程直接费。

（5）理解屋面及防水、保温、防腐、隔热工程清单项目，应用屋面及防水、保温、防腐、隔热工程清单，计算综合单价。

➤单元能力

（1）能够应用屋面及防水、保温、防腐、隔热工程工程量计算规则正确计算工程量。

（2）应用屋面及防水、保温、防腐、隔热工程清单，计算综合单价。

（3）编制分部分项工程工程量清单表。

9.1 屋面及防水、保温、防腐、隔热工程基础知识

9.1.1 屋面工程

屋面工程按照几何形状主要分为坡屋面和平屋面，屋面工程包括屋面、防水、保温和排水，具体如图9.1所示。

屋面及防水
工程知识

1. 坡屋面

坡屋面是指屋面坡度大于1∶10的屋面。坡屋面可做成单坡屋面、双坡屋面或四坡屋面等多种形式。根据使用材料的不同，坡屋面可分为瓦屋面和铁皮屋面。坡屋面做法如图9.2所示。

（1）坡屋面做法。

1）瓦屋面。瓦屋面一般是将瓦铺在屋面木基层上，或钢檩条上，屋面瓦的种类很多，构造上大体相仿，常见的有黏土平瓦、水泥平瓦、石棉瓦、小青瓦、玻璃钢瓦等。

2）铁皮屋面。铁皮屋面所用的铁皮品种分为黑铁皮和镀锌铁皮两种，其外形有平铁皮和波形铁皮两种形式。

（2）坡屋面的排水设施。

1）檐沟。坡屋顶在屋檐处设檐沟，用以集中屋面流下的雨水，再由水落管将雨水排至地面。檐沟的断面形状常为半圆形或矩形。

2）斜天沟。斜天沟用于两个坡屋斜面相交处，一般用镀锌铁皮制作，两边伸入瓦底 100~150mm，并卷起包钉在挂瓦条上。

3）泛水。泛水是建筑上的一种防水工艺，通俗地说就是在墙与屋面，也就是在所有的需要防水处理的平立面相交处进行的防水处理，以防雨水由接缝处流入屋面结构层。

（3）坡屋面的保温隔热。在有吊顶天棚的房屋结构中，通常将保温材料铺设在天棚内；在不吊顶天棚的房屋结构中，可以将保温材料铺设在屋面基层间的空隙处，一般可以填一些松散的保温材料，如炉渣、矿渣、玻璃棉、蛭石、木屑等。

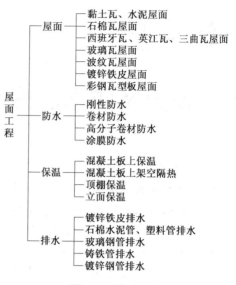

图 9.1 屋面工程

2. 平屋面

平屋面是指屋面排水坡度小于 10% 的屋面。为了满足防水、保温、隔热等使用要求及施工要求，平屋面一般由结构层、找平层、隔汽层、保温层、防水层及架空隔热层等构造层次组成，如图 9.3 所示。按其所用防水材料的不同，可分为刚性防水屋面和柔性防水屋面两大类。

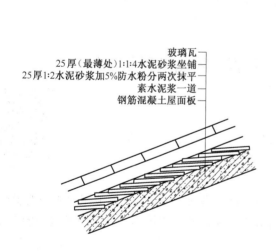

图 9.2 坡屋面构造示意图

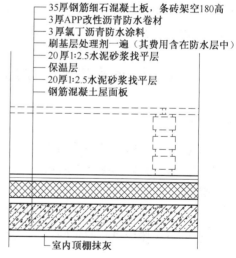

图 9.3 平屋面构造示意图

平屋面的排水设施主要有檐沟、雨水口、雨水管及水斗、泛水等。

（1）檐沟。在有组织排水中，平屋面的檐沟处通常设置钢筋混凝土檐沟。在檐沟上面做炉渣及 1:3 水泥砂浆找坡、找平层，而后再做油毡防水层。檐沟的油毡防水层与屋面的油毡防水层应连成一体，防水层在檐沟壁处应向上伸至壁的顶面。在有女儿墙的檐口处，檐沟可设在外墙内侧，并在女儿墙上每隔一段设置雨水口流入雨水管中。有组织排水是将屋面划分成若干排水区，按一定的排水坡度把屋面雨水沿一定方向有组织地流到檐沟或天沟内再通过雨水口、雨水斗水落管排泄到散水或明沟中的排水方式。

（2）雨水口。在檐沟与水落管交接处，一般放置雨水口，雨水口一般为铸铁成品，也可用24#或26#镀锌铁皮制作。

（3）雨水管及水斗。水落管可用镀锌铁皮或铸铁制成，铸铁制品的水落管常用于内排水，白铁水落管常用于外排水。在檐沟与水落管交接处一般需安设雨水斗，雨水斗的作用是防止檐沟因水流过激产生外溢。雨水斗的形状为倒截锥形。

（4）泛水。在平屋面中，凡突出屋面的结构物，如女儿墙、伸缩缝、高低屋面、烟囱、管道以及检查孔等，与屋面相交处都必须做泛水。

9.1.2 屋面坡度及坡度系数

1. 屋面坡度

屋面坡度表示方法有以下三种。

（1）用屋顶的高度与屋顶的跨度之比（简称高跨比）表示，即 H/L，如图9.4所示。

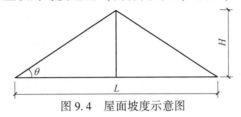

图9.4 屋面坡度示意图

（2）用屋顶的高度与屋顶的半跨之比（简称坡度）表示，即 $i=\dfrac{H}{\dfrac{L}{2}}$。

（3）用屋面的斜面与水平面的夹角（θ）表示。

2. 屋面坡度系数

屋面坡度系数是指屋面放坡时，斜长与水平长度的比值，又分为延尺系数和偶延尺系数。延尺系数是指两坡屋面坡度系数，如图9.5所示；偶延尺系数是指四坡屋面斜脊长度系数，如图9.6所示。表9.1为屋面坡度延长米系数表。

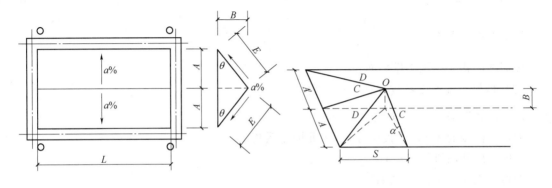

图9.5 屋面坡度系数示意图　　　　图9.6 四坡屋面坡度系数示意图

表 9.1 屋面坡度延长米系数表

坡度 B ($A=1$)	坡度 $B/2A$	坡度角 α	延尺系数 C ($A=1$)	偶延尺系数 D ($A=1$)
1	1/2	45°	1.4142	1.7321
0.75		36°52′	1.2500	1.6008
0.70		35°	1.2207	1.5779
0.666	1/3	33°40′	1.2015	1.5620
0.65		33°01′	1.1926	1.5564
		30°58′	1.1662	1.5362
0.577		30°	1.1547	1.5270
0.55		28°49′	1.1413	0.60
0.50	1/4	26°34′	1.1180	1.5000
0.45		24°14′	1.0966	1.4839
0.40	1/5	21°48′	1.0770	1.4697
0.35		19°17′	1.0594	1.4569
0.30		16°42′	1.0440	1.4457
0.25		14°02′	1.0308	1.4362
0.20	1/10	11°19′	1.0198	1.4283
0.15		8°32′	1.0112	1.4221
0.125		7°8′	1.0078	1.4191
0.100	1/20	5°42′	1.0050	1.4177
0.083		4°45′	1.0035	1.4166
0.066	1/30	3°49′	1.0022	1.4157

注：若已知坡度角 α 不在定额屋面坡度延长米系数表中时，则利用 $C=1/\cos\alpha$ 公式，直接计算出延尺系数 C；或利用公式 $C=[(A_2+B_2)/2]/A$，直接计算出延尺系数 C。

（1）两坡屋面坡度系数（延尺系数 C）。

屋面坡度 $i=B/A$；

屋面坡度系数 $C=\dfrac{E}{A}=\dfrac{\sqrt{A^2+B^2}}{A}=\sqrt{1+\dfrac{B^2}{A^2}}=\sqrt{1+i^2}$；

屋面斜面积 = C×水平投影面积。

（2）四坡屋面坡度系数（偶延尺系数 D）。

偶延尺系数 $D=\sqrt{1+C^2}$；

四坡屋面斜面积 = 水平投影面积×屋面坡度系数；

等四坡屋面斜脊长度 = $A\times D$；

两坡沿山墙泛水长度 = $2AC$。

当 $A=A'$，且 $S=0$ 时，为等两坡屋面。等两坡屋面是指前后屋面坡度均相等。

当 $A=A'=S$ 时，为等四坡屋面。等四坡前后、两山墙屋面坡度也均相等。

9.2 屋面及防水、保温、防腐、隔热工程工程量计算

9.2.1 瓦屋面、金属压型板

屋顶及防水
工程量计算

1. 瓦屋面工程量计算规则

（1）清单工程量计算规则。

1）瓦屋面及型材屋面按设计图示尺寸以斜面积计算。

不扣除房上烟囱、风帽底座、风道、屋面小气窗、斜沟等所占面积。

不增加屋面小气窗的出檐部分。

2）阳光板屋面、玻璃钢屋面按设计图示尺寸以斜面积计算。

不扣除屋面面积 ≤ 0.3m² 孔洞所占面积。

3）膜结构屋面按设计图示尺寸以需要覆盖的水平投影面积计算。

（2）计价工程量计算规则。计价工程量按设计图示尺寸以斜面积计算。

不扣除房上烟囱、风帽底座、风道、屋面小气窗、斜沟等所占面积。

不增加屋面小气窗的出檐部分。

2. 屋面卷材防水

屋面卷材防水是指在屋面结构层上用卷材（油毡、玻璃布）和沥青、油膏等黏结材料铺贴而成的屋面。

（1）清单工程量计算规则。屋面卷材防水、屋面涂膜防水、屋面刚性层工程量计算按设计图示尺寸以面积计算。其中：

1）斜屋面（不包括平屋顶找坡）按斜面积计算，平屋顶按水平投影面积计算。

2）不扣除房上烟囱、风帽底座、风道、屋面小气窗和斜沟所占面积。

3）屋面的女儿墙、伸缩缝和天窗等处的弯起部分，并入屋面工程量计算。

（2）计价工程量计算规则。

1）卷材屋面按图示尺寸的水平投影面积乘以屋面坡度系数以平方米（m²）计算。

不扣除房上烟囱、风帽底座、风道、屋面小气窗和斜沟所占面积。

应并入屋面的女儿墙、伸缩缝和天窗等处的弯起部分，按图示尺寸并入屋面工程量计算。其计算公式如下。

有挑檐时：

$$S = 屋顶建筑面积 + 挑檐面积$$
$$挑檐面积 = (L_{外} + 4 \times 檐宽) \times 檐宽$$

有女儿墙时：

$$S = 屋顶建筑面积 - 女儿墙所占面积 + 弯起部分面积$$

弯起高度可按图上标注的尺寸。如图纸无标注时，伸缩缝、女儿墙的弯起高度按250mm计算，天窗的弯起高度按500mm计算。

2）涂膜屋面。涂膜屋面工程量计算同卷材屋面，但涂膜屋面的油膏嵌缝、玻璃布盖缝、屋面分隔缝等以延长米计算工程量。

3. 屋面排水

（1）清单工程量计算规则。

1）屋面排水管按设计图示尺寸以长度计算。如设计未标注尺寸，以檐口至设计室外散水上表面的垂直距离计算。

2）屋面排（透）气管按设计图示尺寸以长度计算。

3）屋面（廊、阳台）泄（吐）水管按设计图示数量计算。

4）屋面天沟、檐沟按设计图示尺寸以展开面积计算。

5）屋面变形缝按设计图示以长度计算。

（2）计价工程量计算规则。屋面排水所用的铸铁、玻璃钢、PVC（聚氯乙烯）水落管工程量，应区别不同直径（100mm 或 150mm）按图示尺寸以延长米计算工程量。雨水口、雨水斗、弯头、短管的工程量以个计算。

水落管长 = 檐口标高 + 室内外高差 − 0.2m（规范要求水落管离地 0.2m）。图 9.7 所示为屋面排水示意图。

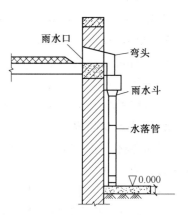

图 9.7　屋面排水示意图

4. 墙面防水防潮工程

（1）清单工程量计算规则。

1）墙面卷材防水、墙面涂膜防水、墙面砂浆防水防潮按设计图示尺寸以面积计算。

2）墙面变形缝按设计图示以长度计算。

3）楼（地）面卷材防水、楼（地）面涂膜防水、楼（地）面砂浆防水（防潮）按设计图示尺寸以面积计算。其中：

a. 楼（地）面防水按主墙间净空面积计算，扣除凸出地面的构筑物、设备基础等所占面积，不扣除间壁墙及单个面积 ≤ 0.3m² 柱、垛、烟囱和孔洞所占面积。

b. 楼（地）面防水反边高度 ≤ 300mm 算作地面防水，反边高度 > 300mm 按墙面防水计算。

4）楼（地）面变形缝按设计图示以长度计算。

（2）计价工程量计算规则。

1）建筑物地面防水、防潮层按主墙间净空面积计算。

扣除凸出地面构筑物、设备基础等所占面积。

不扣除柱、垛、间壁墙、烟囱及 0.3m² 以内孔洞所占面积。

注意：与墙面连接处垂直高度在 500mm 以内者按展开面积计算，并入平面工程量内；超过 500mm 时，按立面防水层计算。

2）建筑物墙基防水、防潮层。建筑物墙基防水、防潮层外墙长度按中心线，内墙按净长乘以宽度以平方米（m²）计算。

3）变形缝按延长米计算工程量。

5. 保温、隔热工程

（1）清单工程量计算规则。

1）保温、隔热屋面按设计图示尺寸以面积计算。扣除面积 > 0.3m² 的孔洞及占位面积。

2）保温、隔热天棚按设计图示尺寸以面积计算。扣除面积>0.3m²的上柱、垛、孔洞所占面积，与天棚相连的梁按展开面积，计算并入天棚工程量内。

3）保温、隔热墙面按设计图示尺寸以面积计算。扣除门窗洞口以及面积>0.3m²的梁、孔洞所占面积；门窗洞口侧壁以及与墙相连的柱，并入保温墙体工程量内。

4）保温柱、梁按设计图示尺寸以面积计算，其中：

a. 柱按设计图示柱断面保温层中心线展开长度乘保温层高度以面积计算，扣除面积>0.3m²梁所占面积。

b. 梁按设计图示梁断面保温层中心线展开长度乘保温层长度以面积计算。

5）保温、隔热楼地面按设计图示尺寸以面积计算。扣除面积>0.3m²的柱、垛、孔洞等所占面积。门洞、空圈、暖气包槽、壁龛的开口部分不增加面积。

（2）计价工程量计算规则。

1）屋面保温、隔热工程量按保温、隔热层的厚度乘以屋面面积以立方米（m³）计算。保温层应区别不同保温材料，标准图集中，一般给出屋面坡度和保温层的最薄厚度，此时应注意计算保温层的平均厚度，如图9.8所示。

$$h_{平} = \frac{h + a\% \times A}{2}$$

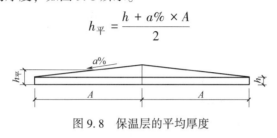

图9.8　保温层的平均厚度

2）屋面架空隔热层、天棚保温隔热。通常架空隔热层的实铺面积只有当屋面施工完毕才能知道，因此在预算时，一般可按女儿墙内退240mm计算估计面积。

屋面架空隔热板，天棚、保温隔热工程量计算规则按天棚面积乘以保温、隔热层厚度以立方米（m³）计算，不扣除柱、垛所占面积。屋面架空隔热板、天棚保温（沥青贴软木除外）层，按图示尺寸实铺面积计算。

3）墙体保温、隔热工程量按墙长乘以墙高再乘以保温、隔热层厚度以立方米（m³）计算。外墙按保温、隔热层中心线计算，内墙按保温、隔热层净长线计算，并且应扣除冷藏门洞口和管道穿墙洞口所占体积。

4）地面保温、隔热工程量按墙体间净面积乘以设计厚度以立方米（m³）计算，不扣除柱、垛所占体积。

5）柱保温、隔热工程量按设计图示柱保温、隔热层的中心线长度乘以保温、隔热层高度乘以保温、隔热层厚度以立方米（m³）计算。

6. 防腐面层

（1）清单工程量计算规则。

1）防腐面层按设计图示尺寸以面积计算。其中：

a. 平面防腐扣除凸出地面的构筑物、设备基础等以及面积>0.3m²的孔洞、柱、垛等所占面积，门洞、空圈、暖气包槽、壁龛的开口部分不增加面积。

b. 立面防腐扣除门、窗、洞口以及面积>0.3m²的孔洞、梁所占面积，门、窗、洞口侧

建筑工程计量与计价实务

壁、垛突出部分按展开面积并入墙面积内。

2）其他防腐。

a. 隔离层、防腐涂料计算规则同防腐面层。

b. 砌筑沥青浸渍砖按设计图示尺寸以体积计算。

（2）计价工程量计算规则。

1）平面防腐。平面防腐工程量计算均应区分不同防腐材料种类及其晒太阳度，按照设计图示尺寸，以实铺面积计算，并扣除凸出地面的构筑物、设备基础等所占面积。

2）立面防腐。立面防腐工程量计算均应区分不同防腐材料种类及其厚度，按照设计图示尺寸，以实铺面积计算，并增加砖垛等凸出地面的展开面积。

3）踢脚板防腐。踢脚板防腐工程量计算均应区分防腐材料种类及其厚度，按照实铺长度乘其高度以平方米（m²）计算，并扣除门洞所占面积，同时增加门洞侧壁展开面积。

9.2.2 屋面及防水、保温、防腐、隔热工程工程量实例

例9.1 有一两坡形屋面，其外墙中心线长度为40m，宽度为15m，四面出檐距外墙外边线为0.3m，屋面坡度为1：1.333，外墙为24墙，试计算屋面工程量。

解：

（1）屋面水平投影面积＝长×宽。

长＝40+0.12×2+0.30×2＝40.84（m）；

宽＝15+0.12×2+0.30×2＝15.84（m）；

水平投影面积＝40.84×15.84≈646.91（m²）。

（2）屋面坡度系数。

坡度为1：1.333＝B/A＝0.75/1，查表9.1知：C＝1.25。

（3）屋面工程量计算。

S＝646.91×1.25≈808.64（m²）。

例9.2 某四坡屋面水平图如图9.9所示。设计屋面坡度＝0.5（θ＝26°34′，坡度比例＝1/4）。应用屋面坡度系数计算以下数值：①屋面斜面积；②四坡屋面斜脊长度；③全部屋脊长度；④两坡沿山墙泛水长度。

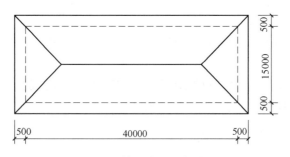

图9.9 某四坡屋面水平图

解：

（1）查表9.1，C＝1.118。

屋面斜面积＝（40.0+0.5×2）×（15.0+0.5×2）×1.118＝41×16×1.118≈733.41（m²）。

（2）查表 9.1，$D = 1.5$，四坡屋面斜脊长度 $= A_D = 8 \times 1.5 = 12$（m）。

（3）全部屋脊长度 $= 12 \times 2 \times 2 + (41 - 8 \times 2) = 48 + 25 = 73$（m）。

（4）两坡沿山墙泛水长度 $= 2A_C = 2 \times 8 \times 1.118 \approx 17.89$（m）（一端）。

9.3 屋面及防水、保温、防腐、隔热工程分部分项工程计价

9.3.1 屋面及防水、保温、防腐、隔热工程定额说明

屋面及防水
工程报价

定额包括屋面、防水、保温、排水、变形缝与止水带、耐酸防腐等内容。各地定额的说明不同，应用时要根据所采用的定额说明进行套用。

9.3.2 屋面及防水、保温、防腐、隔热工程清单项目

屋面及防水共分为四个单元，分别是瓦、型材及其他屋面（项目编码是 010901），屋面防水及其他（项目编码是 010902），墙面防水、防潮（项目编码是 010903），楼地面防水、防潮（项目编码是 010904）。保温、隔热、防腐包括以下内容，分别是保温、隔热（项目编码是 011001），防腐面层（项目编码是 011002），其他防腐（项目编码是 011003）。

清单工程中项目设置、项目特征、计量单位对照计价规范执行。

9.3.3 案例分析

例 9.3 某屋面清单工程量见表 9.2。试按清单计价规范编制工程量清单综合单价。为计算方便，本例中人工、材料、机械台班消耗量及单价按给定定额计算，见表 9.3。管理费按人工费加机械费的 20% 计取，利润按人工费加机械费的 10% 计取，风险费不计。

表 9.2 分部分项工程量清单

序号	项目编码	项 目 名 称	计量单位	工程数量
1	010901001001	瓦屋面 黏土平瓦屋面，20mm 厚平口杉木屋面板、油毡一层 36×8@ 500 顺水条、25mm×25mm 挂瓦条，木基层面积 402.12m²，屋脊 31.58m	m²	408.85

表 9.3 定额计价表

金额单位：元

	编码	类别	名称	单位	含量	工程量	单价	合价	主材费单价	人工费合价	材料费合价	机械费合价
一			整个项目					4 584.03		538	4 027.06	18.97
1	7-17	定	屋面木基层上铺盖黏土平瓦	100 m²	1		1 384.37	1 384.37	0	139.4	1 244.97	0
2	7-19	定	黏土平瓦屋脊	100 m²	1		750.86	750.86	0	180.2	551.69	18.97
3	5-30	定	屋面平口板木基层 有油毡	100 m²	1		2 448.8	2 448.8	0	218.4	2 230.4	0

解：

综合单价计算见表 9.4。

$$综合单价 = \frac{16197.55}{408.85} \approx 39.62 \text{（元/m²）}。$$

表 9.4 综合单价计算（1） 单位：元

序号	定额编号	项目名称	计量单位	工程数量	人工费	材料费	机械费	企业管理费	利润	小计
1	7-17	屋面木基层上铺盖黏土平瓦	m²	408.85	569.94	5090.06	0	113.99	56.99	5830.98
2	7-19	黏土平瓦屋脊	m	31.58	56.91	174.22	5.99	12.58	6.29	255.99
3	5-30	屋面平口板木基层 有油毡	m²	402.12	878.23	8968.88	0	175.65	87.82	10110.58
小 计					1505.08	14233.16	5.99	302.22	151.1	16197.55
合 计					26564.12					

注：表中的误差为计算误差。

综合单价的计算还可以用表 9.5 计算，先计算工程量清单项目每计量单价应包含的各项工程内容的工程数量，然后计算综合单价。

工程量换算方法如下：

7-17 换算后的工程量为 $\dfrac{408.85}{408.85}=1$（m²）；

7-19 换算后的工程量为 $\dfrac{31.58}{408.85}\approx 0.077$（m）；

5-30 换算后的工程量为 $\dfrac{402.12}{408.85}\approx 0.98$（m²）。

表 9.5 综合单价计算（2） 单位：元

序号	项目编码或定额编号	项目名称	计量单位	工程数量	人工费	材料费	机械费	企业管理费	利润	综合单价
1	010901001001	瓦屋面	m²	1	3.67	34.7	0.01	0.74	0.37	39.49
	7-17	屋面木基层上铺盖黏土平瓦	m²	1	1.39	12.42	0	0.28	0.14	14.23
	7-19	黏土平瓦屋脊	m	0.077	0.14	0.42	0.01	0.03	0.02	0.62
	5-30	屋面平口板木基层 有油毡	m²	0.98	2.14	21.86	0	0.43	0.21	25.62

注：表中的误差为计算误差。

9.4 单 元 任 务

9.4.1 基本资料

某房屋工程屋面平面及节点如图 9.10 所示。

（1）已知屋面分成构造自下而上为钢筋混凝土屋面板、20mm 厚 1∶3 水泥砂浆找平层、

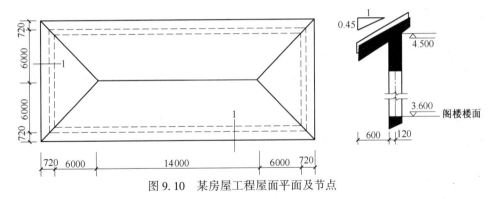

图9.10　某房屋工程屋面平面及节点

干铺油毡一层、杉木顺水条、挂瓦条、面水泥钢钉盖水泥彩瓦，四周设收口滴水瓦，彩瓦屋脊（正脊、斜脊同），屋脊带封头附件共6只。

（2）组合子目及各组合子目人工费、材料费、机械费按表9.6计算。

（3）设企业管理费以人工费与机械费之和考虑，企业管理费费率为10%，利润费费率为5%，风险暂不考虑。（收口滴水瓦材料费单价为4.10元/m。屋脊封头附件材料费单价为18.45元/只。）

表9.6　定额计价表

金额单位：元

	编码	类别	名称	单位	含量	工程量	单价	合价	主材费单价	人工费合价	材料费合价	机械费合价
			整个项目					6 038.55		1 081.41	4 906.77	50.37
1	7-11	定	瓦屋面 彩色水泥瓦 屋面基层 杉木条	100 m²		1	3 052.32	3 052.32	0	318.2	2 734.12	0
2	10-1	定	整体面层 水泥砂浆找平层 20 mm厚	100 m²		1	780.65	780.65		325	438.08	17.57
3	7-47	定	柔性防水 卷材防水 干铺油毡一层	100 m²		1	292.31	292.31		50.31	242	0
4	5-14	定	屋面木基层、封檐板 混凝土上钉顺水条、挂瓦条	100 m²		1	870.76	870.76		117	753.76	0
5	7-14	定	瓦屋面 彩色水泥瓦 屋脊	100 m²		1	1 042.51	1 042.51	0	270.9	738.81	32.8

9.4.2　任务要求

任务要求有以下几个方面。

（1）计算该瓦屋面清单工程量并完成项目清单编制。

（2）确定计价工程量。

（3）按上述价格计算该瓦屋面综合单价。

9.4.3　任务实施

1. 确定屋面坡度系数

延尺系数 $C=(0.45^2+1)^{\frac{1}{2}}\approx1.0966$；

偶延尺系数 $D=(1.0966^2+1)^{\frac{1}{2}}\approx1.4841$。

2. 清单及清单计价工程量计算

（1）清单工程量计算。分部分项工程量清单见表9.7。

表9.7　分部分项工程量清单

序号	项目编码	项 目 名 称	计量单位	工程数量
1	010901001001	水泥彩瓦屋面，20mm 厚 1:3 水泥砂浆找平层，干铺油毡一层，杉木顺水条，挂瓦条木基层，收口滴水瓦共81.76m，彩瓦屋脊共49.62m，屋脊封头附件共6只	m²	404.42

瓦屋面：$S_{瓦屋面}=(26+0.72\times2)\times(12+0.72\times2)\times1.0966\approx404.42$（$m^2$）。

（2）计价工程量计算。

瓦屋面同清单工程量＝404.42m^2；

砂浆找平层工程量 $S_{找平层}=(26+0.72\times2)\times(12+0.72\times2)\times1.0966\approx404.42$（$m^2$）；

干铺油毡一层：$S_{干铺油毡}=404.42m^2$；

收口滴水瓦：$L_{收口滴水瓦}=(26+0.72\times2+12+0.72\times2)\times2=81.76$（m）；

彩瓦屋脊：$L_{屋脊}=14+6\times4\times1.4841\approx49.62$（m）；

屋脊封头附件：$N=6$ 只。

3. 综合单价计算

综合单价计算见表9.8。

表9.8 综合单价计算   单位：元

序号	定额编号	项目名称	计量单位	工程数量	人工费	材料费	机械费	企业管理费	利润	小计
1	7-11	瓦屋面屋面基层杉木条	m^2	404.42	1286.06	11056.84	0	128.61	64.31	12535.82
2	10-1	整体面层水泥砂浆找平层20mm厚	m^2	404.42	1314.37	1771.68	71.06	138.55	69.28	3364.94
3	7-47	柔性防水卷材防水干铺油毡一层	m^2	404.42	203.46	978.7	0	20.34	10.19	1212.69
4	5-14	屋面木基层、封檐板混凝土上钉顺水条、挂瓦条	m^2	404.42	473.17	3048.36	0	47.32	23.66	3592.51
5	附注1	收口线	m	81.76	0	335	0	0	0	335
6	7-14	瓦屋面屋脊	m	49.62	134.42	366.6	16.28	15.07	7.54	539.91
7	附注2	屋脊封头	只	6	0	111	0	0	0	111
合 计								21691.87		

综合单价 $=\dfrac{21691.87}{404.42}\approx53.64$（元/$m^2$）。

4. 分部分项工程量清单计价

瓦屋面工程量清单计价见表9.9。

表 9.9　分部分项工程量清单计价表

序号	项目编码	项 目 名 称	计量单位	工程数量	综合单价	合价
					金额/元	
1	010901001001	水泥彩瓦屋面，20mm 厚 1∶3 水泥砂浆找平层，干铺油毡一层，杉木顺水条、挂瓦条木基层，收口滴水瓦共 81.76m，彩瓦屋脊共 49.62m，屋脊封头附件共 6 只	m²	404.42	53.64	21693.09

 　单 元 练 习　

单元9自测

一、单选题

1. 根据《房屋建筑与装饰工程工程量计算规范》，屋面卷材防水工程量计算正确的是（　　）。

A. 平屋顶按水平投影面积计算

B. 平屋顶找坡按斜面积计算

C. 扣除房上烟囱、风道所占面积

D. 女儿墙、伸缩缝的弯起部分不另增加

提高练习

2. 根据《房屋建筑与装饰工程工程量计算规范》，膜结构屋面的工程量应（　　）。

A. 按设计图示尺寸以斜面积计算

B. 按设计图示尺寸以长度计算

C. 按设计图示尺寸以需要覆盖的水平面积计算

D. 按设计图示尺寸以面积计算

3. 根据《房屋建筑与装饰工程工程量计算规范》，屋面及防水工程中变形缝的工程量应（　　）。

A. 按设计图示尺寸以面积计算

B. 按设计图示尺寸以体积计算

C. 按设计图示尺寸以长度计算

D. 不计算

4. 根据《房屋建筑与装饰工程工程量计算规范》，关于屋面及防水工程工程量计算的说法，正确的是（　　）。

A. 瓦屋面、型材屋面按设计图示尺寸以水平投影面积计算

B. 屋面涂膜防水中，女儿墙的弯起部分不增加面积

C. 屋面排水管按设计图示尺寸以长度计算

D. 变形缝防水、防潮按面积计算

5. 保温、隔热层的工程量一般应按设计图示尺寸以（　　）计算。

A. 面积（m²）　　　　　　　　　B. 厚度（mm）

    C. 长度（m）   D. 体积（m³）

6. 根据《房屋建筑与装饰工程工程量计算规范》，防腐、隔热、保温工程中保温、隔热墙的工程量应（　　）。

    A. 按设计图示尺寸以体积计算

    B. 按设计图示尺寸以墙体中心线长度计算

    C. 按设计图示尺寸以墙体高度计算

    D. 按设计图示尺寸以面积计算

7. 根据《房屋建筑与装饰工程工程量计算规范》，保温柱的工程量计算正确的是（　　）。

    A. 按设计图示尺寸以体积计算

    B. 按设计图示尺寸以保温层外边线展开长度乘以其高度计算

    C. 按设计图示尺寸以柱体积计算

    D. 按设计图示尺寸以保温层中心线展开长度乘以其高度计算

二、多选题

1. 屋面及防水工程量计算中，正确的工程量清单计算规则有（　　）。

    A. 瓦屋面、型材屋面按设计图示尺寸以水平投影面积计算

    B. 膜结构屋面按设计图示尺寸以需要覆盖的水平面积计算

    C. 斜屋面卷材防水按设计图示尺寸以斜面积计算

    D. 屋面排水管按设计图示尺寸以理论质量计算

    E. 屋面天沟防水按设计图示尺寸以展开面积计算

2. 根据《房屋建筑与装饰工程工程量计算规范》，有关分项工程工程量计算，正确的有（　　）。

    A. 瓦屋面按设计图示尺寸以斜面积计算

    B. 膜结构屋面按设计图示尺寸以需要覆盖的水平面积计算

    C. 屋面排水管按设计室外散水上表面至檐口的垂直距离以长度计算

    D. 变形缝防水按设计图示尺寸以面积计算

    E. 柱保温按柱中心线高度计算

3. 根据《房屋建筑与装饰工程工程量计算规范》，有关分项工程工程量的计算，正确的有（　　）。

    A. 瓦屋面按设计图示尺寸以斜面积计算

    B. 屋面刚性防水按设计图示尺寸以面积计算，不扣除房上烟囱、风道所占面积

    C. 膜结构屋面按设计图示尺寸以需要覆盖的水平面积计算

    D. 涂膜防水按设计图示尺寸以面积计算

    E. 屋面排水管以檐口至设计室外地坪之间垂直距离计算

建筑工程工程量清单报价文件编制

10.1 建筑工程量清单报价编制方法引导

为了更好地理解前面所学内容，并从总体上掌握工程量清单报价的编制方法，本单元以某单位接待室单层砖混结构工程为例，介绍工程量清单编制及计价的具体方法和步骤。

10.1.1 基本资料

工程量清单
报价文件编制

1. 某单位接待室工程施工图设计说明

（1）结构类型及标高。本工程为砖混结构工程。室内地坪标高为±0.000m，室外地坪高为−0.300m。

（2）基础。M5 水泥砂浆砌砖基础，C10 混凝土基础垫层 200mm 厚，位于−0.06m 处做 20mm 厚 1：2 水泥砂浆防潮层。

（3）墙、柱。M5 混合砂浆砌砖墙、砖柱。

（4）地面。基层素土回填夯实，80mm 厚 C10 混凝土地面垫层，铺 400mm×400mm 浅色地砖，20mm 厚 1：2 水泥砂浆黏结层。20mm 厚 1：2 水泥砂浆贴瓷砖踢脚线，高 150mm。

（5）屋面。预制空心屋面板上铺 30mm 厚 1：3 水泥砂浆找平层，40mm 厚 C20 混凝土刚性屋面，20mm 厚 1：2 水泥砂浆防水层。

（6）台阶、散水。C10 混凝土基层，15mm 厚 1：2 水泥白石子浆水磨石台阶。60mm 厚 C10 混凝土散水，沥青砂浆塞伸缩缝。

（7）墙面、顶棚。

内墙：18mm 厚 1：0.5：2.5 混合砂浆底灰，8mm 厚 1：0.3：3 混合砂浆面灰，满刮腻子两遍，刷乳胶漆两遍。

天棚：12mm 厚 1：0.5：2.5 混合砂浆底灰，5mm 厚 1：0.3：3 混合砂浆面灰，满刮腻子两遍，刷乳胶漆两遍。

外墙面、梁柱面水刷石：15mm 厚 1：2.5 水泥砂浆底灰，10mm 厚 1：2 水泥白石子浆面灰。

（8）门、窗。

实木装饰门：M-1、M-2 洞口尺寸均为 900mm×2400mm。

塑钢推拉窗：C-1 洞口尺寸 1500mm×1500mm，C-2 洞口尺寸 1100mm×1500mm。

（9）现浇构件。

圈梁：C20 混凝土，钢筋 HPB235：ϕ12，116.80m；HPB235：ϕ6.5，122.64m。

矩形梁：C20 混凝土，钢筋 HRB335：ϕ14，18.41kg；HPB235：ϕ12，9.02kg；HPB235：ϕ6.5，8.70kg。

（10）预制构件。

预应力空心板：C30 混凝土，单件体积及钢筋重量如下。

YKB 3962　　0.164m³/块　6.57kg/块（CRB650 ϕ4）；

YKB 3362　　0.139m³/块　4.50kg/块（CRB650 ϕ4）；

YKB 3062　　0.126m³/块　3.83kg/块（CRB650 ϕ4）。

2. 接待室工程施工图

接待室工程施工图如图 10.1~图 10.5 所示。

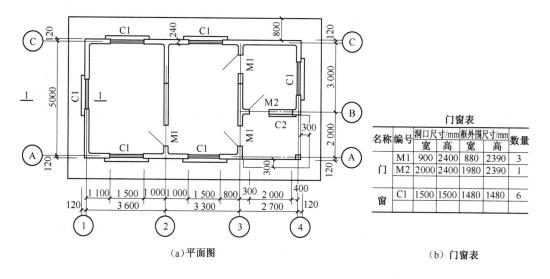

门窗表				
名称	编号	洞口尺寸/mm		框外围尺寸/mm		数量
		宽	高	宽	高	
门	M1	900	2400	880	2390	3
	M2	2000	2400	1980	2390	1
窗	C1	1500	1500	1480	1480	6

（a）平面图

（b）门窗表

图 10.1　平面图及门窗表

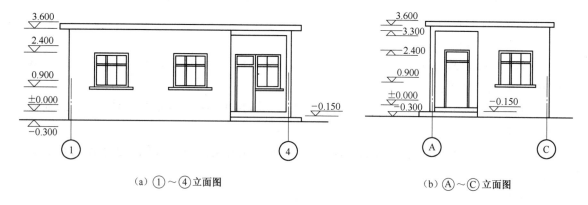

（a）①~④立面图

（b）Ⓐ~Ⓒ立面图

图 10.2　立面图

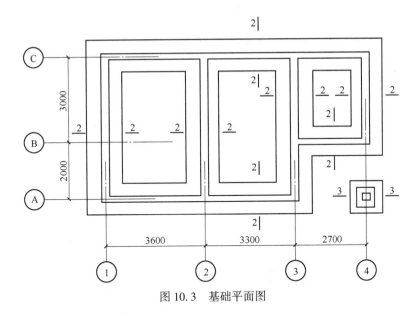

图 10.3　基础平面图

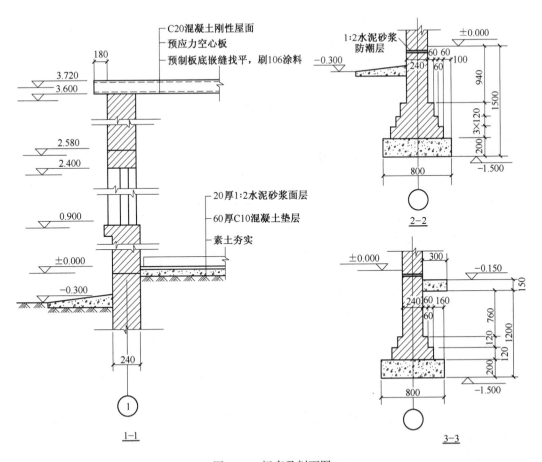

图 10.4　标高及剖面图

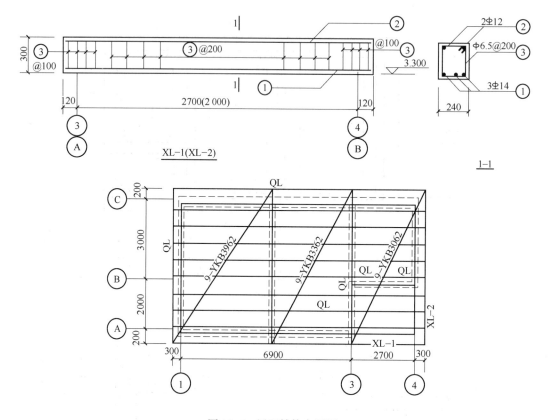

图 10.5　屋面结构布置图

3. 工程中零星项目

工程预留金为 5000 元，工程中零星项目见表 10.1。

表 10.1　零星项目数量及单价

序号	项 目 名 称	计量单位	工程数量	综合单价/元
1	综合工日（土建）	工日	110.00	22.00
2	型钢	t	0.088	2794.79
3	滚筒式混凝土搅拌机电动 250L	台班	2.00	50.03
4	钢丝	kg	15.00	2.76
5	水泥 42.5MPa	t	2.10	310.35

10.1.2　任务要求

根据接待室工程施工图、建筑工程定额文件、《建设工程工程量清单计价规范》完成以下几个方面任务要求。

（1）编制该工程的工程量清单表。

（2）编制工程量清单中相应的计价工程量计算表格。

（3）分析分部分项工程各清单项目中的综合单价，并完成综合单价计算表。

（4）编制该工程分部分项工程量清单计价表。

（5）编制措施项目分析表，并完成措施项目清单计价表。

（6）编制其他项目清单计价表。

（7）编制零星工程清单计价表。

（8）编制单位工程费汇总表。

10.1.3 任务实施

1. 工程基数计算

外墙中心线长 $L=(3.60+3.30+2.70+5.0)\times2=29.20(m)$；

内墙净长 $=(5.0-0.24)+(3.0-0.24)=7.52(m)$；

外墙外边线长 $=29.20+0.24\times4=30.16$（m）或 $[(3.60+3.30+2.70+0.24)+(5.0+0.24)]\times2=30.16(m)$；

底层建筑面积 $=(3.60+3.30+2.70+0.24)\times(5.0+0.24)-2.18\times2.88\times0.5\approx48.42(m^2)$。

2. 清单工程量计算

分部分项工程量清单计算表见表10.2。

表10.2 清单工程量计算表

序号	项目编码	项目名称	计量单位	工程数量	计 算 公 式
A.1 土石方工程					
1	010101001001	平整场地	m^2	51.56	$S=(5.0+0.24)\times(3.60+3.30+2.70+0.24)\approx51.56$
2	010101003001	人工挖基础土方（墙基）	m^3	34.18	基础垫层底面积 $=[(5.0+9.6)\times2+(5.0-0.8)+(3.0-0.8)]\times0.8=28.48$ 基础土方 $=28.48\times1.20\approx34.18$
3	010101003002	人工挖基础土方（柱基）	m^3	0.77	基础土方 $=0.8\times0.8\times1.20\approx0.77$
4	010103001001	基础土（石）方回填	m^3	16.71	$V=$挖方体积－室外地坪以下基础体积 $=34.18+0.77-$ 　　$15.08+36.72\times0.24\times0.30+0.30\times0.24\times0.24-$ 　　$(28.48+0.64)\times0.2\approx16.71$ 其中： 内外墙中心线长度之和为36.72m 基础垫层底面积28.48m² 柱基础垫层面积0.64m²
5	010103001002	室内土（石）方回填	m^3	8.11	$V=$（建筑面积－墙、柱结构面积）×回填厚度 $=(51.56$ 　　$-36.72\times0.24-0.24\times0.24)\times(0.30-0.08-0.02-$ 　　$0.01)=8.11$
A.3 砌筑工程					

续表

序号	项目编码	项目名称	计量单位	工程数量	计 算 公 式
6	010401001001	砖基础	m³	15.11	砖墙基础＝（29.20+5.0-0.24+3.0-0.24）×［（1.50-0.20）×0.24+0.007875×12］≈14.93 砖柱基础＝［（0.24+0.0625×4）×（0.24+0.0625×4）+（0.24+0.0625×2）×（0.24+0.0625×2）］×0.126×2+（1.50-0.20-0.126×2）×0.24×0.24＝0.15 合计14.93+0.15＝15.08 其中，外墙中心线长度为29.20m
7	010401003001	实心砖墙	m³	24.76	V＝（墙长×墙高-门窗面积）×墙厚-圈梁体积＝（36.72×3.6-0.9×2.40×4-1.50×1.50×6-1.10×1.50）×0.24-29.20×0.15×0.24＝24.97
8	010401009001	实心砖柱	m³	0.19	V＝0.24×0.24×3.3≈0.19
A.4 混凝土及钢筋混凝土工程					
9	010503002001	矩形梁	m³	0.36	V＝（2.70+0.12+2.0+0.12）×0.24×0.30≈0.36
10	010503004001	圈梁	m³	1.26	V＝29.20×0.15×0.24≈1.05
11	010507001001	散水、坡道	m²	22.63	S＝散水长×散水宽-台阶面积＝（29.20+0.24×4）×0.80-（2.7+0.3+2.0）×0.30≈22.63
12	010512002001	空心板	m³	3.86	YKB 3962　0.164×9＝1.48 YKB 3662　0.139×9＝1.25 YKB 3062　0.126×9＝1.13 合计：3.86
13	010515001001	现浇混凝土钢筋	t	0.172	圈梁： HPB235 ϕ12　116.80×0.888≈103.72 ϕ6.5　122.64×0.26≈31.89 矩形梁： HPB235 ϕ12　9.02；ϕ6.5　8.70 HRB335 14　18.41 合计：HPB235 ϕ12　112.74；ϕ6.5　40.59 HRB335 14　18.41
14	010515005001	先张法预应力钢筋	t	0.134	空心板钢筋： CRB650 ϕ4 YKB 3962　6.57×9＝59.13kg YKB 3662　4.50×9＝40.50g YKB 3062　3.83×9＝34.47kg 合计：134.10kg

序 号	项目编码	项目名称	计量单位	工程数量	计 算 公 式
				A.7 屋面及防水工程	
15	010902003001	屋面刚性防水	m²	55.08	$S = (5.0+0.2\times2)\times(9.60+0.3\times2)$ $= 55.08$
16	010903003001	砂浆防水（防潮）	m²	8.87	$S = 36.72\times0.24+0.24\times0.24\approx8.87$

3. 编制分部分项工程量清单表

根据表 10.2 的计算结果，请读者独立完成分部分项工程量清单表格的编制，见表 10.3。

表 10.3　分部分项工程量清单表

工程名称：某单位接待室　　　　　　　　　　　　　　　　　　　　　共 1 页　第 1 页

序 号	项目编码	项 目 名 称	计量单位	工程数量
		A.1 土石方工程		
		A.3 砌筑工程		
		A.4 混凝土及钢筋混凝土工程		
		A.7 屋面及防水工程		

4. 计价工程量计算

请读者参照表中的项目名称，根据当地定额计价工程量规则计算计价工程量，并完成表 10.4。

表 10.4　定额计价工程量计算表

工程名称：某单位接待室　　　　　　　　　　　　　　　　共 3 页　第 1 页

序号	项目编码		项目名称	计量单位	工程数量	计算公式
			A.1 土石方工程			
1	010101001001	主项	人工平整场地			
		包含内容	自卸汽车运土			
2	010101003001	主项	人工挖基础土方（墙基）			
		包含内容	自卸汽车运土			
3	010101003002	主项	人工挖基础土方（柱基）			
		包含内容	人工挖基础土方（墙基）			
4	010103001001	主项	基础土（石）方回填			
		包含内容				
5	010103001002	主项	室内土（石）方回填			
		包含内容				
			A.3 砌筑工程			
6	010401001001	主项	M5 水泥砂浆砖基础			
		包含内容	C20 混凝土基础垫层			
7	010401003001	主项	M5 水泥砂浆实心砖墙			
		包含内容				
8	010401009001	主项	M5 水泥砂浆实心砖柱			
		包含内容				

续表

序号	项目编码	项目名称		计量单位	工程数量	计算公式
				A.4 混凝土及钢筋混凝土工程		
9	010503002001	主项	现浇 C20 混凝土矩形梁			
		包含内容				
10	010503004001	主项	现浇 C20 混凝土圈梁			
		包含内容				
11	010507001001	主项	散水、坡道			
		包含内容	沥青砂浆变形缝			
12	010512002001	主项	空心板			
		包含内容	制作 吊装 灌缝			
13	010515001001	主项	现浇混凝土钢筋			
		包含内容	HPB235Φ12 HPB235Φ6.5 HRB33514			
14	010515005001	主项	先张法预应力钢筋			
		包含内容	CRB650Φ4			
				A.7 屋面及防水工程		
15	010902003001	主项	屋面刚性防水			
		包含内容	30mm 厚找平层防水砂浆			
16	010903003001	主项	砂浆防水（防潮）			
		包含内容				

5. 编制分部分项工程量清单综合单价计算表

请读者参照表中的项目名称，按照表 10.4 中计价工程量计算结果，套用当地定额、取费文件，编制分部分项工程量清单综合单价，见表 10.5。

表 10.5 分部分项工程量清单综合单价

工程名称：某单位接待室　　　　　　　　　　　　　　　　　　　　　　　共 3 页　第 1 页

序号	项目编码或定额编号	项目名称	计量单位	工程数量	综合单价/元					综合单价/元
					人工费	材料费	机械费	企业管理费	利润	
A.1 土石方工程										
1	010101001001	平整场地								
2	010101003001	人工挖基础土方（墙基）								
3	010101003002	人工挖基础土方（墙基）								
4	010103001001	基础土（石）方回填								
5	010103001002	室内土（石）方回填								
A.3 砌筑工程										
6	010401001001	砖基础								
7	010401003001	实心砖墙								
8	010401009001	实心砖柱								
A.4 混凝土及钢筋混凝土工程										
9	010503002001	矩形梁								

续表

序号	项目编码或定额编号	项目名称	计量单位	工程数量	综合单价/元					综合单价/元
					人工费	材料费	机械费	企业管理费	利润	
10	010503004001	圈梁								
11	010507001001	散水、坡道								
12	010512002001	空心板								
13	010515001001	现浇混凝土钢筋								
14	010515005001	先张法预应力钢筋								

A.7 屋面及防水工程

| 15 | 010902003001 | 屋面刚性防水 | | | | | | | | |
| 16 | 010903003001 | 砂浆防水（防潮） | | | | | | | | |

6. 编制分部分项工程量清单计价表

请读者根据综合单价计算表完成表10.6。

表10.6 分部分项工程量清单计价表

工程名称：某单位接待室

序号	项目编号	项目名称	计量单位	工程数量	综合单价	合价
					金额/元	
A.1 土石方工程						
1	010101001001	平整场地		51.56		
2	010101003001	人工挖基础土方（墙基）		34.18		
3	010101003002	人工挖基础土方（柱基）		0.77		
4	010103001001	基础土（石）方回填		16.71		
5	010103001002	室内土（石）方回填		8.11		
小 计						
A.3 砌筑工程						
6	010401001001	砖基础		15.08		
7	010401003001	实心砖墙		24.76		
8	010401009001	实心砖柱		0.19		
小 计						
A.4 混凝土及钢筋混凝土工程						
9	010503002001	矩形梁		0.36		
10	010503004001	圈梁		1.26		
11	010507001001	散水、坡道		22.63		
12	010512002001	空心板		3.86		
13	010515001001	现浇混凝土钢筋	t	0.172		
14	010515005001	先张法预应力钢筋	t	0.134		
小 计						
A.7 屋面及防水工程						
15	010902003001	屋面刚性防水		55.08		
16	010903003001	砂浆防水（防潮）		8.87		
合 计						

7. 编制措施项目清单

（1）编制措施项目费分析计算表。表中以分部分项人、材、机合计为基数计算，没标明的暂不计算。请读者根据提示完成表10.7。

表 10.7 措施项目分析计算表

工程名称：某单位接待室

序号	项 目 名 称	计量单位	工程数量	金额/元					
				人工费	材料费	机械费	企业管理费	利润	小计
1	脚手架	项	1						
2	混凝土、钢筋混凝土模板及支架	项	1						
3	大型机械设备进出场及安拆费	项	1						
4	垂直运输机械	项	1						
5	施工排水、降水	项	1						
6	临时设施 分部分项人、材、机合计×1%，其中人工占10%	项	1						
7	文明施工 分部分项人、材、机合计×0.4%，其中人工占10%	项	1						
8	二次搬运 分部分项人、材、机合计14012.38×0.6%，其中人工占20%	项	1						
9	已完工程及设备保护 分部分项人、材、机合计14012.38×0.15%，其中人工占10%	项	1						
10	环境保护 分部分项人、材、机合计14012.38×0.15%，其中人工占10%	项	1						
11	夜间施工 分部分项人、材、机合计14012.38×0.7%，其中人工占20%	项	1						
12	泵送混凝土输送机械	项	1						
13	冬雨季施工 分部分项人、材、机合计14012.38×0.8%，其中人工占20%	项	1						

（2）编制措施项目清单计价表，见表10.8。

表 10.8　措施项目清单计价表

工程名称：某单位接待室

序号	项目名称	金额/元
1	脚手架	
2	混凝土、钢筋混凝土模板及支架	
3	大型机械设备进出场及安拆费	
4	垂直运输机械	
5	施工排水、降水	
6	临时设施	
7	文明施工	
8	二次搬运	
9	已完工程及设备保护	
10	环境保护	
11	夜间施工	
12	泵送混凝土输送机械	
13	冬雨季施工	
合　计		

8. 编制零星工作项目清单计价表

零星工作项目清单计价表见表 10.9。

表 10.9　零星工作项目清单计价表

工程名称：某单位接待室

序号	项目名称	计量单位	工程数量	综合单价/元	合价/元
1	综合工日（土建）	工日	110.00	22.00	
2	型钢	t	0.088	2794.79	
3	滚筒式混凝土搅拌机电动 250L	台班	2.00	50.03	
4	钢丝	kg	15.00	2.76	
5	水泥 42.5MPa	t	2.10	310.35	

9. 编制其他项目清单计价表

其他项目清单计价表见表 10.10。

表 10.10　其他项目清单计价表

工程名称：某单位接待室

序号	项目名称	金额/元
1	招标人部分	
2	预留金	
3	材料购置费	
4	投标人部分	
5	总承包服务费	
6	零星工作项目费	
合　计		

10. 编制单位工程费汇总表

单位工程费汇总表见表 10.11。

表 10.11　单位工程费汇总表

工程名称：某单位接待室

序号	项 目 名 称	金额/元
1	（一）分部分项工程量清单计价合计	
2	（二）措施项目清单计价合计	
3	（三）其他项目清单计价合计	
4	（四）清单计价合计	
5	（五）规费（人工费+机械费）×10.4%	
6	（六）税金（直接费+企业管理费+利润+规费）×3.577%	
7	（七）合计	

10.2　建筑工程量清单报价编制实操

1. 设计说明

（1）本工程为单层砖混结构，M2.5 水泥石灰砂浆砌一砖内外墙及女儿墙，在檐口处设 C20 钢筋混凝土圈梁一道，在外墙四周设 C20 钢筋混凝土构造柱。

（2）基础采用现浇 C20 钢筋混凝土带形基础、M5 水泥砂浆砌砖基础；C20 钢筋混凝土地圈梁。

（3）屋面做法：柔性防水屋面。

1）面层：细砂撒面。

2）防水层：三布四涂防水。

3）找平层：1∶2.5 水泥砂浆 20mm 厚。

4）找坡层：1∶6 水泥炉渣找坡（最薄处厚 10mm）。

5）基层：预应力空心屋面板。

6）落水管选用 φ110UPVC 塑料管。

（4）室内装修做法如下。

1）地面。

面层：1∶2.5 带嵌条水磨石面，15mm 厚。

找平层：1∶3 水泥砂浆，20mm 厚。

垫层：C10 钢筋混凝土，80mm 厚。

基层：素土夯实。

踢脚线：高 150mm，同地面面层做法。

2）内墙面。抹混合砂浆底，面层刷 106 涂料两遍。

3）天棚面。

基层：预制板底面清刷、补缝。

面层：抹混合砂浆底，面层刷 106 涂料两遍。

（5）室外装修做法如下。

1）外墙面：抹混合砂浆底，普通水泥白石子水刷石面层。

2）室外散水：C15 混凝土提浆抹光，60mm 厚，60mm 宽。

（6）门窗过梁。门洞上加设过梁，长度为洞口宽加 500mm，断面为 240mm×120mm。窗洞上凡圈梁代过梁处，底部增加 1φ14 钢筋，其余钢筋配置同圈梁。

（7）门窗。门窗见表 10.12（其中木门刷聚氨酯漆三遍）。

表 10.12 门窗

门窗名称	代号	洞口尺寸/mm	数量/樘	单樘面积/m²	合计面积/m²
单扇无亮无砂镶板门	M	900×2000	4	1.8	7.2
双扇铝合金推拉窗	C1	1500×1800	6	2.7	16.2
双扇铝合金推拉窗	C2	2100×1800	2	3.78	7.56

2. 施工说明

（1）场地土为三类土，已完成"三通一平"。

（2）现场搭设钢制脚手架，垂直运输采用卷扬机。

（3）本工程不发生场内运土，余土均用双轮车运至场外 500m 处。

（4）预制板由预制构件厂加工，厂址离施工现场 15km。

（5）门窗均由施工单位附属加工厂制作并运至现场，运距为 15km。

3. 施工图纸

施工图纸如图 10.6~图 10.13 所示。

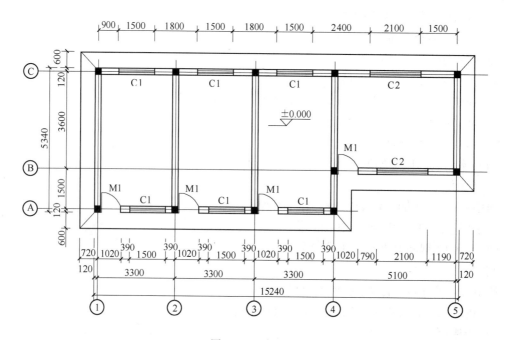

图 10.6 平面图

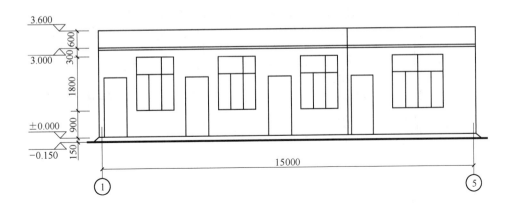

图 10.7　立面图

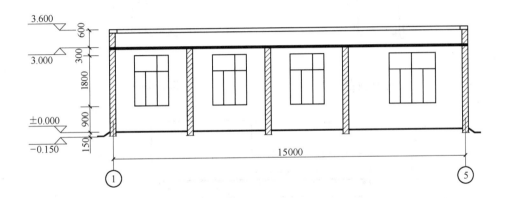

图 10.8　剖面图

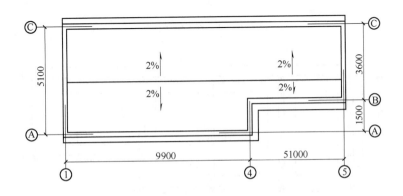

图 10.9　屋顶平面图

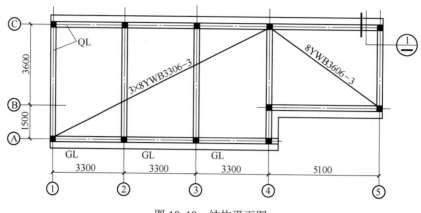

图 10.10 结构平面图

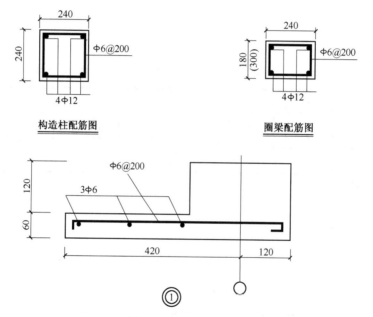

图 10.11 结构配筋图

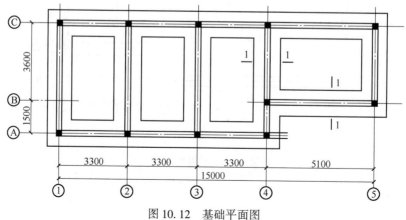

图 10.12 基础平面图

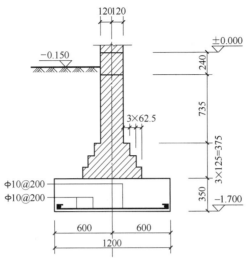

图 10.13　基础 1-1 剖面图

根据建筑工程施工图、建筑工程定额文件、《建设工程工程量清单计价规范》完成以下任务。

（1）编制该工程的工程量清单表。

（2）编制工程量清单中相应的计价工程量计算表格。

（3）分析分部分项工程各清单项目中的综合单价，并完成综合单价计算表。

（4）编制该工程分部分项工程量清单计价表。

（5）编制措施项目分析表，并完成措施项目清单计价表。

（6）编制其他项目清单计价表。

（7）编制零星工程清单计价表。

（8）编制单位工程费汇总表。

本书相关标准

房屋建筑与装　建设工程　建筑工程建筑
饰工程工程量　工程量清单　面积计算规范
计算规范　　　计价规范

综合自测题

综合自测
（所有题目）

提高综合练习

参 考 文 献

1. 房屋建筑与装饰工程工程量计算规范（GB 50854—2013）.
2. 建筑工程工程量清单计价规范（GB 50500—2013）.
3. 马楠. 建筑工程计量与计价［M］. 北京：科学出版社，2007.
4. 全国造价工程师资格考试培训教材编审委员会. 全国造价工程师执行资格考试培训教材建设工程计价［M］. 北京：中国计划出版社，2013.
5. 全国造价工程师资格考试培训教材编审委员会. 全国造价工程师执业资格考试培训教材建设工程造价管理版［M］. 北京：中国计划出版社，2013.
6. 浙江省建筑工程预算定额［M］. 北京：中国计划出版社，2010.
7. 吴静茹. 建筑工程计量与计价［M］. 北京：科学出版社，2015.